21世纪高等教育土木工程系列教材

工程建设监理概论

第 ④ 版

主 编 张向东 齐锡晶 苏丽娟

参 编 周 宇 董维华 杨国立

机 械 工 业 出 版 社

本书在第3版的基础上修订而成。本书依据我国工程建设法律法规、行业标准，系统阐述了工程建设监理的基本概念和工程建设监理的组织管理。本书共7章，包括总论、监理工程师、工程建设监理企业、工程建设目标控制、工程建设监理组织、工程建设监理规划及工程建设监理案例分析。

本书体系合理，内容充实、新颖，案例丰富，实用性强，理论阐述清晰，深入浅出。本书可作为普通高等学校土建类专业相关课程的教材，也可作为工程建设监理单位、设计单位和施工单位等工程技术人员、管理人员的参考书。

图书在版编目（CIP）数据

工程建设监理概论/张向东，齐锡晶，苏丽娟主编. --4 版
. —北京：机械工业出版社，2024.2
21 世纪高等教育土木工程系列教材
ISBN 978-7-111-74632-4

Ⅰ.①工…　Ⅱ.①张…②齐…③苏…　Ⅲ.①建筑工程 – 监督管理 – 高等学校 – 教材　Ⅳ.①TU712

中国国家版本馆 CIP 数据核字（2024）第 004438 号

机械工业出版社（北京市百万庄大街22 号　邮政编码100037）
策划编辑：马军平　　　　　责任编辑：马军平
责任校对：张勤思　李小宝　封面设计：张　静
责任印制：李　昂
河北泓景印刷有限公司印刷
2024 年 2 月第 4 版第 1 次印刷
184mm×260mm · 18 印张 · 445 千字
标准书号：ISBN 978-7-111-74632-4
定价：59.00 元

电话服务　　　　　　　　网络服务
客服电话：010-88361066　机 工 官 网：www.cmpbook.com
　　　　　010-88379833　机 工 官 博：weibo.com/cmp1952
　　　　　010-68326294　金 书 网：www.golden-book.com
封底无防伪标均为盗版　机工教育服务网：www.cmpedu.com

前　言

我国建设工程监理制度从 1988 年开始，相继经历了试点、稳步发展和全面推行阶段。经过 30 余年的建设工程监理实践，监理事业在我国得到了健康发展，主要体现如下：

第一，监理法规逐步完善。作为一项制度，工程建设监理应当有一套完善的法规体系。《建设工程监理规范》《工程监理企业资质管理规定》《监理工程师资格考试和注册办法》《中华人民共和国建筑法》《中华人民共和国民法典》《中华人民共和国招标投标法》等法律、法规先后颁布。同时，各省、自治区和直辖市及国务院各部委基本上都制定了本地区、本部门的建设监理规章和实施细则。可以说，一个上下衔接的建设监理法规体系已经建立起来，使建设监理工作有法可依、有章可循。

第二，监理范围逐步扩大。主要表现在四个方面：一是各地方、各部门都开展了监理；二是按照有关规定应实行监理的工程都逐渐实行了监理；三是"三控制监理"逐步到位；四是逐步把监理拓宽到工程建设的全过程。

第三，监理队伍稳步发展。自监理制度组织试点以来，培养和锻炼了一大批建设监理人才，监理队伍的结构逐步趋于合理，监理人员的素质逐步提高，完全能够满足建设工程监理的需要。

第四，经过多年的实践，监理水平稳步提高，能够适应现代化工程项目建设的需要。

第五，实施建设监理的工程项目，投资和进度都得到较好的控制，工程质量明显提高，取得了好、快、省的建设效果，监理成效更加突出。

第六，监理机制已走向科学化、规范化。

监理涉及工民建、市政、交通、水利、电力、冶金、石化、化工、铁道、机械、煤炭、建材、邮电、通信、地基基础、园林绿化、环境保护、轻纺、古建筑、家居装饰等行业，基本上覆盖了建设工程的各个领域。据统计，截至 2021 年年底有工程监理企业 12407 家，工程监理从业人员 86.26 万人，工程监理合同额 2103.88 亿元。因此，在土木工程专业的本科阶段，开设有关监理方面的课程，以研究和了解建设监理的基本概念和相关法规，掌握工程建设监理的控制方法和措施，对于促进我国建设监理事业的发展和监理水平的提高，具有重要的现实意义和长远的历史意义。

本书由辽宁工程技术大学张向东教授、东北大学齐锡晶教授及辽宁工程技术大学苏丽娟副教授主编，由辽宁工程技术大学、佳木斯大学、东北大学、大连大学、河南城建学院联合编写。各章编写分工如下：张向东，第 1 章；苏丽娟，第 2 章及第 7 章；董维华，第 3 章；齐锡晶，第 4 章；周宇，第 5 章；杨国立，第 6 章。

　　由于编者的水平有限，书中不妥之处在所难免，敬请读者批评指正。

编　者

目　录

总　论 | 第1章

　　工程建设监理是在总结新中国成立以来近40年的工程建设经验教训之后，于20世纪80年代中后期参照国际惯例，在我国建设领域推行的一项科学管理制度。它的出现、发展和推行旨在改进我国工程建设项目管理体制，确保国家建设计划和工程合同高质量的实施，以提高建设水平和投资效益。

1.1　概述

1.1.1　基本概念

1. 监理及工程建设监理的基本概念

　　监理通常是指有关执行者根据一定的行为准则，对某些具体行为进行监督管理，使这些具体行为符合行为准则的要求，并协助行为主体实现其行为目的。

　　"监理"是"监"与"理"的组合词。"监"是对某种预定的行为从旁观察或检查，使其不得逾越行为准则，即为监督的意思，也就是发挥约束作用。"理"是对一些相互协作和相互交错的行为进行协调，以理顺人们的行为和权益关系，即对一些相互协作和相互交错的行为进行调理，避免抵触；对抵触了的行为进行理顺，使其顺畅；对相互矛盾的权益进行调理，避免冲突；对冲突了的权益进行调解，使其协作。概括地说，它起着协调人们的行为和权益关系的作用。所以，"监理"一词可以解释为：一个机构或执行者依据某种行为准则（或行为标准），对某一行为的有关主体进行监督、检查和评价，并采取组织、协调等方式，促使人们相互密切协作，按行为准则办事，顺利实现群体或个体的价值，更好地达到预期目的。

　　监理活动的实现需要具备的基本条件是：应当有明确的"监理执行者"，也就是必须有监理组织；应当有明确的"行为准则"，它是监理的工作依据；应当有明确的被监理"行为"和被监理"行为主体"，它是被监理的对象；应当有明确的监理目的和行之有效的思想、理论、方法和手段。

　　工程建设监理是指具有相应资质的工程监理企业，接受建设单位的委托和授权，根据国家批准的工程项目建设文件，有关工程建设的法律、法规、规章、技术标准和工程建设监理合同以及其他工程建设合同，综合运用法律、经济、组织和技术手段，对工程建设参与者的行为和他们的责权利进行必要的协调与约束，确保建设行为的合法性、科学性和经济性，使工程建设投资活动好快省地进行，取得最大投资效益的微观监督管理活动。

2. 工程建设监理的相关概念

　　（1）项目　项目是指在一定约束条件下（限定资源、限定时间、限定质量）的一次性任务。通常所说的项目，包括科研项目、开发项目、技术改造项目和建设项目等。可见，建设项目是广义项目的一类。

（2）**建设项目** 建设项目是指将一定量的投资，在一定的条件（时间、资源、质量）下，按照一个科学的程序，经过决策（设想、建议、研究、评估、决策）和实施（勘察、设计、施工、竣工、验收、动用），最终形成固定资产特定目标的一次性建设任务。

建设项目具有如下特征：

1）项目的一次性。一次性即单件性，与重复性和批量性是对立的。它要求一次成功，并不再有完全相同的第二次。

2）项目具有生命周期。它划分为若干个特定的阶段，每一阶段都有一定的时间要求，都有特定的目标。整个项目也有一定的时间要求，有总的目标。一个建设项目的开工意味着该建设项目的诞生。它的竣工意味着该建设项目的结束。在建设中，它按一定的程序（阶段）进行。

3）项目具有一定的约束条件。每一个项目必须有限定的时间要求、限定的资源消耗和限定的质量要求。一个建设项目的约束条件是一定的投资、一定的工期、一定的质量、一定的资源需求和明确的空间要求（包括土地、高度、体积和长度等）。

一个建设项目，也可称作工程项目，它要具备六个条件：

1）有明确的建设目的，主要是指为什么要投资。

2）建设任务量是明确的，如一条高速公路有多长，一幢建筑物有多少面积等。

3）投资是明确的，即总投资是多少，每年投资多少。

4）进度目标明确，即它的总工期是多少，每个组成部分工期多长等。

5）工程各组成部分有着有机的联系，一个建设项目可包括一个或多个单项工程，一个单项工程又可分为多个单位工程，一个单位工程又可分为多个分部工程，一个分部工程又可分为多个分项工程，它们组成一个有总体设计的建设项目。

6）建设项目的单件性和实施的一次性。

（3）**业主** 业主又称建设单位、项目法人，在招投标阶段也称为招标单位，是指某项工程的投资者或资金筹集者，并在工程建设的前期、实施阶段对工程建设的投资、进度、质量等重大问题有决策权，承担直接投资责任的一方及其合法继承人。

（4）**承建商** 承建商即承建单位，又称承包单位、承包商或承包人，在招投标阶段也称为投标单位，中标后称为中标单位。承建商是指通过投标或其他方式取得某项工程的设计权、施工权、设备制造权或材料供应权，并和业主签订工程建设合同，承担工程建设某方面或全部建设任务的一方及其合法继承人，如设计单位、施工单位、设备制造供货单位、材料供应单位等。

（5）**监理方** 监理方又称监理企业（或监理单位），是指取得企业法人营业执照，具有监理资质证书的依法从事建设工程监理业务活动的经济组织及其合法继承人。

上述三方构成建设市场的三大主体，这三大主体形成稳定的三元结构，如图1-1所示。由于建设监理制的实施，工程项目建设的管理体制已变为由业主、

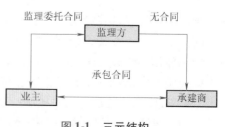

图1-1 三元结构

监理单位与承建商共同管理的体制。

1.1.2 工程建设监理的基本观点

1. 工程建设监理是针对工程项目建设所实施的监督管理活动

工程建设监理的对象是新建、改建和扩建的各种工程项目。这就是说，无论项目业主、承建商，还是监理单位，其工程建设行为的载体都是工程项目。所以说，工程建设监理是针对工程项目建设所实施的监督管理活动。

2. 工程建设监理的行为主体是监理单位

《中华人民共和国建筑法》明确规定，实行监理的建设工程由建设单位委托具有相应资质条件的工程监理企业实施监理。工程建设监理只能由具有相应资质等级的工程监理企业来开展，即工程建设监理的行为主体是工程监理企业，这是我国工程建设监理制度的一项重要规定。

工程建设监理不同于建设行政主管部门的监督管理。后者的行为主体是政府部门，它具有明显的强制性，是行政性的监督管理，它的任务、职责、内容不同于工程建设监理。同样，总承包单位对分包单位的监督管理也不能视为建设工程监理。

3. 工程建设监理的实施需要业主的委托和授权

《中华人民共和国建筑法》明确规定，建设单位与其委托的工程监理企业应当订立书面建设工程委托监理合同。也就是说，工程建设监理的实施需要业主的委托和授权。

工程建设监理只有在建设单位委托的情况下才能进行，只有与建设单位订立书面委托监理合同，明确了监理的范围、内容、权利、义务、责任等，工程监理企业才能在规定的范围内行使管理权，合法地开展监理业务。

工程监理企业在委托监理的工程中拥有一定的管理权限，能够开展管理活动，是建设单位授权的结果。

通过业主的委托和授权方式来实施工程建设监理，是工程建设监理与政府建设行政主管部门对工程建设所进行的行政性监督管理的重要区别。

4. 工程建设监理是有明确依据的工程建设行为

工程建设监理有明确的依据，主要包括：

1）工程建设文件，包括批准的可行性研究报告、建设项目选址意见书、建设用地规划许可证、建设工程规划许可证、批准的施工图设计文件、施工许可证等。

2）有关的法律、法规、规章和标准、规范，包括《中华人民共和国建筑法》《中华人民共和国民法典》《中华人民共和国招标投标法》《建设工程质量管理条例》等法律法规，《工程建设监理规定》等部门规章，以及地方性法规等，也包括《工程建设标准强制性条文》《建设工程监理规范》及有关的工程技术标准、规范、规程等。

3）工程建设委托监理合同和有关的工程建设合同，包括咨询合同、勘察合同、设计合同、施工合同、设备采购合同和材料供应合同等。特别应当说明，各类工程建设合同（含委托监理合同）是工程建设监理的最直接依据。

5. 现阶段工程建设监理主要发生在项目建设的施工阶段

工程建设监理适用于工程建设的投资决策阶段和实施阶段（包括设计阶段、施工招标阶段、施工阶段及竣工验收和保修阶段），但目前主要发生在工程建设的施工阶段。

施工阶段是建设资金投放量最大，形成工程实体的主要阶段。在工程建设施工阶段，建设单位、勘察单位、设计单位、施工单位和工程监理企业等工程建设的各类行为主体均出现在建设工程当中，形成了一个完整的建设工程组织体系。在这个阶段，建筑市场的发包体系、承包体系、管理服务体系的各主体在建设工程中会合，由建设单位、勘察单位、设计单位、施工单位和工程监理企业各自承担工程建设的责任和义务，最终将工程建成并投入使用。在施工阶段委托监理，其目的是更有效地发挥监理的规划、控制、协调作用，为在计划目标内建成工程项目提供最好的管理。

6. 工程建设监理是微观性质的监督管理活动

这一点与由政府建设行政主管部门进行的宏观监督管理活动有着明显的区别。监理单位从事的工程建设监理活动是针对一个具体的工程项目展开的，通过跟踪监理、旁站监理、全过程监理等，紧紧围绕着该工程项目建设的各项活动进行监督管理。

1.1.3　工程建设监理的性质

工程建设监理是一种特殊的工程建设活动，它与其他工程建设活动有明显的区别。也正是由于这个原因，工程建设监理在建设领域中成为我国一种新的独立行业。

1. 服务性

工程建设监理既不同于承建商的直接生产活动，也不同于业主的直接投资活动。它不需要投入大量资金、材料、设备、劳动力，也不必拥有雄厚的注册资金。它只是在工程项目建设过程中，利用自己在工程建设方面的知识、技能、经验和信息为业主提供高智能的技术服务，采用的主要手段是规划、控制、协调，主要任务是控制工程建设的投资、进度和质量，最终目的是协助业主在计划目标内将项目建成并投入使用。监理单位既不向业主承包工程造价，也不参与承包商的盈利分成，所获得的报酬（监理酬金）是技术服务的报酬，是脑力劳动的报酬。因此，工程建设监理是监理单位接收项目业主的委托而开展的技术服务活动。它的直接服务对象是委托方，也就是项目业主。这种高智能技术服务活动是按业主与监理企业签订的委托监理合同来进行的，是受法律约束和保护的。

工程监理企业不能完全取代建设单位的管理活动。它不具有工程建设重大问题的决策权，只能在授权范围内代表建设单位进行工程建设的管理。

2. 科学性

1）科学性是由工程建设监理所要达到的基本目的决定的。工程建设监理以协助业主实现其投资目的为己任，力求在计划目标内建成工程项目。在工程规模日趋庞大，环境日益复杂，功能、标准要求越来越高，新技术、新工艺、新材料、新设备不断涌现，参加建设的单位越来越多，市场竞争日趋激烈，风险日渐增加的情况下，监理工程师只有采用科学的思想、理论、方法和手段才能驾驭工程建设。

2）科学性是由被监理单位的社会化、专业化特点决定的。承担设计、施工、材料和设备供应的都是社会化、专业化的企业。它们在技术、管理方面已经达到了一定水平。这就要求监理单位和监理工程师应当具有更高的素质和水平。只有这样，才能实施有效的监督管理。

3）科学性是由工程项目所处的外部环境特点决定的。工程项目建设总是处于一种动态的外部环境之中，时刻受到外部环境的干扰。这就要求监理工程师既要有丰富的工程建设经验，又要具有科学的思维、灵敏的应变能力和创造性工作的能力。

4）科学性是由监理工程师维护社会公共利益和国家利益的特殊使命决定的。在开展监理活动的过程中，监理工程师要把维护社会最高利益当作自己的天职。这是因为工程项目建设关系到国计民生，维系着人民的生命和财产的安全，涉及公众利益。所以，监理工程师要以科学的态度，采用科学方法来完成监理工作。

科学性主要表现在：工程监理企业应当由组织管理能力强、工程建设经验丰富的人员担任主要领导；应当有足够数量的、有丰富的管理经验和科学知识的监理工程师组成骨干队伍；要有一套科学的管理制度；要掌握先进的管理理论、方法和手段；要积累足够的技术、经济资料和数据；要有科学的工作态度和严谨的工作作风，要实事求是、创造性地开展工作。

3. 独立性

《建筑法》明确指出，工程监理企业应当根据建设单位的委托，客观、公正地执行监理任务。《工程建设监理规定》和《建设工程监理规范》要求工程监理企业按照"公正、独立、自主"原则开展监理工作。

从事工程建设监理活动的监理单位是直接参与工程项目建设的"三方当事人"之一。它与项目业主、承建商之间的关系是平等的、横向的。在工程项目建设中，监理单位是独立的一方。因此，监理单位应当严格按照有关法律、法规、规章、工程建设文件、工程建设技术标准、工程建设委托监理合同、有关的工程建设合同等的规定实施监理；在委托监理的工程中，与承建单位不得有隶属关系和其他利害关系；在开展工程监理的过程中，必须建立自己的组织，按照自己的工作计划、程序、流程、方法、手段，根据自己的判断，独立地开展工作。

4. 公正性

1）公正性是社会公认的监理工程师职业道德准则。在开展工程建设监理的过程中，监理工程师应当排除各种干扰，客观、公正地对待监理的委托单位和承建单位。特别是当这两方发生利益冲突或者矛盾时，监理工程师应以事实为依据，以法律和有关合同为准绳，在维护建设单位的合法权益时，不损害承建单位的合法权益。例如，在调解建设单位和承建单位之间的争议，处理工程索赔和工程延期，进行工程款支付控制以及竣工结算时，应当客观、公正地对待建设单位和承建单位。

2）公正性是工程建设监理正常和顺利开展的基本条件。监理工程师进行目标规划、动态控制、组织协调、合同管理、信息管理等工作都是为力争在预定目标内实现工程项目建设任务这个总目标服务。但是，仅仅依靠监理单位而没有设计单位、施工单位、材料和设备供应单位的积极配合是不能完成这个任务的。监理效果在很大程度上取决于能否与承建单位及项目业主进行良好合作、相互支持、互相配合，而这一切都需要以监理能否具有公正性作为基础。

3）公正性是承建商的共同要求。由于建设监理制赋予监理单位在项目建设中具有监督管理的权力，被监理方必须接受监理方的监督管理。所以，它们迫切要求监理单位能够办事公道，公正地开展工程建设监理活动。

因此，我国建设监理制把"公正性"作为从事工程建设监理活动应当遵循的重要准则。

1.1.4 工程建设监理的范围

根据《建筑法》，国务院公布的《建设工程质量管理条例》对实行强制性监理的工程范围做出了原则性的规定，原建设部（现为住房和城乡建设部）又进一步在《建设工程监理范围和规模标准规定》中对实行强制性监理的工程范围做出了具体规定。

下列建设工程必须实行监理：

（1）国家重点建设工程 国家重点工程建设是指根据《国家重点建设项目管理办法》所确定的对国民经济和社会发展有重大影响的骨干项目。

（2）大中型公用事业工程 大中型公用事业工程是指项目总投资额在 3000 万元以上的工程项目，包括：

1）供水、供电、供气、供热等市政工程项目。

2）科技、教育、文化等项目。

3）体育、旅游、商业等项目。

4）卫生、社会福利等项目。

5）其他公用事业项目。

（3）成片开发建设的住宅小区工程 建筑面积在 $50000m^2$ 以上的住宅工程建设必须实行监理；$50000m^2$ 以下的住宅工程建设，可以实行监理，具体范围和规模标准由省、自治区、直辖市人民政府建设行政主管部门规定。

（4）利用外国政府或者国际组织贷款、援助资金的工程 主要包括：

1）使用世界银行、亚洲开发银行等国际组织贷款资金的项目。

2）使用国外政府及其机构贷款资金的项目。

3）使用国际组织或者国外政府援助资金的项目。

（5）国家规定必须实行监理的其他工程 具体包括：

1）项目总投资额在 3000 万元以上关系社会公共利益、公众安全的下列基础设施项目：① 煤炭、石油、化工、天然气、电力、新能源等项目；② 铁路、公路、管道、水运、民航以及其他交通运输业等项目；③ 邮政、电信枢纽、通信、信息网络等项目；④ 防洪、灌溉、排涝、发电、引（供）水、滩涂治理、水资源保护、水土保持等水利建设项目；⑤ 道路、桥梁、地铁和轻轨交通、污水排放及处理、垃圾处理、地下管道、公共停车场等城市基础设施项目；⑥ 生态环境保护项目；⑦ 其他基础设施项目。

2）学校、影剧院、体育场馆项目。

1.1.5 工程建设监理的中心任务

工程建设监理的中心任务就是控制工程项目的三大目标，也就是控制经过科学的规划所确定的投资、进度和质量目标。这三大目标构成相互关联、互相制约的目标系统。

任何工程项目都是在一定的投资额度内和一定的投资限制条件下实现的，这就是投资目标控制；任何工程项目的实现都要受到时间的限制，都有明确的项目进度和工期要求，这就是进度目标控制；任何工程项目都要实现它的功能要求、使用要求和其他有关质量标准，这就是质量目标控制。实现建设项目并不十分困难，而要使工程项目能够在计划的投资、进度和质量目标内实现是困难的。特别是现代工程项目的建设，新技术、新工艺、新材料、新设备不断涌现，技术越来越复杂，这也正是社会需求高智能监理的根本原因。工程建设监理正是为解决这样的困难和满足这种社会需求而出现的。因此，三大目标控制便成为工程建设监理的中心任务。

1.1.6 工程建设监理的基本方法

工程建设监理的基本方法是一个完整的系统，它由若干个不可分割的子系统组成。它们相互联系、相互支持、共同运行，形成一个完整的方法体系。这就是**目标规划、动态控制、组织协调、信息管理、合同管理**。

1. 目标规划

这里所说的目标规划是以实现三大目标控制为前提的规划或计划，它是紧紧围绕工程项目投资、进度和质量目标进行分析研究、分解综合、安排计划、风险分析、制定措施等项工作的集合。因此，目标规划工作主要包括：

1）正确地确定投资、进度、质量目标或对已经初步确定的目标进行论证。

2）将各目标进行分解，使每个目标都形成一个既能分解又能综合满足控制要求的目标划分系统，以便实施控制。

3）编制目标实施计划，使工程项目能够有序地达到预期目标。

4）对计划目标的实施进行风险分析，以便采取有针对性的措施实施主动控制。

5）制定各项目标的综合控制措施，确保三大目标的实现。

目标规划并不是一成不变的，而是随着工程的进展，根据工程输出的信息和实际状况，不断地进行细化、补充、修改和完善的。

目标规划是目标控制的基础和前提。只有做好目标规划的各项工作，才能有效实施目标控制。目标规划得越好，目标控制的基础就越扎实，控制的效果就越好。

2. 动态控制

动态控制就是在实施监理的过程中，通过对过程、目标和活动的跟踪，全面、及时、正确地掌握工程建设信息，将实际目标值与计划目标值进行分析对比，如果偏离了计划和标准的要求，就采取措施加以纠正，或修改目标计划值使其更加合理，力求使整个目标系统优化实现。这是一个不断循环的过程，应贯穿于工程项目整个监理过程之中。

这种控制是一个动态的过程。工程项目的实施总要受到外部环境和内部因素的各种干扰，必须采取应变性的控制措施确保目标的实现。另外，计划的不变是相对的，计划总是在调整中进行，控制就要不断地适应计划的变化，从而达到有效的控制。监理工程师只有把握住工程项目建设的脉搏，才能做好目标控制工作。

3. 组织协调

在实施监理的过程中，监理工程师要不断进行组织协调，它是实现项目目标不可缺少的方法和手段。主要包括两个方面：

1）项目监理组织内部人与人、机构与机构之间的协调。例如，总监理工程师与各专业监理工程师之间、各专业监理工程师之间的人际关系，以及纵向监理部门与横向监理部门之间关系的协调等。

2）组织协调还包括项目监理组织与外部环境之间的协调，其中主要是与项目业主、设计单位、施工单位、材料和设备供应单位，以及与政府有关部门、社会团体、咨询单位、科学研究单位、工程毗邻单位等之间的协调。

协调主要集中在他们之间的结合部位上，组织协调就是在这些结合部位上做好调和、联合和联结的工作，使大家在实现工程项目总目标上步调一致，达到一体化运行。

为了有效地开展工程建设监理工作，要求项目监理组织内的所有监理人员都能主动地在自己负责的范围内进行组织协调工作。为了搞好这项工作，需要对经常性事项的协调加以程序化，事先确定协调内容和协调方式；需要经常通过监理组织系统和项目组织系统，利用权责体系，采取指令等方式进行协调；需要设置专门机构或专人进行协调；需要召开各种类型的会议进行协调等。只有这样，项目系统内各子系统、各专业、各工种、各项资源以及时间、空间等方面才能实现有机配合，使工程项目成为一体化运行的整体。

4. 信息管理

信息管理是指对所需要的信息进行收集、整理、处理、存储、传递、应用等一系列工作的总称。

监理工程师在监理过程中的主要任务是进行三大目标控制。而控制的基础是信息，任何控制只有在信息的支持下才能有效地进行。因此，监理工程师及时获得全面、准确的工程信息是十分重要的。这就需要建立一个科学的报告系统，通过这个报告系统来传递准确、及时、完整的工程信息；应选派专人来进行信息的收集、加工、处理、传递等工作，并通过计算机来辅助做好这项工作；应设计一个以工程建设监理为中心的信息流结构，并确定相应的信息目录和编码系统；应建立完善的信息管理制度及会议制度等。

5. 合同管理

监理工程师在工程建设过程中的合同管理主要是对工程承包合同（包括勘察设计合同、施工合同、材料设备供应合同等）的签订、履行、变更和解除进行监督、检查，对合同双方争议进行调解和处理，以保证合同的依法签订和全面履行。

监理工程师在合同管理中应当着重做好如下几个方面的工作：

（1）合同分析 合同分析是指对合同各项条款进行深入、细致的分析和研究，找出合同的缺陷，以发现和提出需要解决的问题。合同分析对于促进合同各方履行义务和正确行使合同赋予的权利，对于监督工程的实施，对于解决合同争议，对于预防索赔和处理索赔等项工作都是十分必要的。

（2）建立合同目录、编码和档案 合同目录和编码是采用图表方式进行合同管理的很好工具，它为合同管理自动化提供了条件，使计算机辅助合同管理成为可能。

（3）合同履行的监督、检查 通过检查发现合同执行中存在的问题，并根据法律、法规和合同的规定加以解决，以提高合同的履约率，使工程项目能够顺利建成。

（4）索赔 索赔是合同管理中的重要工作，又是关系合同双方切身利益的问题，同时牵扯监理单位的目标控制工作，是参与工程建设的各方都关注的事情。监理单位应当首先协助业主制定并采取防止索赔的措施，以便最大限度地减少无理索赔的数量和索赔的影响程度；其次要处理好索赔事件。

1.1.7 工程建设监理的作用

大量的工程实践证明，我国推行监理制在提高投资的经济效益方面发挥了重要作用，已为社会所公认。

1. 有利于提高工程建设投资决策科学化水平

在建设单位委托监理企业实施全过程监理的条件下，在建设单位有了初步的项目投资意向之后，工程监理企业可协助建设单位选择工程咨询单位，监督工程咨询合同的实施，并对咨询结果（如项目建议书、可行性研究报告）进行评估，提出有价值的修改意见和建议；或者直接从事工程咨询工作，为建设单位提供建设方案。这样，不仅可使项目投资符合国家经济发展规划、产业政策、投资方向，而且可使项目投资更加符合市场需求。

工程监理企业参与或承担项目决策阶段的监理工作，有利于提高项目投资决策的科学化水平，避免项目投资决策失误，也为实现建设工程投资综合效益最大化打下了良好的基础。

2. 有利于规范工程建设参与各方的建设行为

工程建设参与各方的建设行为都应当符合法律、法规、规章和市场准则。要做到这一点，仅仅依靠自律机制是远远不够的，还需要建立有效的监督约束机制。因此，首先需要政府对工程建设各参与方的建设行为进行全面的监督管理，这是最基本的约束，也是政府的主要职能之一。但是由于客观条件所限，政府的监督管理只能是宏观上的，不可能深入到每一项建设工程的实施过程中。因此，需要建立另一种微观约束机制，能在工程建设实施过程中对工程建设参与各方的建设行为进行约束。建设监理制就是这样一种约束机制。

在工程建设实施过程中，工程监理企业可依据法律、法规、规章、委托监理合同和有关的工程建设合同等，对承建单位的建设行为进行监督管理；也可以向建设单位提出合理化建议，避免决策失误或发生不当的建设行为，这对规范建设单位的建设行为可以起到一定的约束作用。

当然，要发挥上述约束作用，工程监理企业首先必须规范自身的行为，并接受政府的监督管理。

3. 有利于促使承建单位保证建设工程的质量和使用安全

建设工程是一种特殊的产品，不仅价值大、使用寿命长，而且关系到人民的生命财产安全。因此，保证建设工程质量和使用安全就显得尤为重要，在这方面不允许有丝毫的懈怠和疏忽。

工程监理企业对承建单位建设行为的监督管理，实际上是对工程建设生产过程的管理，它与产品生产者自身的管理有很大不同。按照国际惯例，监理工程师是既懂工程技术又懂经济、法律和管理的专业人士，凭借丰富的工程建设经验，有能力及时发现建设工程实施过程中出现的问题，发现工程所用材料、设备及阶段产品中存在的问题，从而最大限度地避免工程质量事故或留下工程质量隐患。因此，实行工程建设监理制之后，在加强承建单位自身对工程质量管理的基础上，由工程监理企业介入工程建设生产过程的监督管理，对保证建设工程质量和使用安全有着重要作用。

4. 有利于实现工程建设投资效益最大化

工程建设投资效益最大化有以下三种不同表现：

1）在满足建设工程预定功能和质量标准的前提下，建设投资额最少。

2）在满足建设工程预定功能和质量标准的前提下，工程建设寿命周期费用（或全寿命费用）最少。

3）工程建设本身的投资效益与社会效益、环境效益的综合效益最大化。

实行工程建设监理制之后，工程监理企业一般都能协助业主实现上述工程建设投资效益最大化的第一种表现，也能在一定程度上实现上述第二种和第三种表现。随着工程建设寿命周期费用思想和综合效益理念被越来越多的建设单位所接受，工程建设投资效益最大化的第二种和第三种表现的比例将越来越大，从而大大提高我国全社会的投资效益，促进我国国民经济健康、可持续发展。

1.2 工程建设监理的产生与发展

1.2.1 国外工程建设监理的产生与发展

建设工程监理制度在国际上已有较长的发展历史，西方经济发达国家已经形成了一套较为完善的工程监理体系和运行机制。可以说，建设工程监理已经成为建设领域中的一项国际惯例。

建设监理制度的起源可以追溯到产业革命发生以前的16世纪，那时随着社会对房屋建造技术要求的不断提高，建筑师队伍出现了专业分工，其中有一部分建筑师专门向社会传授技艺，一部分为工程建设单位提供技术咨询，一部分专门解答疑难问题或受聘监督管理施工，社会对建设监理的需求逐渐产生，建设监理制度出现了萌芽。18世纪60年代的英国产业革命大大促进了整个欧洲大陆城市化和工业化的发展进程，社会大兴土木，建筑业空前繁荣。然而，建设单位感觉到单靠自身的建设管理来实现建设工程高质量的要求是非常困难的，建设工程监理的必要性开始为人们所认识。19世纪，随着建设领域商品经济的日趋复杂，为了明确建设工程项目建设单位、设计者、施工者之间的责任界限，维护各方的经济利益并加快工程进度，英国政府于1830年以法律手段推出了总合同制度，这项制度要求每个建设项目要由一个施工单位进行总包，这样就出现了招标投标，这一制度也促进了建设工程监理制度的发展。

自20世纪50年代末起，随着科学技术的飞速发展，工业和国防建设的不断加大、人民生活水平的不断提高，需要建设大量的大型工程，如航天工程、大型水利工程、核电站工程、大型钢铁、石油化工工程和新型城市开发建设工程等。这些工程投资多、风险大、规模大、技术复杂，无论是投资者还是建设者都不能承担由于投资不当或项目管理失误而带来的巨大损失。因此，为了减少投资风险、节约工程费用、保证投资效益和工程建设的实施，项目建设单位在投资前需要聘请有经验的咨询人员进行投资机会论证和项目的可行性研究，在此基础上再进行决策，并且在建设工程项目的设计、实施等阶段还要进行全面的工程监理，以保证实现其投资目的。这样，建设工程监理就逐步贯穿于建设活动的全过程。

随着建设监理需求的发展，经济发达国家把建设工程监理逐步推入法律化、制度化、程序化轨道。美国的《统一建筑管理法规》，日本的《建筑师法》及《建筑基准法》等都对建设监理的内容、方法及从事监理的社会组织做了详尽的规定。在其工程建设领域中，形成了建设工程项目建设单位、施工单位和监理单位三足鼎立的基本格局。进入20世纪80年代以后，建设监理制在世界范围内得到了较大发展，一些发展中国家也结合本国实际，设立或引进工程监理的制度，对工程建设实行监理。世界银行、亚洲开发银行等国际金融机构和一些国家政府贷款的建设工程项目，都把建设工程监理作为贷款条件之一。从这个意义上讲，我国改革开放以后，引进建设监理制并全面推行这项制度，是合乎世界工程建设潮流，在建设领域向国际接轨的必然结果。

1.2.2 我国工程建设监理的产生与全面实施

1.2.2.1 我国古代营造工程的监理制度

我国古代营造工程的监理，大致可分成三个层次：总督—专督—监修。清代的监工官制度，按工程性质和规模，分派不同级别的管理。对于监理成员的委派，具体成员的遴选，因事而定。

修缮皇陵、宫城及具全国性的寺庙等重大工程，皇帝通常会钦派亲王、将军、内务府大臣等会同工部共同监理。例如：雍正九年修筑紫禁城，雍正皇帝钦派总理大臣会同内务府、工部官员共同监理；乾隆七年修斋宫，乾隆皇帝令内务府会同工部、太常寺官员共同监理；嘉庆二十五年八月修太平峪陵，令郑亲王乌尔恭阿、定亲王绵恩、工部尚书苏楞额、总管内务府大臣和世泰共同监理。

对于一般性工程的修缮，则由工部或主事机关指派官吏共同监理。康熙时规定：凡一应修理，匠夫工价银至五十两以上者，由各该管衙门呈报工部，工部差官会同该修理处官员共同监修。至于地方性的工程，总的原则是，各地若有多处工程项目，则由督抚、布政使、按察使等地方大员共同协调监理。雍正十一年正月，浙江总督程元章负责监理当地各处寺庙工程，认为工程坚固，不用置议。乾隆八年八月，直隶总督负责监理顺义城修缮工程，查出随行人员所出费用远远不足修城的费用。

监理官员背负着保证工程顺利完成的重大使命。通常监理官员的主要职责是监督承修者是否按照原定的营建方案进行施工，是否误工或是否存在偷工减料情形，对匠役人员的使用是否规范（如匠役的专业水平、出工情况、待遇情况）等。如乾隆三十一年七月兴修热河工程，总管内务府大臣三和负责监理，发现其下属副参领常升手下的匠人所制造的石狮子粗糙歪斜，不合式样，毫无威严气象，规模体式均有未合相应，于是下令有关人员遵照式样重做。

1.2.2.2 我国工程建设监理制产生的背景

1. 改革开放，"三资"项目的强烈冲击引发了实行"监理制"的思考

十一届三中全会后，我国实行了改革开放政策，不少外国公司、社团、私人企业到我国投资，兴建各类工程项目，这些建设项目统称为"三资"项目（有借贷外资、中外合资和国外独资的）。这些工程项目均要求实行"招标投标承发包制"和"建设监理制"。当时，我国没有监理企业和监理工程师，不得不聘请国外监理公司、咨询公司的专家们到我国进行工程项目的监理。这些外国专家按照国际惯例，以业主委托与授权的方式对工程建设进行监理，显示出高质、高速、高效的优势。这对我国传统的建设管理体制是一个很大的冲击，引发了广大建设工作者对我国传统的工程建设管理体制是否应当进行改革的思考。

2. 传统建设管理体制的弊端呼唤着新的管理模式

从新中国成立直至20世纪80年代，我国固定资产投资基本上是由国家统一安排计划（包括具体的项目计划），由国家统一财政拨款。在我国当时经济基础薄弱、建设投资和物资短缺的条件下，这种方式对于国家集中有限的财力、物力、人力进行经济建设，迅速建立我国的工业体系和国民经济体系起到了积极作用。当时，我国工程建设的管理基本上采用两种模式：对于一般建设工程，由建设单位自己组成筹建机构，自行管理；对于重大建设工程，则从与该工程相关的单位抽调人员组成工程建设指挥部（筹建处、项目部、管理处等），即当需要建设一个工程项目时，如建设一座矿山、一个工厂、一所学校、一条高速公路等，先由政府建设行政主管部门向下属各单位临时抽调一些工程技术人员，组成临时领导机构——指挥部。这些人有的根本没有进行工程项目建设管理的经验，相互之间也不熟悉，工作一时难以正常开展。待这些人相互之间熟悉了，也有了一定的工作经验了，而该工程项目的建设也到尾声了。如果本单位或本部门没有续建的工程项目，这些人也就散了，有的回到了原单位、有的留下抓生产，工程建设管理经验根本积累不起来，使得我国工程项目建设的管理工作始终处于低水平，难以提高。投资"三超"（概算超估算、预算超概算、结算超预算）、工期延长的现象较为普遍。因此，要使工程建设管理工作走上科学化的轨道、走上专业化的轨道，不发展专门从事工程建设管理的行业是不行的，这个行业便是国际上通行的监理行业。

3. 市场经济的实行为全面运行"监理制"提供了土壤

随着我国全面实行市场经济，政府的职能发生了很大的变化，实行了政企职责分开，简政放权，政府职能已转到规划、监督、协调、服务方面。工程项目建设管理也相应发生了根本的变化：

1）由于扩大了地方和企事业单位的自主权，由过去政府财政统一计划分配投资的体制，变成了由国家、地方、企业和个人多元投资的新格局（"拨改贷"）。每个工程项目由一个业主投资和使用，变成了由国家、地方、企业或个人等多个业主投资和使用。

2）在工程项目建设实施上，由于开放了建筑市场和实行了招标投标承发包制，工程项目建设由本地区、本部门自己下属的设计单位或施工单位承担设计任务或施工任务的状况，变成了全社会、多单位共同参与、相互竞争的新格局。

3）由于实行了业主负责制和投资包干责任制，业主要承担投资责任，由此改变了过去那种行政隶属关系和无经济责任的状况，现已被合同关系所代替。

这些改革与变化意义巨大，它把强大的竞争机制引入到建设领域里来了，调动了社会各方面的积极性。随着建筑市场的开放，各单位都获得了一定的独立权限，积极性是提高了，但同时不顾国家利益和他人利益的倾向也日益显著。尤其是在改革开放的初期，建设的随意性和纠纷显著增多。有的业主利用投资的自主权，盲目地上工程项目，扩大建设规模，提高设计标准；有的业主利用工程建设的招标权，不合理地压低发包价格，拖欠工程款等；有的施工企业，为了追求自身利益，高估冒算，偷工减料，以次充好，不顾施工质量……这些问题的出现，都与注入激励机制时缺乏相应的协调约束机制有关。因此，实行监理制，充分发挥法律、经济、组织、技术等措施的作用，抑制或杜绝上述倾向的发生，是广大投资者和使用者的共同愿望。

4. 开放的中国应与国际接轨、按国际惯例办事

改革开放之初，我国各级政府都把吸引外资作为一项重要工作来抓，如果不实行监理制，不与国际上通行的建设监理制接轨，将严重影响我国吸引外资和先进技术，并且会使我国在对外经济交往中蒙受巨大经济损失。外商在我国的投资项目和我国向国际金融机构贷款的工程项目，之所以把实行监理制作为必要条件之一，就是因为实行这项制度可保证这些工程项目能够按预定的投资和工期高质量地完成，使其投资和贷款的本利能够如期收回。如果我国不实行监理制，将严重影响其投资或贷款的积极性；如果这些工程项目都聘请外国专家实施监理，不仅与我国的国际形象极不相称，还要支付大笔外汇。同时，由于我国未实行这项制度，也不能进入国际监理市场，国际市场上的大批业务收入均被外国企业占有。再者，我国的建筑企业在进入国际市场承包工程时，也因为不熟悉建设监理制而削弱竞争能力，应得的经济利益往往受损。所以，我国要在工程项目的管理上同国际通行做法接轨，真正按国际惯例办事。

综上所述，通过对我国几十年建设工程管理实践的反思和总结，并对国外工程管理制度与管理方法的考察，认识到建设单位的工程项目管理是一项专门的学问，需要一大批专门的机构和人才，建设单位的工程项目管理应当走专业化、社会化的道路，即应全面启动和推行建设监理制。

1.2.2.3 我国建设监理制的试点

从1988年7月建设部提出建立我国建设监理制起，至1993年结束试点，在4年多的时间里，建设监理经历了试点的规划准备、起步运行、稳步发展和总结提高四个阶段，顺利完成了试点的任务。

1. 试点的规划准备

1988年7月，建设部提出了建立建设监理制的设想，立即得到国务院的批准。为了取得经验再逐步推广，制定了"试点起步，法规先导，形式多样，讲究实效，逐步提高，健康发展"的指导思想，并制定了工作规划："一年准备，二年试点，三年逐步铺开，利用五年或更多一点时间把建设监理制度建立起来。"1988年7月25日，建设部发出《关于开展建设监理工作的通知》，并于1988年8月和10月分别在北京、上海召开第一次和第二次监理工作会议，协商确定了首批监理试点城市和部门，包括北京、上海、天津、沈阳、哈尔滨、南京、宁波、深圳八市和能源、交通二部。

2. 试点的起步运行

1988年年底，建设监理制试点在八市二部同时展开。各试点都按照建设部的统一部署，建立或指定了负责监理试点工作的机构，选择了建设监理试点工程，组建了建设监理单位。到1989年年底，共组建监理单位31个，监理试点工程47项，总投资达262亿元。

3. 试点的稳步发展

1990—1992年是建设监理制试点工作的稳步发展阶段。1990年11月12日，《关于开展建设监理试点工作的若干意见》发布，为试点工作的开展提供了指导意见。为了使监理试点工作有序地展开，1989年10月在上海召开了"第三次全国建设监理试点工作会议"，对试点工作进行了全面的部署。1990年12月在天津召开了"京津塘高速公路建设监理现场会"，提出了建设监理试点"完善、扩大、提高"的方针，要求各单位及时总结经验，完善规章制度，扩大试点规模，努力提高监理工作水平。1992年3月在常州召开了"全国部分地区、部门建设监理座谈会"，提出了进一步贯彻"完善、扩大、提高"的方针，加快监理试点步伐，把试点工作提高到一个新水平，并先后出台了《工程建设监理单位资质管理试行办法》《监理工程师资格考试和注册试行办法》等文件。到1992年年底，八市二部成立建设监理单位168家，从事监理工作人数达9671人，监理试点的工程863个，投资规模达1349亿元，监理工作水平有了大幅度的提高。

4. 总结提高

1992年12月，"八市二部建设监理座谈会"在北京召开，交流了监理制试点工作情况，总结了试点经验，对1993年结束试点并对把监理工作稳步推向全国的问题进行研究。

监理试点是转变观念、提高认识、开拓进取、不断探索的过程，是逐步积累经验、提高监理水平的过程。通过试点，为全面推行监理制打下了坚实的基础。

1.2.2.4 我国建设监理制的稳步发展与全面实施

从1993年到1995年年底的三年时间，为我国建设监理制的稳步发展阶段。从1996年开始，我国建设监理制正式转入全面实施阶段。

在稳步发展阶段，我国初步形成了比较完善的监理法规体系和行政管理体系；大、中型工程项目和重点开发工程项目基本上实行了监理；监理队伍的规模和监理水平基本上能满足国内监理业务的需要，还有部分人员或监理单位获得国际监理同行的认可，开始进入国际建筑市场。据不完全统计，自1988年建设监理制试点，到1996年的这段时间内，试行建设监理已发展到31个省、自治区和直辖市，40多个工业交通部门，建设监理在我国发展十分迅速。

在全面实施阶段，监理队伍实现了产业化、专业化和社会化，成为建设领域中一支重要的力量和建筑三大主体之一。监理制度趋于规范，并建立起上下衔接的法规体系。监理水平进一步提高，一些地区或部门监理工程师的监理能力接近国际先进水平。到目前为止，建设监理在我国已经生根、发展，并取得了丰硕的成果。

实行建设监理的工程项目，建设管理得到了很大的改善。建设单位委托监理单位实施监理，自己的主要精力用于协调外部关系上，而工程项目建设的组织管理由监理单位承担，不再组建筹建处、指挥部、项目部等机构，解决了机构臃肿、效率低下的状态，感到"既省力、又顺当"。设计单位的设计意图容易被理解和贯彻，设计上的差错容易得到纠正，设计人员有更多的时间用于搞优化设计上，感到"心里踏实"。施工单位在监理的"高压"下，施工质量得到改善。建设监理制受到社会各界的普遍欢迎，得到了全社会的认可。

1.2.3 我国工程建设监理的现状

1.2.3.1 对我国工程建设监理的评价

1. 建设监理法规体系框架初步形成

目前，我国建设监理的法规体系框架已基本形成，并逐步得到完善。主要表现在：

（1）明确了工程监理的法律地位 《中华人民共和国建筑法》《建设工程质量管理条例》的颁布实施，使建设监理制度在工程建设中的地位受到了国家法律法规的保障，确立了监理单位市场主体地位。

（2）制定了监理队伍的市场准入规则 监理单位资质管理规定、监理工程师考试与注册办法，明确规定了监理企业和监理人员开展监理业务应具备的相应资质和资格条件。

（3）监理工作开始走上规范化轨道 2000年12月，建设部与国家质量技术监督局联合发布了《建设工程监理规范》，为系统全面规范监理工作迈出了重要一步。

（4）初步形成了监理取费的价格体系 原建设部与原国家物价局联合颁发的《工程建设监理取费办法》，为指导监理市场建立完善的价格体系标准奠定了良好的基础。

（5）进一步明确了监理对象 《建设工程监理范围和规模标准规定》要求对五类工程必须实行监理，更加明确了工程监理在工程建设中的作用。

此外，绝大多数地方政府或人大及各部门，也制定了本地区、本部门的建设监理法规和实施细则。因此，可以说，一个上下衔接的法规体系已基本形成，使建设工程监理工作基本上做到了有法可依、有章可循。

2. 建立了一支颇具规模的监理队伍

根据《2021年全国建设工程监理统计公报》，截至2021年年底，全国有监理企业12407家，其中综合资质企业283家，甲级资质企业4874家，乙级资质企业5915家，丙级资质企业1334家，工程监理从业人员86.26万人，工程监理合同额2103.88亿元。监理涉及的范围有工民建、市政、交通、水利、电力、冶金、石化、化工、铁道、机械、煤炭、建材、邮电、通信、地基基础、园林绿化、环境保护、轻纺、古建筑家居装饰等专业，基本上覆盖了建设工程的各个领域。

3. 创造了一批优质名牌监理工程

实施监理的工程，质量、投资和进度普遍得到了保证。如上海杨浦、南浦大桥工程实施建设监理，分项工程的优良率达到98%。京津塘高速公路、沪宁高速公路、京九铁路、南昆铁路，首都、上海、广州的新国际机场，岩滩、水口、隔河岩、二滩、小浪底、李家峡、亚龙湾等大型水电工程，茂名石化工程等工程都是我国比较典型的名牌监理工程。

4. 积累了丰富的工程监理经验

经过20多年的监理实践和经验总结，现在我国部分监理企业已具备了监理各类技术复杂工程的能力。如高达420.5m、地上88层的上海金茂大厦工程，分项分部工程质量均达到优良等级，中心位移偏差最大一层仅为2mm，垂直度偏差小于1.26cm，大大低于规范允许值。在1998年世界和美国60多项结构竞赛中，荣获"1998年最佳结构大奖"。

5. 监理工作逐步规范

《建设工程监理规范》颁布后，多数监理企业制订了贯标实施细则，并严格按照规范要求组织实施监理。一些监理单位通过ISO9000认证后，严格按照质量管理体系文件要求操作，管理程序化，报表制度化，人员职责明确，工作秩序井然。

1.2.3.2 我国工程监理工作目前存在的主要问题及成因

我国的工程建设监理事业虽然取得了明显的成绩，但也存在一些突出的问题，主要表现在以下几个方面。

1. 部分工程监理工作不到位

主要表现为：项目监理机构组织不健全，监理人员的数量、专业、素质不能满足监理工作的需要；施工现场监督管理不得力，应检项目未检，应签认项目未签认，对关键部位和工序需要旁站的未旁站，致使监理水平和监理效果难以提高。其主要原因如下：

1) 市场竞争机制不健全，监理费用较低，部分监理企业为了保证经营利润，随意减少监理人员和简化监理工作程序。

2) 监理人员素质不高，在施工现场不能及时发现和解决问题，致使工程质量难以控制。

3) 注册监理工程师数量较少，专业不配套，监理员的数量不适应现场旁站的需要。

4) 监理行业尚缺乏科学合理的监理人员配置标准，不少监理企业根据取费情况确定人员和设备的配置方案，进场监理人员数量和层次往往不能满足实施监理工作的要求。

5) 一些监理人员缺乏责任感和职业道德，现场监理不负责任，任由质量隐患存在和发展。

6）监理工作不规范，制定的监理规划千篇一律，缺乏针对性，难以有效地指导现场监理工作的实施等。

2. 监理取费普遍较低

目前工程监理费实行市场调节价，监理工作中市场价格偏低的问题制约着监理行业的发展，很多工程项目的监理费甚至达不到合理的监理成本水平，使监理企业无法挽留和吸引高素质监理人才，严重影响了监理人员的积极性，难以发挥监理应有的作用。其主要原因如下：

（1）建设单位不合理压价现象严重　由于大多数建设单位对实行工程监理制度缺乏认识，迫于政府强制实行监理的压力，在选择监理单位时强行压低监理费。在"僧多粥少"的监理市场环境中，很多监理单位为了求得生存，被迫接受建设单位不合理的压价要求。

（2）监理市场尚未建立起规范有序的竞争机制，监理队伍发展规模过大　目前，在监理招标中，业主普遍以监理费报价作为中标的主要条件。一些市场行为不规范的监理单位在监理投标时采取不正当手段恶性压价竞争，中标后不是采用科学合理的方法组织实施监理，而是采取减少人员数量、降低人员层次和减少监理工作程序的方式降低监理成本，以获取不正当利润，以致有的监理企业甚至在监理工程中仅使用低价聘用的退休职工充当监理工程师。这种做法既损害了建设单位的利益，也损害了其他监理单位的利益，更严重败坏了监理行业的声誉。

3. 监理人员整体素质不高

主要反映在：一是监理工程师的知识结构不合理；二是总监理工程师和专业监理工程师的数量和质量不能满足监理工作需要；三是监理人员缺乏现场实践经验。

目前，我国的监理人员来源比较广泛，主要来自勘察设计单位、科研院所、大专院校、基建管理部门和施工单位，他们即使获得监理工程师注册，但由于在知识结构方面缺乏管理知识和法律知识，在开展监理工作中不能有效地发挥组织、协调、管理的作用，难以取得好的监理成效。

我国虽然已建立了监理工程师执业资格制度，并培养了一批注册监理工程师，但数量还远不能满足开展监理工作的需要。

目前，对监理人员的培训、考试工作存在一些弊端，主要是重理论、轻实践，重资历、轻业绩，理论学习与实际工作脱节。不少年轻的监理人员虽然能够取得执业资格证书，但由于缺乏工程管理实践经验，在现场往往不能解决实际问题，难以使承包商信服，也得不到建设单位的信任。此外，在监理队伍中还有很多退休老同志，他们原有的工程建设经验无法适应建设工程监理工作的需要，身体状况更难以适应现场监理工作，起不到应有的监理作用。

4. 装备配备不良

从目前的实际情况来看，多数监理企业无力组建能满足工程监理工作需要的完备试验室，缺少性能优良的检测、监测仪器和设备，现场检测不得不依靠其他专业检测单位，耗时费力，有时该检测的项目未能检测，从而使监理工作受到很大的影响。其原因主要如下：

1）监理取费低，监理企业缺少购买检测仪器和设备的资金。

2）监理企业没有长远目标，缺少长远发展规划。

3）监理在我国发展还处于初级阶段，固定资产的积累需要有个时间过程。

5. 业主行为不规范

大多数业主单位一般不具备项目管理能力，对基建程序尤其是监理制度不了解，往往出现市场行为不规范问题。突出表现在：① 在委托监理业务时仅委托质量控制；② 随意压低监理费；③ 拖欠监理费。其主要原因如下：

1）大多数业主没有认识到监理工程师只有对质量、进度、投资三大目标进行全面控制，才能确保工程建设的投资效益。

2）大多数业主不愿放弃对工程项目的管理权，唯恐丧失既得利益，个别建设单位的人员甚至利用项目管理权谋取非法利益。因此，有些业主对委托监理持抵制态度，为了逃避政府强制监理的审查，迫不得已或搞虚假委托或仅委托质量控制，而牢牢控制工程款支付权力。

3）有些建设单位在资金不到位的情况下，采取不正当手段骗取开工许可证，项目实施后没有后续资金，长期拖欠工程款及监理费。

6. 监理企业缺乏内生发展动力

我国监理企业大致分为四种类型：① 政府主管部门为改善经济条件，安置分流人员成立的公司；② 大型企业集团设立的子公司或分公司；③ 教学、科研、勘察设计单位分离出来的公司；④ 社团组织及社会人士成立的监理公司。监理公司普遍存在缺乏自我发展的内在动力，职工的积极性难以充分调动的现象，严重制约了监理企业和监理行业的进一步发展。

7. 政府监督管理缺乏力度

我国推行建设监理制度时间不长，监理行业还比较脆弱，监理单位的市场主体地位还不够稳固，需要政府大力扶持和引导。《建筑法》《建设工程质量管理条例》及部门规章虽然对监理工作的实施有明确规定，但在实施中缺乏有效的监督管理。这主要表现在：① 监理工作没有专职部门甚至没有专职人员负责；② 一些违规的市场监理行为得不到及时纠正处理；③ 监理行业缺乏长期发展规划。

近几年各地政府机构改革后，原建委（建设厅）设立的监理处相继撤销，管理工作一般由新设立的建管处指派一人兼管，监理工作的管理力量明显削弱，缺乏对监理队伍和监理市场的动态管理，执法检查工作难以实施。而且兼管人员由于没有足够精力考虑本地区监理工作的规划发展，也就不能建立、健全行政管理制度。在一些地区由于不能对监理市场进行有效控制，监理工作不到位情况比较严重，监理市场中的一些不正之风得以滋生蔓延，难以保证监理制度的健康发展。

因此，有必要认真分析和研究监理行业当前面临的形势，分析和研究建设监理工作中存在的突出问题和矛盾，理清工程建设监理工作的基本思路，制定相应的政策和措施，以推动工程建设监理事业的健康发展。

1.2.4 我国工程建设监理的发展趋势

目前，我国的工程建设监理仍处在发展阶段，与世界先进国家相比还有一定的差距。因此，为了使我国的工程建设监理达到或接近世界先进水平，应从以下几个方面发展。

1. 加强法制建设，走法制化的道路

监理在我国起步虽然较晚，但一个上下衔接的法规体系已经建立起来了。在目前颁布和施行的法律法规中，有很多涉及工程建设监理的条款，部门规章和地方性法规的数量更多，使我国的工程建设监理有法可依、有章可循。但目前法制建设还比较薄弱，突出表现在市场规则和市场机制方面。市场规则特别是市场竞争规则和市场交易规则还不健全。市场机制，包括信用机制、价格形成机制、风险防范机制、仲裁机制等尚未完全形成。因此，应当在总结经验的基础上，借鉴国际上通行的做法，逐步建立和健全法制。

2. 以市场需求为导向，向全方位、全过程监理发展

目前，我国工程建设监理以施工阶段监理为主，从事设计阶段监理、决策阶段监理和全过程监理的极为少见。造成这种状况既有体制上、认识上的原因，也有建设单位需求和监理企业素质及能力的原因。但是应当看到，随着项目法人责任制的不断完善，以及民营企业和私人投资项目的大量增加，建设单位对工程投资效益将更加重视，工程前期决策阶段的监理将日益增多。从发展趋势看，代表建设单位进行全方位、全过程的工程项目管理，将是我国工程监理行业发展的趋向。当前，应当按照市场需求多样化的规律，积极扩展监理服务内容。要从现阶段以施工阶段为主，向全过程、全方位监理发展，即不仅要进行施工阶段质量、投资和进度控制，做好合同管理、信息管理和组织协调工作，而且要进行决策阶段和设计阶段的监理。

3. 适应市场需求，优化工程建设监理企业结构

我国的工程建设监理企业发展迅猛，到2021年年底就有12400余家。目前，工程建设监理企业从体制上说大体存在三个问题：① 管理体制不顺畅；② 产权关系比较模糊；③ 分配机制不尽合理，企业缺乏自我发展的内在动力。在市场经济条件下，任何企业的发展都必须与市场需求相适应，工程建设监理企业的发展也不例外。建设单位对工程建设监理的需求是多种多样的，工程建设监理企业所能提供的"供给"（即监理服务）也应该是多种多样的。因此，应当通过市场竞争机制，逐步建立起综合性监理企业与专业性监理企业相结合、大、中、小型监理企业相结合的合理的企业结构。按工作内容分，建立起能承担全过程、全方位监理任务的综合性监理企业与能承担某一专业监理任务（如可行性研究、工程造价咨询等）的监理企业相结合的企业结构。按工作阶段分，建立起能承担工程建设全过程监理的大型监理企业与能承担某一阶段工程监理任务的中型监理企业和只提供旁站监理劳务的小型监理企业相结合的企业结构。按所从事的监理专业分，建立起能承担几个专业的建设项目监理的大型综合性企业和只承担某项专业监理的中、小型监理企业相结合的企业结构。这样，既能满足建设单位的各种需求，又能使各类监理企业各得其所，都能有合理的生存和发展空间。另外，要按照"产权清晰、权责明确、政企分开、管理科学，决策、执行和监督体系健全"的现代企业制度的要求，对企业进行股份制改造，理顺产权关系，健全法人治理结构，建立合理的分配制度、劳动用工制度，使企业的管理制度和经营机制与市场经济体制相适应，充分发挥股东会、董事会、监理会的作用，从而构建适应国际化竞争的现代企业内部运作机制，使我国的监理企业真正成为自主经营、自负盈亏、自我发展、独立享有民事权利和承担民事责任的经济实体。

4. 加强培训工作，不断提高监理人员素质

从全方位、全过程监理的要求来看，我国工程建设监理人员的素质还不能与之相适应，主要表现在以下几个方面：① 监理人员综合素质偏低（学历、工程经验、知识结构、管理水平等方面）；② 监理人员专业分工过细，缺乏一专多能人才；③ 缺乏具备较高监理水平的总监理工程师等。现阶段监理人员主要来自于施工单位、设计单位、各大院校、研究单位，"三控"监理存在着不同程度上的差距，迫切需要加以提高。同时，工程建设领域的新技术、新工艺、新材料、新设备层出不穷，工程技术标准、规范、规程也时有更新，信息技术日新月异，都要求工程建设监理人员与时俱进，不断提高自身的业务素质和工作能力，这样才能为业主提供优质服务。监理人员的素质是整个工程建设监理行业发展的基础，只有培养出大批高素质的监理人员，才可能形成相当数量的高素质的工程监理企业，才能提高我国工程建设监理的总体水平及其效果，才能推动工程建设监理事业更好更快地发展。因此，加强对监理人员定期和不定期的培训和注册监理工程师的继续教育，尤为重要。

5. 重视建设与环境保护之间的关系，加强工程建设环境监理

随着社会的进步，人们的环境意识不断加强，环境问题越来越引起全社会的关注。项目建设过程中会遇到许多环境问题，监理工程师应充分认识到所监理项目的环境保护工作的重要性。

工程项目建设过程及建成后投产运行中会引起许多环境问题，如水利工程建设对环境的一般影响有：对局部地区气候的影响；对水温、水文、水质和泥沙的影响；对环境地质和土壤环境的影响；对陆生生物和水生生物的影响；对人群健康的影响；对景观和文物的影响；移民和施工对环境的影响等。再如，公路项目建设对环境的一般影响有：社区发展、居民生活质量和房屋拆迁、基础设施、资源利用和景观环境等社会环境；野生植物与动物及其栖息地、水土流失、农业土壤和农作物中含铅量等生态环境；环境空气；环境噪声等。监理工程师需要对这些环境问题引起足够的重视，并实施监理。

目前在一些世界银行贷款项目建设过程中推行的环境监理制，是确保建设项目环境保护工作顺利开展的行之有效的做法。如在黄河小浪底水利枢纽、山西引黄入晋等项目建设过程中，项目业主独聘请环境监理工程师，对施工承包商的环境保护工作进行监理，确保了这些项目建设环境保护工作的有序开展，也为这些项目最终实现经济效益、社会效益和环境效益的有机统一奠定了基础。

6. 与国际惯例接轨，走向世界

我国早已加入世界贸易组织，这是我国的第二次改革开放。从某种意义上讲，对我国的影响更加广泛，对工程建设监理的影响可谓有利有弊。

（1）利的方面 加入世界贸易组织后，我国经济和世界经济融为一体，我国建设监理界同国外同行的联系必将进一步加强。一方面，我国的监理单位和监理工程师在同国外的监理单位和监理工程师的接触中，相互合作的机会将会大大增加，包括采用合作监理、成立合资公司等方式。通过这些合作，必将迅速提高我国建设监理事业的水平，进而促进我国建设监理事业的发展；另一方面，随着我国经济和世界经济的密切结合，也会为我国监理单位和监理工程师走出国门，承揽国外建设监理业务提供良机。

（2）弊的方面 加入世界贸易组织后，国外监理公司必将携管理、技术、人才、资金等优势进入国内建设监理市场，从而使本已竞争十分激烈的国内建设监理市场竞争更加激烈，使部分中小型建设监理公司及一些水平不高的监理工程师退出监理行业。

我国的建设监理水平同国外相比，差距还很大。尽管我们在30多年监理实践中接触了许多涉外工程，熟悉了许多国际惯例，积累了一定的经验，但差距毕竟很大。在迎接我国加入世界贸易组织后的挑战时，监理单位和监理工程师必须正视这一现实，才能有的放矢，走向世界。为此，应做好以下几点：

（1）**加强管理，练好内功** 要能在未来激烈的市场竞争中生存和发展，监理单位最重要的应战措施是加强管理，练好内功，尽快提高自身素质。在加强管理的过程中，应注意按现代企业制度办事，特别是采用改制等手段建立明晰的产权关系，以便为监理单位的发展打下扎实的基础。监理单位应走规模化经营的道路，如通过联合、兼并、参股等方式，扩大规模，提高抵御风险的能力和竞争力。

（2）**熟悉国际惯例** 我国加入世界贸易组织后，工程建设管理模式必将全面和国际惯例接轨，监理工作自然也要和国际惯例接轨。因此，监理单位应熟悉国际惯例，包括合同条件、项目管理方法和手段等。

（3）**培养现代化的监理工程师队伍** 除通常的监理知识外，现代化的监理工程师必须掌握外语和计算机知识，能熟练地运用外语和计算机进行监理工作。

1.3 工程建设监理的法律、法规与规章

1.3.1 工程建设法律法规体系

工程建设法律法规体系是指根据《中华人民共和国立法法》的规定，制定和公布施行的有关工程建设的各项法律、行政法规、地方性法规、自治条例、单行条例、部门规章和地方政府规章的总称。目前，这个体系已经基本形成。本节列举和介绍的是与工程建设监理有关的法律、行政法规和部门规章，不涉及地方性法规、自治条例、单行条例和地方政府规章。

1. 工程建设法律、法规、规章的制定机关和法律效力

工程建设法律是指由全国人民代表大会及其常务委员会通过的规范工程建设活动的法律规范，由国家主席签署主席令予以公布，如《中华人民共和国建筑法》《中华人民共和国招标投标法》《中华人民共和国民法典》《中华人民共和国城市规划法》等。

工程建设行政法规是根据宪法和法律由国务院制定的规范工程建设活动的各项法规，由总理签署国务院令予以公布，如《建设工程质量管理条例》《建设工程勘察设计管理条例》等。

工程建设部门规章是根据法律和国务院的行政法规、决定或命令，由住房与城乡建设部按照国务院规定的职权范围，独立或同国务院有关部门联合制定的规范工程建设活动的各项规章，属于住房与城乡建设部制定的由部长签署建设部令予以公布，如《工程监理企业资质管理规定》等。

上述法律、法规、规章的效力是：**法律的效力高于行政法规；行政法规的效力高于部门规章。**

2. 与工程建设监理有关的法律、法规和规章

（1）**法律** 我国目前制定的有关工程建设监理方面的法律主要有：

1）中华人民共和国建筑法。

2）中华人民共和国民法典。

3）中华人民共和国招标投标法。

4）中华人民共和国土地管理法。

5）中华人民共和国城市规划法。

6）中华人民共和国城市房地产管理法。

7）中华人民共和国环境保护法。

8）中华人民共和国环境影响评价法。

（2）行政法规 我国目前制定的有关工程建设监理方面的行政法规主要有：

1）建设工程质量管理条例。

2）建设工程勘察设计管理条例。

3）中华人民共和国土地管理法实施条例。

（3）部门规章 我国目前制定的有关工程建设监理方面的部门规章主要有：

1）工程监理企业资质管理规定。

2）监理工程师资格考试和注册试行办法。

3）建设工程监理范围和规模标准规定。

4）建筑工程设计招标投标管理办法。

5）房屋建筑和市政基础设施工程施工招标投标管理办法。

6）评标委员会和评标方法暂行规定。

7）建筑工程施工发包与承包计价管理办法。

8）建筑工程施工许可管理办法。

9）实施工程建设强制性标准监督规定。

10）房屋建筑工程质量保修办法。

11）房屋建筑工程和市政基础设施工程竣工验收备案管理暂行办法。

12）建设工程施工现场管理规定。

13）建筑安全生产监督管理规定。

14）工程建设重大事故报告和调查程序规定。

15）城市建设档案管理规定。

监理工程师应当了解和熟悉我国建设工程法律法规规章体系，并熟悉和掌握其中与监理工作关系比较密切的法律、法规和规章，以便依法进行监理和规范自己的监理行为。下面重点介绍与监理关系密切的法律法规及其相关内容。

1.3.2 中华人民共和国建筑法

《中华人民共和国建筑法》（以下简称《建筑法》）是我国工程建设领域的一部大法，全文分8章共计85条。整部法律内容是以建筑市场管理为中心，以工程建设质量和安全为重点，以建筑活动监督管理为主线形成的。与工程建设监理有关的内容如下。

1. 从业资格的规定

1）从事建筑活动的建筑施工企业、勘察单位、设计单位和工程监理单位应有符合国家规定的注册资本，有与其从事的建筑活动相适应的具有法定执业资格的专业技术人员，有从事相关建筑活动所应有的技术装备，以及法律、行政法规规定的其他条件。

2）从事建筑活动的建筑施工企业、勘察单位、设计单位和工程监理单位，按照其拥有注册资本、专业技术人员、技术装备和已完成的建筑工程业绩等资质条件，划分为不同的资质等级，经资质审查合格，取得相应的资质等级证书后，方可在其资质等级许可的范围内从事建筑活动。

3）从事建筑活动的专业技术人员，应当依法取得相应的执业资格证书，并在执业资格证书许可的范围内从事建筑活动。

2. 工程建设监理的规定

1）国家推行工程建设监理制度。国务院可以规定实行强制性监理的工程范围。

2）实行监理的工程建设，由建设单位委托具有相应资质条件的工程监理单位监理。建设单位与其委托的工程监理单位应当订立书面委托监理合同。

3）工程建设监理应当依据法律、行政法规及有关的技术标准、设计文件和工程建设承包合同，对承包单位在施工质量、建设工期和建设资金使用等方面，代表建设单位实施监督；在实施监理过程中，监理人员认为工程施工不符合工程设计要求、施工技术标准和合同约定的，有权要求建筑施工企业改正；监理人员发现工程设计不符合工程建设质量标准或者合同约定的质量要求的，应当报告建设单位要求设计单位改正。

4）实施工程建设监理前，建设单位应当将委托的工程监理单位、监理的内容及监理权限，书面通知被监理的建筑施工企业。

5）工程监理单位应当在其资质等级许可的监理范围内，承担工程监理业务。

6）工程监理单位应当根据建设单位的委托，客观、公正地执行监理任务。

7）工程监理单位与被监理工程的承包单位以及建筑材料、建筑构配件和设备供应单位不得有隶属关系或者其他利害关系。

8）工程监理单位不得转让工程监理业务。

9）工程监理单位不按照委托监理合同的约定履行监理义务，对应当监督检查的项目不检查或者不按照规定检查，给建设单位造成损失的，应当承担相应的赔偿责任。

10）工程监理单位与承包单位串通，为承包单位谋取非法利益，给建设单位造成损失的，应当与承包单位承担连带赔偿责任。

3. 法律责任的规定

1）工程监理单位与建设单位或者建筑施工企业串通，弄虚作假、降低工程质量的，责令改正，处以罚款，降低资质等级或者吊销资质证书；有违法所得的，予以没收；造成损失的，承担连带赔偿责任；构成犯罪的，依法追究刑事责任。

2）工程监理单位转让监理业务的，责令改正，没收违法所得，可以责令停业整顿，降低资质等级；情节严重的，吊销资质证书。

3）责令停业整顿、降低资质等级或者吊销资质证书的行政处罚，由颁发资质证书的机关决定；其他行政处罚，由建设行政主管部门或者有关部门依照法律和国务院规定的职权范围决定。受到吊销资质证书行政处罚的，由工商行政管理部门吊销其营业执照。

1.3.3 建设工程质量管理条例

《建设工程质量管理条例》（以下简称《质量管理条例》）以建设工程质量责任主体为基线，规定了建设单位、勘察单位、设计单位、施工单位和工程监理单位的质量责任和义务，明确了工程质量保修制度、工程质量监督制度等内容，并对各种违法违规行为的处罚作了原则规定。

1. 监理单位的质量责任和义务

1）工程监理单位应当依法取得相应等级的资质证书，并在其资质等级许可的范围内承担工程监理业务；禁止工程监理单位超越本单位资质等级许可的范围或者以其他工程监理单位的名义承担工程监理业务；禁止工程监理单位允许其他单位或者个人以本单位的名义承担工程监理业务；工程监理单位不得转让工程监理业务。

2）工程监理单位与被监理工程的施工承包单位及建筑材料、建筑构配件和设备供应单位有隶属关系或者其他利害关系的，不得承担该项建设工程的监理业务。

3）工程监理单位应当依照法律、法规及有关技术标准、设计文件和建设工程承包合同，代表建设单位对施工质量实施监理，并对施工质量承担监理责任。

4）工程监理单位应当选派具备相应资格的总监理工程师和监理工程师进驻施工现场；未经监理工程师签字，建筑材料、建筑构配件和设备不得在工程上使用或安装，施工单位不得进行下一道工序的施工；未经总监理工程师签字，建设单位不拨付工程款，不进行竣工验收。

5）监理工程师应当按照工程监理规范的要求，采用旁站、巡视和平行检验等形式，对建设工程实施监理。

2. 罚则

1）工程监理单位超越本单位资质等级承揽业务的，责令停止违法行为，处委托监理合同约定的监理酬金1倍以上2倍以下的罚款；可责令停业整顿，降低资质等级；情节严重的，吊销资质证书；有违法所得的，予以没收。

2）工程监理单位允许其他单位或者个人以本单位名义承揽业务的，责令改正，没收违法所得，处委托监理合同约定的监理酬金1倍以上2倍以下的罚款；可责令停业整顿，降低资质等级；情节严重的，吊销资质证书。

3）工程监理单位转让监理业务的，责令改正，没收违法所得，处合同约定的监理酬金25%以上50%以下的罚款；可责令停业整顿，降低资质等级；情节严重的，吊销资质证书。

4）工程监理单位有下列行为之一的，责令改正，处50万元以上100万元以下的罚款，降低资质等级或者吊销资质证书；有违法所得的，予以没收；造成损失的，承担连带赔偿责任：① 与建设单位或者施工单位串通，弄虚作假、降低工程质量的；② 将不合格的建设工程、建筑材料、建筑构配件和设备按照合格签字的。

5）工程监理单位与被监理工程的施工承包单位及建筑材料、建筑构配件和设备供应单位有隶属关系或者其他利害关系承担该项建设工程的监理业务的，责令改正，处5万元以上10万元以下的罚款，降低资质等级或吊销资质证书；有违法所得的，予以没收。

6）监理工程师因过错造成质量事故的，责令停止执业1年；造成重大质量事故的，吊销执业资格证书，5年以内不予注册；情节特别恶劣的，终身不予注册。

7）工程监理单位违反国家规定，降低工程质量标准，造成重大质量事故，构成犯罪的，对直接责任人员依法追究刑事责任。工程监理单位的工作人员因调动工作、退休等原因离开该单位后，被发现在该单位工作期间违反国家有关建设工程质量管理规定，造成重大工程质量事故的，仍应当依法追究刑事责任。

1.3.4 建设工程监理规范

《建设工程监理规范》（以下简称《监理规范》）不属于建设工程法律法规规章体系，而是属于中华人民共和国国家标准，对建设工程监理工作有重要的作用，故放在本节中一并介绍。

《监理规范》分总则，术语，基本规定，项目监理机构，监理规划及监理实施细则，工程质量、造价、进度控制，工程变更、索赔及施工合同争议处理，监理文件资料管理，设备采购与设备监造，相关服务共计10部分，另附有建设工程监理基本表式。

1.3.4.1 总则

1）为了提高建设工程监理与相关服务水平，规范建设工程监理与相关服务行为，制定本规范。

2）本规范适用于建设工程的新建、扩建、改建监理与相关服务活动。

3）实施建设工程监理前，建设单位应委托具有相应资质的工程监理单位，并以书面形式与工程监理单位订立建设工程监理合同，合同中应包括监理工作的范围、内容、服务期限和酬金，双方的义务、违约责任等相关条款。在订立建设工程监理合同时，建设单位将勘察、设计、保修阶段等相关服务一并委托的，应在合同中明确相关服务的工作范围、内容、服务期限和酬金等相关条款。

4）工程开工前，建设单位应将工程监理单位的名称，监理的范围、内容和权限及总监理工程师的姓名书面通知施工单位。

5）在建设工程监理工作范围内，建设单位与施工单位之间涉及施工合同的联系活动应通过工程监理单位进行。

6）实施建设工程监理的主要依据：法律法规及建设工程相关标准；建设工程勘察设计文件；建设工程监理合同及其他合同文件。

7）建设工程监理实行总监理工程师负责制。

8）工程监理单位应公平、独立、诚信、科学地开展建设工程监理与相关服务活动。

9）建设工程监理与相关服务活动除遵循本规范外，还应符合法律法规及有关建设工程标准的规定。

1.3.4.2 术语

1）工程监理单位：依法成立并取得国务院建设主管部门颁发的工程监理企业资质证书，从事建设工程监理活动的服务机构。

2）监理：工程监理单位受建设单位委托，根据法律法规、工程建设标准、勘察设计文件及合同，在施工阶段对建设工程质量、进度、造价进行控制，对合同、信息进行管理，对工程建设相关方的关系进行协调，并履行建设工程安全生产管理法定职责的服务活动。

3）相关服务：工程监理单位受建设单位委托，按照建设工程监理合同约定，在建设工程勘察、设计、保修等阶段提供的服务活动。

4）项目监理机构：工程监理单位派驻工程负责履行建设工程监理合同的组织机构。

5）注册监理工程师：取得国务院建设主管部门颁发的《中华人民共和国注册监理工程师注册执业证书》和执业印章，从事建设工程监理与相关服务等活动的人员。

6）总监理工程师：由工程监理单位法定代表人书面任命，负责履行建设工程监理合同、主持项目监理机构工作的注册监理工程师。

7）总监理工程师代表：由总监理工程师授权，代表总监理工程师行使其部分职责和权力，具有工程类注册执业资格或具有中级及以上专业技术职称、3年及以上工程监理实践经验的监理人员。

8）专业监理工程师：由总监理工程师授权，负责实施某一专业或某一岗位的监理工作，有相应监理文件签发权，具有工程类注册执业资格或具有中级及以上专业技术职称、2年及以上工程实践经验的监理人员。

9）监理员：从事具体监理工作，具有中专及以上学历并经过监理业务培训的监理人员。

10）监理规划：指导项目监理机构全面开展监理工作的纲领性文件。

11）监理实施细则：针对某一专业或某一方面监理工作的操作性文件。

12）工程变更：按照施工合同约定的程序对工程在材料、工艺、功能、构造、尺寸、技术指标、工程量及施工方法等方面做出的改变。

13）工程计量：根据工程设计文件及施工合同约定，项目监理机构对施工单位申报的合格工程的工程量进行的核验。

14）旁站：监理人员在施工现场对工程实体关键部位或关键工序的施工质量进行的监督检查活动。

15）巡视：监理人员在施工现场进行的定期或不定期的监督检查活动。

16）平行检验：项目监理机构在施工单位对工程质量自检的基础上，按照有关规定或建设工程监理合同约定独立进行的检测试验活动。

17）见证取样：项目监理机构对施工单位进行的涉及结构安全的试块、试件及工程材料现场取样、封样、送检工作的监督活动。

18）工程延期：由于非施工单位原因造成合同工期延长的时间。

19）工期延误：由于施工单位自身原因造成施工期延长的时间。

20）工程临时延期批准：当发生非施工单位原因造成的持续性影响工期事件，总监理工程师所做出的临时延长合同工期的批准。

21）工程最终延期批准：当发生非施工单位原因造成的持续性影响工期事件，总监理工程师所做出的最终延长合同工期的批准。

22）监理日志：项目监理机构每日对建设工程监理工作及建设工程实施情况所做的记录。

23）监理月报：项目监理机构每月向建设单位提交的建设工程监理工作及建设工程实施情况分析总结报告。

24）设备监造：项目监理机构按照建设工程监理合同和设备采购合同约定，对设备制造过程进行的监督检查。

25）监理文件资料：工程监理单位在履行建设工程监理合同过程中形成或获取的，以一定形式记录、保存的文件资料。

1.3.4.3 基本规定

1）项目监理机构应结合工程特点，遵循事前控制和主动控制原则实施工程监理，并及时准确记录监理工作实施情况。

2）工程开工前，总监理工程师及有关监理人员应参加由建设单位主持召开的第一次工地会议，会议纪要由项目监理机构负责整理，参会各方代表签字。

3）项目监理机构应定期召开监理例会，组织有关单位研究解决工程监理相关问题。项目监理机构可根据工程需要，主持或参加专题会议，解决监理工作范围内工程专项问题。监理例会、专题会议的会议纪要由项目监理机构负责整理，参会各方代表签字。

4）项目监理机构应建立健全协调管理制度，采用有效方式协调工程建设相关方的关系。项目监理机构与工程建设相关方之间的工作联系，宜采用工作联系单形式进行。

5）项目监理机构应审查施工单位报审的施工组织设计、专项施工方案，符合要求的，由总监理工程师签认后报建设单位。

施工组织设计审查的基本内容：编审程序应符合相关规定；施工进度、施工方案及工程质量保证措施应符合施工合同要求；资源（资金、劳动力、材料、设备）供应计划应满足工程施工需要；安全技术措施应符合工程建设强制性标准；施工总平面布置应科学合理。

专项施工方案审查的基本内容：编审程序应符合相关规定；安全技术措施应符合工程建设强制性标准。

项目监理机构应要求施工单位按照已批准的施工组织设计、专项施工方案组织施工。施工组织设计、专项施工方案需要调整的，项目监理机构应按程序重新审查。

6）项目监理机构应检查施工单位现场安全生产规章制度的建立和落实情况，检查施工单位安全生产许可证及施工单位项目经理资格证、专职安全生产管理人员上岗证和特种作业人员操作证，检查施工机械和设施的安全许可验收手续，定期巡视检查危险性较大的分部分项工程施工作业情况。

7）总监理工程师应组织专业监理工程师审查施工单位报送的开工报审表及相关资料，同时具备以下条件的，由总监理工程师签署审查意见，报建设单位批准后，总监理工程师签发开工令：①设计交底和图样会审已完成；②施工组织设计已由总监理工程师签认；③施工单位现场质量、安全生产管理体系已建立，管理及施工人员已到位，施工机械具备使用条件，主要工程材料已落实；④进场道路及水、电、通信等已满足开工要求。

8）项目监理机构在实施监理过程中，发现工程存在安全事故隐患的，应签发监理通知，要求施工单位整改；情况严重的，应签发工程暂停令，并及时报告建设单位。施工单位拒不整改或者不停止施工的，项目监理机构应及时向有关主管部门报送监理报告。

9）总监理工程师签发工程暂停令应事先征得建设单位同意，在紧急情况下未能事先报告的，应在事后及时向建设单位做出书面报告。

10）暂停施工事件发生时，项目监理机构应如实记录所发生的情况。当暂停施工原因消失、具备复工条件时，施工单位提出复工申请的，项目监理机构应审查施工单位报送的复工报审表及有关材料，符合要求后，总监理工程师应及时签发复工令；施工单位未提出复工申请的，总监理工程师应根据工程实际情况指令施工单位恢复施工。

1.3.4.4 项目监理机构

1. 一般规定

1）工程监理单位履行建设工程监理合同时，应在施工现场派驻项目监理机构。项目监理机构的组织形式和规模，应根据建设工程监理合同约定的服务内容、服务期限，以及工程特点、规模、技术复杂程度、环境等因素确定。

2）项目监理机构的监理人员由总监理工程师、专业监理工程师和监理员组成，且专业配套、数量满足监理工作需要，必要时可设总监理工程师代表。

3）工程监理单位在建设工程监理合同签订后，应及时将项目监理机构的组织形式、人员构成及对总监理工程师的任命书面通知建设单位。

4）工程监理单位调换总监理工程师的，事先应征得建设单位同意；调换专业监理工程师的，总监理工程师应书面通知建设单位。

建设单位应授权一名熟悉工程情况的代表，负责与项目监理机构联系。

5）总监理工程师可同时担任其他建设工程的总监理工程师，但最多不得超过3项。

6）施工现场监理工作全部完成或建设工程监理合同终止时，项目监理机构可撤离施工现场。

2. 监理人员职责

《监理规范》规定了总监理工程师、专业监理工程师和监理员的职责，具体内容见第5.3节。

3. 监理设施

1）建设单位应按照建设工程监理合同约定，提供监理工作需要的办公、交通、通信、生活等设施。项目监理机构应妥善使用和保管建设单位提供的设施，并应按建设工程监理合同约定的时间移交建设单位。

2）工程监理单位应按照建设工程监理合同约定，配备满足项目监理机构工作需要的常规检测设备和工器具。

3）项目监理机构宜实施建设工程监理信息化。

1.3.4.5 监理规划及监理实施细则

1. 一般规定

1）监理规划应明确项目监理机构的工作目标，确定具体的监理工作制度、内容、程序、方法和措施，并具有指导性和针对性。

2）监理实施细则应符合监理规划的要求，应结合工程特点，具有可操作性。

2. 监理规划

规定了监理规划的编制程序、主要内容及调整修改等，详见第6.3节。

3. 监理实施细则

规定了监理实施细则编制依据、主要内容等，见第6.4节。

1.3.4.6 工程质量、造价、进度控制

1. 一般规定

1）项目监理机构根据建设工程监理合同约定的工程质量、造价、进度控制任务，确定控制目标，并对控制目标进行分解，制定相应的措施实施控制。

2）监理人员应熟悉工程设计文件，有关监理人员应参加建设单位主持的图样会审和设计交底会议，总监理工程师应参与会议纪要会签。

2. 工程质量控制

1）总监理工程师应组织专业监理工程师审查施工单位报审的施工方案，符合要求后予以签认。施工方案审查的基本内容包括：编审程序应符合相关规定；工程质量保证措施应符合有关标准。

2）分包工程开工前，项目监理机构应审核施工单位报送的分包单位资格报审表，专业监理工程师提出审核意见后，由总监理工程师签发。分包单位资格审核的基本内容包括：营业执照、企业资质等级证书；安全生产许可文件；类似工程业绩；专职管理人员和特种作业人员的资格证书。

3）专业监理工程师应审查施工单位报送的新材料、新工艺、新技术、新设备的质量认证材料和相关验收标准的适用性，必要时，应要求施工单位组织专题论证，审查合格后报总监理工程师签认。

4）专业监理工程师应检查、复核施工单位报送的施工控制测量成果及保护措施，签署意见。检查、复核的内容包括：施工单位测量人员的资格证书及测量设备检定证书；施工平面控制网、高程控制网和临时水准点的测量成果及控制桩的保护措施。同时，专业监理工程师应对施工单位在施工过程中报送的施工测量放线成果进行查验。

5）专业监理工程师应检查施工单位的试验室，检查的内容：试验室的资质等级及试验范围；法定计量部门对试验设备出具的计量检定证明；试验室管理制度；试验人员资格证书。

6）项目监理机构应审查施工单位报送的用于工程的材料、设备、构配件的质量证明文件，并按照有关规定或建设工程监理合同约定，对用于工程的材料进行见证取样、平行检验。对已进场经检验不合格的工程材料、设备、构配件，项目监理机构应要求施工单位限期将其撤出施工现场。

7）专业监理工程师应要求施工单位定期提交影响工程质量的计量设备的检查和检定报告。

8）监理人员应对施工过程进行巡视，并对关键部位、关键工序的施工过程进行旁站，填写旁站记录。

9）专业监理工程师应根据施工单位报验的检验批、隐蔽工程、分项工程进行验收，提出验收意见。总监理工程师应组织监理人员对施工单位报验的分部工程进行验收，签署验收意见。对验收不合格的检验批、隐蔽工程、分项工程和分部工程，项目监理机构应拒绝签认，并严禁施工单位进行下一道工序施工。

10）项目监理机构发现施工存在质量问题的，应及时签发监理通知，要求施工单位整改。整改完毕后，项目监理机构应根据施工单位报送的监理通知回复单对整改情况进行复查，提出复查意见。

11）项目监理机构发现下列情形之一的，总监理工程师应及时签发工程暂停令，要求施工单位停工整改：施工单位未经批准擅自施工的；施工单位未按审查通过的工程设计文件施工的；施工单位未按批准的施工组织设计施工或违反工程建设强制性标准的；施工存在重大质量事故隐患或发生质量事故的。项目监理机构应对施工单位的整改过程、结果进行检查、验收，符合要求的，总监理工程师应及时签发复工令。

12）对需要返工处理或加固补强的质量事故，项目监理机构应要求施工单位报送质量事故调查报告和经设计等相关单位认可的处理方案，并对质量事故的处理过程进行跟踪检查，对处理结果进行验收。项目监理机构应及时向建设单位提交质量事故书面报告，并应将完整的质量事故处理记录整理归档。

13）项目监理机构应审查施工单位提交的单位工程竣工验收报审表及竣工资料，组织工程竣工预验收。存在问题的，应要求施工单位及时整改；合格的，总监理工程师应签发单位工程竣工验收报审表。

14）工程竣工预验收合格后，项目监理机构应编写工程质量评估报告，经总监理工程师和工程监理单位技术负责人审核签字后报建设单位。

15）项目监理机构应参加由建设单位组织的竣工验收，对验收中提出的整改问题，督促施工单位及时整改。工程质量符合要求的，总监理工程师应在工程竣工验收报告中签署意见。

3. 工程造价控制

1）项目监理机构应按下列程序进行工程计量和付款签证：专业监理工程师审查施工单位提交的工程款支付申请；专业监理工程师进行工程计量，对工程款支付申请提出审查意见；总监理工程师签发工程款支付证书，并报建设单位。验收不合格或不符合施工合同约定的工程部位，项目监理机构不进行工程计量。

2）项目监理机构应对实际完成量与计划完成量进行比较分析，发现偏差的，提出调整建议，并向建设单位报告。

3）项目监理机构应按下列程序进行竣工结算审核：专业监理工程师审查施工单位提交的竣工结算申请，提出审查意见；总监理工程师对专业监理工程师的审查意见进行审核，并与建设单位、施工单位协商，达成一致意见的，签发竣工结算文件和最终的工程款支付证书，报建设单位，不能达成一致意见的，应按施工合同约定处理。

4. 工程进度控制

1）项目监理机构应审查施工单位报审的施工总进度计划和阶段性施工进度计划，提出审查意见，由总监理工程师审核后报建设单位。施工进度计划审查的基本内容包括：

① 施工进度计划应符合施工合同中工期的约定。

② 施工进度计划中主要工程项目无遗漏，应满足分批动用或配套动用的需要，阶段性施工进度计划应满足总进度控制目标的要求。

③ 施工顺序的安排应符合施工工艺要求。

④ 施工人员、工程材料、施工机械等资源供应计划应满足施工进度计划的需要。

⑤ 施工进度计划应满足建设单位提供的施工条件（资金、施工图、施工场地、物资等）。

2）专业监理工程师在检查进度计划实施情况时应做好记录，如发现实际进度与计划进度不符时，应签发监理通知，要求施工单位采取调整措施，确保进度计划的实施。

3）由于施工单位原因导致实际进度严重滞后于计划进度时，总监理工程师应签发监理通知，要求施工单位采取补救措施，调整进度计划，并向建设单位报告工期延误风险。

1.3.4.7 工程变更、索赔及施工合同争议的处理

1. 一般规定

1）项目监理机构应依据合同的约定进行施工合同管理，处理工程变更、索赔及施工合同争议等事宜。

2）施工合同终止时，项目监理机构应协助建设单位按施工合同约定处理施工合同终止的有关事宜。

2. 工程变更的处理

1）项目监理机构应按下列程序处理施工单位提出的工程变更：

①总监理工程师组织专业监理工程师审查施工单位提出的工程变更申请，提出审查意见。对涉及工程设计文件修改的工程变更，应由建设单位转交原设计单位修改工程设计文件。必要时，项目监理机构应组织建设、设计、施工等单位召开专题会议，论证工程设计文件的修改方案。

②总监理工程师根据实际情况、工程变更文件和其他有关资料，在专业监理工程师对下列内容进行分析的基础上，对工程变更费用及工期影响做出评估。这些内容包括：工程变更引起的增减工程量；工程变更引起的费用变化；工程变更对工期的影响。

③总监理工程师组织建设单位、施工单位等共同协商确定工程变更费用及工期变化，会签工程变更单。

④项目监理机构根据批准的工程变更文件监督施工单位实施工程变更。

2）项目监理机构应在工程变更实施前与建设单位、施工单位等协商确定工程变更的计价原则、计价方法或价款。

3）项目监理机构处理工程变更应符合下列要求：项目监理机构处理工程变更应取得建设单位授权；建设单位与施工单位未能就工程变更费用达成协议时，项目监理机构应提出一个暂定价格并经建设单位同意，作为临时支付工程款的依据。工程变更款项最终结算时，应以建设单位与施工单位达成的协议为依据。

4）项目监理机构应督促施工单位按照会签后的工程变更单组织施工。

5）项目监理机构应对建设单位要求的工程变更提出评估意见。

3.费用索赔的处理

1）项目监理机构应及时收集、整理有关工程费用的原始资料，为处理费用索赔提供证据。

2）项目监理机构处理费用索赔主要依据：法律法规；勘察设计文件、施工合同文件；工程建设标准；索赔事件的证据。

3）项目监理机构处理施工单位费用索赔程序：

①受理施工单位在施工合同约定的期限内提交的费用索赔意向通知书。

②收集与索赔有关的资料。

③受理施工单位在施工合同约定的期限内提交的费用索赔报审表。

④审查费用索赔报审表。需要施工单位进一步提交详细资料的，应在施工合同约定的期限内发出通知。

⑤与建设单位和施工单位协商一致后，在施工合同约定的期限内签发费用索赔报审表，并报建设单位。

4）项目监理机构批准施工单位费用索赔应同时满足下列三个条件：施工单位在施工合同约定的期限内提出费用索赔；索赔事件是因非施工单位原因造成，不可抗力除外；索赔事件造成施工单位直接经济损失。

5）当施工单位的费用索赔要求与工程延期要求相关联时，项目监理机构应提出费用索赔和工程延期的综合处理意见，并与建设单位和施工单位协商。

6）因施工单位原因造成建设单位损失，建设单位提出索赔的，项目监理机构应与建设单位和施工单位协商处理。

4. 工程延期及工期延误的处理

1）施工单位提出工程延期要求符合施工合同约定的，项目监理机构应予以受理。

2）当影响工期事件具有持续性时，项目监理机构应对施工单位提交的阶段性工程临时延期报审表进行审查，签署工程临时延期审核意见后报建设单位；当影响工期事件结束后，项目监理机构应对施工单位提交的工程最终延期报审表进行审查，签署工程最终延期审核意见后报建设单位。

3）项目监理机构在做出工程临时延期批准和工程最终延期批准之前，均应与建设单位和施工单位协商。

4）项目监理机构批准工程延期应同时满足下列三个条件：施工单位在施工合同约定的期限内提出工程延期；因非施工单位原因造成施工进度滞后；施工进度滞后影响到施工合同约定的工期。

5）施工单位因工程延期提出费用索赔时，项目监理机构应按施工合同约定进行处理。

6）发生工期延误时，项目监理机构应按施工合同约定进行处理。

5. 施工合同争议的处理

1）项目监理机构接到处理施工合同争议要求后应进行以下工作：

① 了解合同争议情况。

② 及时与合同争议双方进行磋商。

③ 提出处理方案后，由总监理工程师进行协调。

④ 当双方未能达成一致时，总监理工程师应提出处理合同争议的意见。

2）项目监理机构在施工合同争议处理过程中，对未达到施工合同约定的暂停履行合同条件的，应要求施工合同双方继续履行合同。

3）在施工合同争议的仲裁或诉讼过程中，项目监理机构可按仲裁机关或法院要求提供与争议有关的证据。

1.3.4.8　监理文件资料管理

1. 一般规定

1）项目监理机构应建立完善监理文件资料管理制度，设专人管理监理文件资料。

2）项目监理机构应及时、准确、完整地收集、整理、编制、传递监理文件资料。

3）项目监理机构应采用计算机技术进行监理文件资料管理，实现监理文件资料管理的科学化、程序化、规范化。

2. 监理文件资料内容

1）监理文件资料主要包括：

① 勘察设计文件、建设工程监理合同及其他合同文件；监理规划、监理实施细则。

② 设计交底和图样会审会议纪要；施工组织设计、（专项）施工方案、应急救援预案、施工进度计划报审文件资料；分包单位资格报审文件资料。

③ 施工控制测量成果报验文件资料。

④ 总监理工程师任命书、开工令、工程暂停令、复工令、开工/复工报审文件资料。

⑤ 工程材料、设备、构配件报验文件资料；见证取样和平行检验文件资料。

⑥ 工程质量检查报验资料及工程有关验收资料；工程变更、费用索赔及工程延期文件资料；工程计量、工程款支付文件资料。

⑦ 监理通知、工作联系单与监理报告；第一次工地会议、监理例会、专题会议等会议纪要；监理月报、监理日志、旁站记录。

⑧ 工程质量/生产安全事故处理文件资料；工程质量评估报告及竣工验收监理文件资料。

⑨ 监理工作总结。

2）监理日志主要内容：天气和施工环境情况；施工进展情况；监理工作情况（包括旁站、巡视、见证取样、平行检验等情况）；存在的问题及协调解决情况；其他有关事项。

3）监理月报主要内容：本月工程实施情况；本月监理工作情况；本月施工中存在的问题及处理情况；下月监理工作重点。

4）监理工作总结主要内容：工程概况；项目监理机构；建设工程监理合同履行情况；监理工作成效；监理工作中发现的问题及其处理情况；说明和建议。

3. 监理文件资料归档

1）项目监理机构应及时整理、分类汇总监理文件资料，按规定组卷，形成监理档案。

2）工程监理单位应根据工程特点和有关规定，合理确定监理档案保存期限，并向有关部门移交监理档案。

1.3.4.9　设备采购与设备监造

1. 一般规定

1）项目监理机构应根据建设工程监理合同约定的设备采购与设备监造工作内容，配备监理人员，明确岗位职责。

2）项目监理机构应编制设备采购与设备监造工作计划，协助建设单位编制设备采购与设备监造方案。

2. 设备采购

1）采用招标方式进行设备采购的，项目监理机构应协助建设单位按照有关规定组织设备采购招标。

2）项目监理机构应在确定设备供应单位后协助建设单位进行设备采购合同谈判，协助签订设备采购合同。

3）设备采购资料包括：建设工程监理合同及设备采购合同；设备采购招投标文件；工程设计文件和图样；市场调查、考察报告；设备采购方案；设备采购工作总结。

3. 设备监造

1）项目监理机构应检查设备制造单位的质量管理体系，审查设备制造单位报送的设备制造生产计划和工艺方案。

2）项目监理机构应审查设备制造的检验计划和检验要求，确认各阶段的检验时间、内容、方法、标准以及检测手段、检测设备和仪器。

3）专业监理工程师应审查设备制造的原材料、外购配套件、元器件、标准件以及坯料的质量证明文件及检验报告，并审查设备制造单位提交的报验资料，符合规定时予以签认。

4）项目监理机构应对设备制造过程进行监督和检查，对主要及关键零部件的制造工序应进行抽检。

5）项目监理机构应要求设备制造单位按批准的检验计划和检验要求进行设备制造过程

的检验工作，做好检验记录。项目监理机构应对检验结果进行审核，认为不符合质量要求时，要求设备制造单位进行整改、返修或返工。当发生质量失控或重大质量事故时，应由总监理工程师签发暂停令，提出处理意见，并及时报告建设单位。

6）项目监理机构应检查和监督设备的装配过程，符合要求后予以签认。

7）在设备制造过程中如需要对设备的原设计进行变更，项目监理机构应审查设计变更，并协商处理因变更引起的费用和工期调整。

8）项目监理机构参加设备整机性能检测、调试和出厂验收，符合要求后予以签认。

9）在设备运往现场前，项目监理机构应检查设备制造单位对待运设备采取的防护和包装措施，并检查是否符合运输、装卸、储存、安装的要求，以及随机文件、装箱单和附件是否齐全。

10）设备运到现场后，项目监理机构应参加由设备制造单位按合同约定与接收单位的交接工作。

11）专业监理工程师应按设备制造合同的约定审查设备制造单位提交的付款申请单，提出审查意见，由总监理工程师审核后签发支付证书。

12）专业监理工程师应审查设备制造单位提出的索赔文件，提出意见后报总监理工程师，由总监理工程师签署意见后与建设单位、设备制造单位协商处理索赔事件。

13）专业监理工程师应审查设备制造单位报送的设备制造结算文件，并提出审查意见，由总监理工程师签署意见后报建设单位。

14）设备监造资料内容：

① 建设工程监理合同及设备采购合同。

② 设备监造工作计划。

③ 设备制造工艺方案报审资料，以及设备制造的检验计划和检验要求。

④ 分包单位资格报审资料。

⑤ 原材料、零配件的检验报告，工程暂停令、开工/复工报审文件资料，检验记录及试验报告。

⑥ 变更资料、会议纪要、来往函件。

⑦ 监理通知与工作联系单、监造日志、监造月报。

⑧ 质量事故处理文件、索赔文件。

⑨ 设备验收文件、设备交接文件。

⑩ 支付证书和设备制造结算审核文件。

⑪ 设备监造工作总结。

1.3.4.10 相关服务

1. 一般规定

1）工程监理单位应根据建设工程监理合同约定的相关服务范围，开展相关服务工作，编制相关服务工作计划。

2）工程监理单位应按规定汇总整理、分类归档相关服务工作的文件资料。

2. 工程勘察设计阶段服务

1）工程监理单位应协助建设单位编制工程勘察设计任务书，选择工程勘察设计单位，并协助签订工程勘察设计合同。

2）工程监理单位应检查勘察设计进度计划执行情况，督促勘察设计单位完成勘察设计合同约定的工作内容，审核勘察设计单位提交的勘察设计费用支付申请表，签发勘察设计费用支付证书，并报建设单位。

3）工程监理单位应根据勘察设计合同，协调处理勘察设计延期、费用索赔等事宜。

4）工程监理单位应协调工程勘察设计与施工单位之间的关系，保障工程正常进行。

5）工程监理单位应审查勘察单位提交的勘察方案，提出审查意见，并报建设单位。如变更勘察方案，应按以上程序重新审查。

6）工程监理单位应检查勘察现场及室内试验主要岗位操作人员的上岗证、所使用设备、仪器计量的检定情况。

7）工程监理单位应检查勘察单位执行勘察方案的情况，对重要点位的勘探与测试应进行现场检查。

8）工程监理单位应审查勘察单位提交的勘察成果报告，向建设单位提交勘察成果评估报告，并参与勘察成果验收。勘察成果评估报告内容包括：勘察工作概况；勘察报告编制深度、与勘察标准的符合情况；勘察任务书的完成情况；存在问题及建议；评估结论。

9）工程监理单位应依据设计合同及项目总体计划要求审查设计各专业、各阶段进度计划。

10）工程监理单位应审查设计单位提交的设计成果，并提出评估报告。评估报告的主要内容包括：设计工作概况；设计深度、与设计标准的符合情况；设计任务书的完成情况；有关部门审查意见的落实情况；存在的问题及建议。

11）工程监理单位审查设计单位提出的新材料、新工艺、新技术、新设备，应通过相关部门评审备案。必要时应协助建设单位组织专家评审。

1.4 建设程序和工程建设管理制度

1.4.1 建设程序

建设程序是指一项工程建设从设想、提出到决策，经过设计、施工，直至投产或交付使用的整个过程中应当遵循的内在规律。

按照工程建设的内在规律，投资建设一项工程应当经过投资决策、建设实施和交付使用三个发展时期。每个发展时期又可分为若干个阶段，各阶段以及每个阶段内的各项工作之间存在着不能随意颠倒的、严格的先后顺序关系。

从事工程建设活动，必须严格执行建设程序。这是每一位建设工作者的职责，更是工程建设监理人员的重要职责。

1.4.1.1 我国工程项目建设程序

新中国成立以来，我国的建设程序经过了一个不断完善的过程。目前我国的建设程序与计划经济时期相比较，已经发生了重要变化。其中，关键性的变化主要有：

1）在投资决策阶段实行了项目决策咨询评估制度。

2）实行了工程招标投标制度。

3）实行了工程建设监理制度。

4）实行了项目法人责任制度。

建设程序中的这些变化，使我国工程建设进一步顺应了市场经济的要求，并且与国际惯例趋于一致。

目前我国工程项目建设程序可分成以下几个阶段（见图1-2）：提出项目建议书；编制可行性研究报告；根据咨询评估情况对建设项目进行决策；根据批准的可行性研究报告编制设计文件；初步设计批准后，做好施工前各项准备工作；组织施工，并根据施工进度做好生产或动用前准备工作；项目按照批准的设计内容建完，经投料试车验收合格并正式投产交付使用；生产运营一段时间，进行项目后评估。

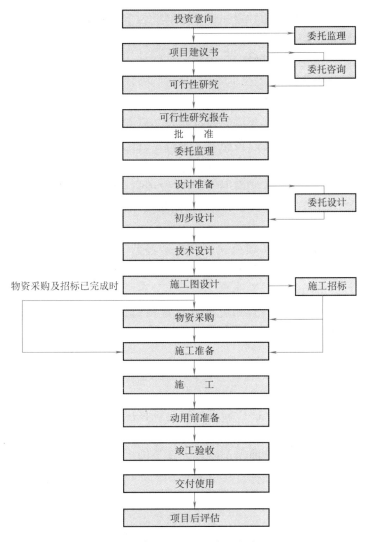

图1-2 我国工程项目建设程序

1. 项目建议书阶段

项目建议书是提出建设某一项目的建议性文件，是对拟建项目的初步设想。

（1）作用 项目建议书的主要作用是通过论述拟建项目的建设必要性、可行性以及获利、获益的可能性，向国家或业主推荐建设项目，供国家或业主选择并确定是否进行下一步工作。

（2）基本内容 项目建议书的基本内容包括：① 拟建项目的必要性和依据；② 产品方案、建设规模、建设地点初步设想；③ 建设条件初步分析；④ 投资估算和资金筹措设想；⑤ 项目进度初步安排；⑥ 效益估计。

（3）审批 项目建议书根据拟建项目规模报送有关部门审批。大中型及限额以上项目的项目建议书应先报行业归口主管部门，同时抄送国家发展与改革委员会。行业归口主管部门初审同意后报国家发展与改革委员会，国家发展与改革委员会根据建设总规模、生产力总布局、资源优化配置、资金供应可能、外部协作条件等方面进行综合平衡，还要委托具有相应资质的工程咨询单位评估后审批。重大项目由国家发展与改革委员会报国务院审批。小型和限额以下项目的项目建议书，按项目隶属关系由部门或地方发展与改革委员会审批。项目建议书批准后，项目即可列入项目建设前期工作计划，可以进行下一步的可行性研究工作。

2. 可行性研究阶段

可行性研究是指在项目决策之前，通过调查、研究、分析与项目有关的工程、技术、经济等方面的条件和情况，对可能的多种方案进行比较论证，同时对项目建成后的经济效益进行预测和评价的一种投资决策分析研究方法和科学分析活动。

（1）作用 可行性研究的主要作用是为建设项目投资决策提供依据，同时也为建设项目设计、银行贷款、申请开工建设、建设项目实施、项目评估、科学实验、设备制造等提供依据。

（2）内容 可行性研究是从项目建设和生产经营全过程分析项目的可行性，主要解决项目建设是否必要，技术方案是否可行，生产建设条件是否具备，项目建设是否经济合理等问题。

（3）可行性研究报告 可行性研究的成果是可行性研究报告。批准的可行性研究报告是项目最终决策文件。可行性研究报告经有关部门审查通过，拟建项目正式立项。

3. 设计阶段

设计是对拟建工程在技术和经济上进行全面的安排，是工程建设计划的具体化，是组织施工的依据。

经批准立项的建设工程，一般应通过招标投标择优选择设计单位，也可采用设计方案竞赛的方式选择设计单位。

一般工程进行两阶段设计，即初步设计和施工图设计。有些重要工程也可进行三阶段设计，即在两阶段之间增加技术设计。

（1）初步设计 初步设计是根据批准的可行性研究报告和设计基础资料，对工程进行系统研究，概略计算，做出总体安排，拿出具体实施方案。其目的是在指定的时间、空间等限制条件下，在总投资控制的额度内和质量要求下，做出技术上可行、经济上合理的设计和规定，并编制工程总概算。初步设计不得随意改变批准的可行性研究报告所确定的建设规模、产品方案、工程标准、建设地址和总投资等基本条件。如果初步设计提出的总概算超过可行性研究报告总投资的10%以上，或者其他主要指标需要变更时，应重新向原审批单位报批。

（2）**技术设计** 为了进一步解决初步设计中的重大问题，如工艺流程、建筑结构、设备选型等，根据初步设计和进一步的调查研究资料进行技术设计。这样做可以使建设工程更具体、更完善，技术指标更合理。

（3）**施工图设计** 在初步设计或技术设计基础上进行施工图设计，使设计达到施工安装的要求，并编制施工图预算。《建设工程质量管理条例》规定，施工图设计文件审查的具体办法由国务院建设行政主管部门或国务院其他有关部门制定，未经审查批准的施工图设计文件不得使用。

4. 施工准备阶段

工程开工建设之前，应当切实做好各项施工准备工作。其中包括：组建项目法人；征地、拆迁和平整场地；做到水通、电通、路通、通信通；组织设备、材料订货；建设工程报监；委托工程监理；组织施工招标投标，优选施工单位；办理施工许可证等。

按规定做好施工准备，具备开工条件以后，建设单位申请开工。经批准，项目进入下一阶段，即施工安装阶段。

5. 施工安装阶段

建设工程具备了开工条件并取得施工许可证后才能开工。

按照规定，工程新开工时间是指建设工程设计文件中规定的任何一项永久性工程第一次正式破土开槽的开始日期。不需开槽的工程，以正式打桩作为正式开工日期。铁道、公路、水库等需要进行大量土石方工程的，以开始进行土石方工程作为正式开工日期。工程地质勘察、平整场地、旧建筑物拆除、临时建筑或设施等的施工不算正式开工。

本阶段的主要任务是按设计进行施工和机电设备安装，建成工程实体。

在施工安装阶段，施工承包单位应当认真做好图样会审工作，参加设计交底，了解设计意图，明确质量要求；选择合适的材料供应商；做好人员培训；合理组织施工；建立并落实技术管理、质量管理体系和质量保证体系；严格把好中间质量验收和竣工验收等环节。

6. 生产准备阶段

工程投产前，建设单位应当做好各项生产准备工作。生产准备阶段是由建设阶段转入生产经营阶段的重要衔接阶段。

生产准备阶段主要工作有：组建管理机构，制定有关制度和规定；招聘并培训生产管理人员，组织有关人员参加设备安装、调试、工程验收；签订供货及运输协议；进行工具、器具、备品、备件等的制造或订货等。

7. 竣工验收阶段

工程建设按设计文件规定的内容和标准全部完成，并按规定将工程内外全部清理完毕后，达到竣工验收条件，建设单位即可组织竣工验收，勘察、设计、施工、监理等有关单位应参加竣工验收。竣工验收是考核建设成果、检验设计和施工质量的关键步骤，是由投资成果转入生产或使用的标志。竣工验收合格后，工程方可交付使用。

对大中型项目应当经过初验，然后再进行最终的竣工验收。简单、小型项目可以一次性进行全部项目的竣工验收。对于建设项目全部完成，各单项工程已全部验收完成且符合设计要求，并且具备项目竣工图、项目决算、汇总技术资料以及工程总结等资料，可进行整个工程项目的总验收。

竣工验收后，建设单位应及时向建设行政主管部门或其他有关部门备案并移交建设项目档案。

建设工程自办理竣工验收手续后，因勘察、设计、施工、材料等原因造成的质量缺陷，应及时修复，费用由责任方承担。保修期限、返修和损害赔偿应当遵照《建设工程质量管理条例》的规定。

1.4.1.2 国外工程项目建设程序简介

经济比较发达的国家在其建设程序中把工程项目建设的几条根本原则极其明显地突出出来。这些原则就是优化决策、竞争择优、建设监理，特别强调了建设监理。所以，在它的每一个步骤中都反映出"三方当事人"的身影。其建设程序的目的十分明确，即在最有利于实现投资目的的前提下建成项目。图1-3所示为常见的国外工程项目建设程序。

1. 机会研究

机会研究的目的主要是研讨这个项目投资的必要性、可能性以及初步经济效益，为投资者选择投资机会。

机会研究的内容因项目性质不同而有所差异，但大体上类似。例如，工业项目的机会研究包括产品市场需求的调查和预测，产品生产的资源条件以及其他经济影响因素，产品生产发展预测，投资建议等。

2. 可行性研究

在一些先进国家的工程项目建设程序中都把可行性研究放在重要位置，安排得深、细、扎实。整个可行性研究工作分成三个阶段进行，即初步可行性研究、辅助研究和可行性研究。

初步可行性研究实际上是机会研究向详细可行性研究的过渡。它主要解决项目大致是否可行的问题，为进一步的研究确定方向。例如，确定机会研究的真实价值，确定影响项目可行的基本因素，判断投资建议的可行性等。

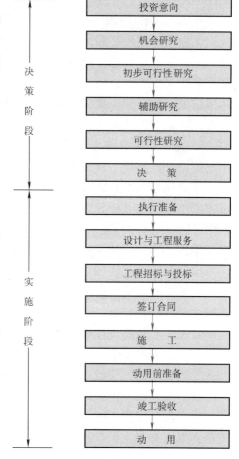

图1-3 国外常见工程项目建设程序

辅助研究是一种专题性研究。它可以在可行性研究之前或同时进行。必要时，也可放在后面进行补充。辅助研究着重研究一些关键性或复杂的问题。例如，有关市场的专门问题、厂址问题、原材料问题、规模大小问题等。

可行性研究的最后一步是对整个工程项目进行全面技术经济论证，从而为项目决策提供可靠的依据。它的深度、广度应当完全达到决策的要求，并有多方案的分析比较和最佳方案的推荐。其内容主要有（以工业项目为例）市场和项目生产能力、原材料的投入、厂址和土地费用估算、项目建设方案、生产组织和管理费用、人力测算、时间安排、财务和经济评价等。

可行性研究一般由拟投资方委托咨询公司来进行，也可由项目总承包公司进行可行性研究，但国际金融组织贷款的项目除外，因为这些组织一般是不允许承担可行性研究的公司再承包这项工程的。

根据可行性研究的结果，项目业主做出投资决策，确定基本建设方案，并确定项目总目标。

3. 执行（实施）

项目业主做出投资的决定后即开始项目决策执行阶段。它包括执行准备、设计与工程服务、工程招标、商签工程承包合同、施工、竣工验收、动用等各项工作。

（1）**执行准备** 执行准备的最主要工作是建立执行组织机构，筹措资金和购置土地以及确定执行计划，做好设计和工程咨询招标准备等。

（2）**设计与工程服务** 通过设计和工程咨询招标，业主委托设计和咨询单位进行设计和工程咨询服务。其主要工作包括进一步做好调查研究，为制订计划和开展设计打下基础；开展设计，细化建设方案使其达到可以实施的程度并为工程施工招标做好技术准备；提出工程实施方案和合同方式，并由业主加以确定；制订项目实施总体计划；协助业主进行建设条件准备等。

（3）**工程招标与投标** 国外的项目建设程序中，对工程招标与投标给予了极大的重视。他们认为，市场竞争机制在工程建设中起着至关重要的作用，是关系项目成败的一项重要环节性工作。

（4）**商签合同** 工程招标投标结束是以签订合同为标志的。签订合同说明工程总承包人已经选定，合同价格、合同工期及工程质量标准也相应确定。它标志着施工阶段即将开始。

（5）**施工、验收和动用** 施工阶段是工程项目建设过程中的重要阶段，而且是时间最长的阶段。在施工阶段还要同时进行必要的动用前准备等工作。施工结束进行竣工验收，交付使用。

1.4.1.3 建设程序与工程建设监理的关系

1. 建设程序为工程建设监理提出了规范化的建设行为标准

建设监理制的基本任务之一是对工程建设行为进行监督管理，使之规范化。那么，在项目建设过程中，参加建设的各方以及政府机构应当做什么？怎么做？何时做？由谁做？依照什么程序做？这一系列问题都可以从项目建设程序中找到答案。工程监理企业和监理人员应当根据建设程序的有关规定进行规范化的监督管理。

2. 建设程序为工程建设监理提出了监理的任务和内容

建设工程的前期决策十分重要，该阶段监理的主要任务就是协助委托单位正确地做好投资决策，避免决策失误，力求决策优化。具体的工作就是协助委托单位择优选定咨询单位，做好咨询合同管理，对咨询成果进行评价。

建设程序要求按照先勘察、后设计、再施工的基本顺序做好相应的工作。工程建设监理在此阶段的任务就是协助建设单位做好择优选择勘察、设计、施工单位，对他们的建设活动进行监督管理，做好投资、进度、质量控制以及合同管理、信息管理和组织协调工作。

3. 建设程序明确了工程监理企业在工程建设中的重要地位

根据有关法律、法规的规定，在工程建设中应当实行工程建设监理制。我国现行的建设程序体现了这一要求，这就为工程监理企业确立了工程建设中的应有地位。

在国外，许多国家规定的工程项目建设程序中都给予监理单位和监理工程师以明确而重要的地位。在每一个阶段都清楚地列出了监理单位和监理工程师应做的工作以及他们的工作职责和拥有的基本权利。监理单位和监理工程师作为建设监理制所规定的工程建设的参与方，必须在建设程序上赋予他们基本权利和责任。

4. 坚持建设程序是监理人员的基本职业准则

坚持建设程序，严格按照建设程序办事，是所有工程建设人员的行为准则。对于监理人员而言，更应率先垂范。掌握和运用建设程序，既是监理人员业务素质的要求，也是职业准则的要求。

5. 严格执行我国建设程序是结合我国国情推行工程建设监理制的具体体现

任何国家，工程项目建设程序都要充分反映这个国家现行的工程建设的方针、政策、法律、法规，都要反映现行的工程项目建设的管理体制，都要反映这个国家实施工程建设的具体做法。建设程序总是随着时代的变化而变化，它要因社会环境和人们需求的改变相应地调整和完善。这种动态的调整总是与国情相适应的。

我国推行工程建设监理应当遵循两条基本原则，一是参照国际惯例；二是结合我国国情。工程监理企业在开展建设工程监理的过程中，严格按照我国建设程序的要求做好监理的各项工作，就是结合我国国情的体现。

1.4.2 工程建设主要管理制度

按照我国有关规定，在工程建设中应当实行项目法人责任制、工程招标投标制、工程建设监理制、合同管理制等主要制度。这些制度相互关联、相互支持，共同构成了工程建设管理制度体系。

1.4.2.1 项目法人责任制

为了建立投资约束机制，规范建设单位的行为，工程建设应当按照政企分开的原则组建项目法人，实行项目法人责任制，即由项目法人对项目的策划、资金筹措、建设实施、生产经营、债务偿还和资产的保值增值，实行全过程负责的制度。

1. 项目法人

国有单位经营性大中型建设工程必须在建设阶段组建项目法人。项目法人可按《中华人民共和国公司法》（以下简称《公司法》）的规定设立有限责任公司（包括国有独资公司）和股份有限公司等。

2. 项目法人的设立

（1）设立时间 新上项目在项目建议书被批准后，应及时组建项目法人筹备组，具体负责项目法人的筹建工作。项目法人筹备组主要由项目投资方派代表组成。在申报项目可行性研究报告时，需同时提出项目法人组建方案。否则，其项目可行性报告不予审批。项目可行性报告经批准后，正式成立项目法人，并按有关规定确保资金按时到位，同时及时办理公司设立登记。

（2）备案 国家重点建设项目的公司章程须报国家发展与改革委员会备案，其他项目的公司章程按项目隶属关系分别向有关部门、地方发展与改革委员会备案。

3. 组织形式和职责

（1）组织形式

1）国有独资公司设立董事会，并由投资方负责组建。

2）国有控股或参股的有限责任公司、股份有限公司设立股东会、董事会和监事会。董事会、监事会由各投资方按照《公司法》的有关规定组建。

（2）董事会职权

1）负责筹措建设资金。

2）审核上报项目初步设计和概算文件。

3）审核上报年度投资计划并落实年度资金。

4）提出项目开工报告。

5）研究解决建设过程中出现的重大问题。

6）负责提出项目竣工验收申请报告。

7）审定偿还债务计划和生产经营方针，并负责按时偿还债务。

8）聘任或解聘项目总经理，并根据总经理的提名，聘任或解聘其他高级管理人员等。

（3）总经理职权

1）组织编制项目初步设计文件，对项目工艺流程、设备选型、建设标准、总图布置提出意见，提交董事会审查。

2）组织工程设计、工程监理、工程施工和材料设备采购招标工作，编制招标文件和标底，确定招标方案和评标办法，评选和确定投标、中标单位。

3）编制并组织实施项目年度投资计划、用款计划和建设进度计划。

4）编制项目财务预算、决算。

5）编制并组织实施归还贷款和其他债务计划。

6）组织工程建设实施，负责控制工程投资、工期和质量。

7）在项目建设过程中，在批准的概算范围内对单项工程的设计进行局部调整。

8）根据董事会授权处理项目实施过程中的重大紧急事件，并及时向董事会报告。

9）负责生产准备和人员培训。

10）负责组织项目试生产和单项工程预验收。

11）拟订生产经营计划、企业内部机构设置、劳动定员方案及工资福利方案。

12）组织项目后评估，提出项目后评估报告。

13）按时向有关部门报送项目建设、生产信息和统计资料。

14）提请董事会聘请或解聘项目高级管理人员等。

4. 项目法人责任制与工程建设监理制的关系

（1）项目法人责任制是实行工程建设监理制的必要条件 实行项目法人责任制，就是落实投资建设责任和投产经营责任，贯彻执行谁投资、谁决策、谁承担风险、谁受益的基本原则。项目法人责任制的实行给项目法人提出了许多重大问题，即如何做好投资决策和承担风险的工作，如何确保工程建设项目质量、进度、投资目标的实现，如何好快省的建设工程项目等，由此而产生了对社会的需求。这种需求为工程建设监理的发展提供了坚实的基础。

（2）工程建设监理制是实行项目法人责任制的基本保障 有了工程建设监理制，建设单位就可以根据自己的需要和有关的规定委托监理。在工程监理企业的协助下，做好投资控制、进度控制、质量控制、合同管理、信息管理、组织协调工作。相反，如果离开建设监理制，缺少高智能的、有丰富工程建设经验的监理工程师的帮助，业主对工程建设的重大决策就可能出现盲目性；加强建设的组织协调，强化合同的管理监督，公正地调解权益纠纷也难以实施；控制工程质量、工期和投资，提高投资效益也难以实现。由此可以说，建设工程监理制是实行项目法人责任制的基本保障。

1.4.2.2　工程招标投标制

如何择优选定勘察单位、设计单位、施工单位以及材料、设备供应单位，是工程建设成败的关键，也是工程建设监理成败的关键。

1. 招标范围和规模标准

下列建设工程包括工程的勘察、设计、施工、监理以及与工程建设有关的重要设备、材料等的采购，达到规定的规模标准的，必须进行招标。主要包括：

1）大型基础设施、公用事业等关系社会公共利益、公众安全的项目。

2）全部或者部分使用国有资金投资或者国家融资的项目。

3）使用国际组织或者外国政府贷款、援助资金的项目。

4）法律或者国务院规定的其他项目。

2. 招标投标活动的一般规定

1）任何单位和个人不得将依法必须进行招标的项目化整为零或者以其他任何方式回避招标。

2）招标投标活动应当遵循公开、公平、公正和诚实信用的原则。

3）依法必须进行招标的项目，其招标投标活动不受地区或者部门的限制。任何单位和个人不得违法限制或者排斥本地区、本系统以外的法人或者其他组织参加投标，不得以任何方式非法干涉招标活动。

4）招标投标活动及其当事人应当接受依法实施的监督。

3. 招标

（1）**招标人**　招标人是依照《中华人民共和国招标投标法》（以下简称《招标投标法》）的规定提出招标项目、进行招标的法人或者其他组织。招标人应当有进行招标项目的相应资金或者资金来源已经落实，并应当在招标文件中如实载明。

（2）**招标代理机构**　招标代理机构是依法设立、从事招标代理业务并提供相关服务的社会中介组织。

招标代理机构应当具备下列条件：

1）有从事招标代理业务的营业场所和相应资金。

2）有能够编制招标文件和组织评标的相应专业力量。

3）有符合规定条件，可以作为评标委员会成员人选的技术、经济等方面的专家库。

招标人有权自行选择招标代理机构，委托其办理招标事宜。任何单位和个人不得以任何方式为招标人指定招标代理机构。另外，招标人具有编制招标文件和组织评标能力的，可以自行办理招标事宜，任何单位和个人不得强制其委托招标代理机构办理招标事宜。

（3）**招标方式**　招标方式分为公开招标和邀请招标。

1）公开招标是指招标人以招标公告的方式邀请不特定的法人或者其他组织投标。招标人采用公开招标方式的，应当发布招标公告，载明招标人的名称和地址，招标项目的性质、数量、实施地点和时间以及获取招标文件的办法等事项。

2）邀请招标是指招标人以投标邀请书的方式邀请特定的法人或者其他组织投标。招标人采用邀请招标方式的，应当向三个以上具备承担招标项目的能力、资信良好的特定的法人或者其他组织发出投标邀请书。

（4）**招标程序** 招标过程可以分为招标准备阶段、招标投标阶段和决标成交阶段。

1）招标准备阶段的主要活动包括选择招标代理机构或者向有关行政监督部门备案，编制招标文件，编制标底等。

2）招标投标阶段的主要活动包括发布招标公告，投标人资格预审并确定投标人，组织踏勘项目现场并澄清或修改招标文件，投标人编制投标文件，投标文件送达与签收。

3）决标成交阶段的主要活动包括开标、评标、中标，发出中标通知书，订立书面合同，向有关行政监督部门提交情况报告。

4. 投标

（1）**投标人** 投标人是响应招标，参加投标竞争的法人或者其他组织。投标人应当具备承担招标项目的能力。国家对投标人资格条件或者招标文件对投标人资格条件有规定的，投标人应当具备规定的资格条件。同时，投标人应当按照招标文件的要求编制投标文件。如属施工招标，投标文件的内容应当包括拟派出的项目负责人与主要技术人员的简历、业绩和拟用于完成招标项目的机械设备等。

（2）**注意的问题**

1）投标人应当在招标文件规定的投标截止时间前，将投标文件密封送达投标地点。

2）投标人在招标文件要求提交投标文件截止时间前，可以补充、修改或者撤回已提交的投标文件，并书面通知招标人。补充、修改的内容为投标文件的组成部分。

3）两个以上法人或者其他组织可以组成一个联合体，以一个投标人的身份共同投标。联合体各方应签订共同的投标协议，明确约定各方拟承担的工作和责任，并将共同投标协议连同投标文件一并提交招标人。联合体中标的，联合体各方均应当与招标人签订合同，就中标项目向招标人承担连带责任。

5. 开标

开标应当在招标文件确定的提交投标文件截止时间的同一时间公开进行，其地点应当为招标文件中预先确定的地点。开标由招标人主持，并邀请所有投标人参加。

开标时，由投标人或者其他推选的代表检查投标文件的密封情况，也可以由招标人委托的公证机构检查并公证；经确认无误后，由工作人员当众拆封，宣读投标人名称、投标价格和投标文件的其他主要内容。

6. 评标

评标由招标人依法组建的评标委员会负责。评标委员会由招标人的代表和有关技术、经济等方面的专家组成，成员人数为 5 人以上单数，其中技术、经济等方面的专家不得少于成员总数的 2/3。

评标委员会应当按照招标文件确定的评标标准和方法，对投标文件进行评审和比较；设有标底的，应当参考标底。评标委员会完成评标后，应当向招标人提出书面评标报告，并推荐合格的中标候选人。

评标委员会经评审，认为所有投标都不符合招标文件要求的，可以否决所有投标。依法必须进行招标的项目的所有投标被否决的，招标人应当重新招标。

7. 决标

决标也就是确定中标人。招标人根据评标委员会提出的书面评标报告和推荐的中标候选人确定中标人。

中标人确定后，招标人应当向中标人发出中标通知书，并同时将中标结果通知所有未中标的投标人。中标通知书对招标人和中标人具有法律效力。中标通知书发出后，招标人改变中标结果的，或者中标人放弃中标项目的，应当依法承担法律责任。

招标人和中标人应当自中标通知书发出之日起30天内，按照招标文件和中标人的投标文件订立书面合同。

8. 工程招标投标活动的监督

招标投标活动及其当事人应当接受依法实施的监督。有关行政监督部门依法对招标投标活动实施监督，依法查处招标投标活动中的违法行为。《招标投标法》中规定了一系列的禁止行为，具体包括：

1）必须进行招标的项目而不招标的或者将必须进行招标的项目采用化整为零等方式规避招标的。

2）招标代理机构泄密或者与招标人、投标人串通损害国家利益、社会公共利益或他人合法权益的。

3）招标人以不合理条件限制或排斥潜在投标人的，对潜在投标人实行歧视待遇的，强制要求投标人组成联合体共同投标的，或者限制投标人之间竞争的。

4）招标人向他人透露潜在投标人名称、数量或者可能影响公平竞争的有关招标投标其他情况的，或者泄露标底的。

5）投标人相互串通投标或者与招标人串通投标的。

6）投标人以他人名义投标或者以其他方式弄虚作假，骗取中标的。

7）依法必须进行招标的项目，招标人与投标人就投标价格、投标方案等实质性内容进行谈判的。

8）评标委员会成员或有关工作人员收受投标人好处的，以及向他人透露评标有关情况的。

9）招标人在评标委员会依法推荐的中标人以外确定中标人的，依法必须进行招标的项目在所有投标被评标委员会否决后自行确定中标人的。

10）中标人将中标项目转让他人的，将中标项目肢解后分别转让他人的，违反规定将中标项目的部分主体、关键性工作分包给他人的。

11）招标人与投标人不按招标文件和中标人的投标文件订立合同的，或者招标人、中标人订立背离合同实质性内容的协议的。

12）中标人不履行与招标人订立的合同的。

13）任何单位违反规定，限制或排斥本地区、本系统以外的法人或者其他组织参加投标的，为招标人指定招标代理机构的，强制招标人委托招标代理机构办理招标事宜的，或者以其他方式干涉招标投标活动的。

14）对招标投标活动依法负有行政监督职责的国家机关工作人员徇私舞弊、滥用职权或者玩忽职守等行为。

1.4.2.3 工程建设监理制

1. 工程建设监理准则

根据工程建设监理的有关规定，从事工程建设监理应当遵循"守法、诚信、公正、科学"的基本准则。无论是工程监理企业开展经营活动，还是监理工程师开展监理工作，都要做到行为守法，服务诚信，办事公正，方法科学。

2. 工程建设监理主要内容

工程建设监理的主要内容是控制建设工程的投资、工期和质量，进行工程建设合同管理，协调有关单位的工作关系。

3. 关于工程建设监理的规定

（1）委托监理　建设单位一般应通过招标投标方式择优选定工程监理单位。

（2）签订委托监理合同　建设单位与其委托的工程监理企业应当签订书面的委托监理合同，其主要条款是监理的范围和内容、双方的权利和义务、监理费的计取与支付、违约责任、双方约定的其他事项。

（3）组建项目监理机构　工程监理企业开展建设项目监理应当组建项目监理机构。项目监理机构由总监理工程师、专业监理工程师和监理员组成，必要时可以配备总监理工程师代表。建设项目监理实行总监理工程师负责制。总监理工程师行使合同赋予工程监理企业的权限，全面负责受委托的监理工作。当承担工程施工阶段的监理时，项目监理机构应进驻施工现场。

（4）工程建设监理程序　工程监理企业签订委托监理合同之后，它在项目上的组织——项目监理机构应即时组建。项目监理机构应当按以下程序开展监理工作：① 编制工程建设监理规划；② 按工程建设进度、分专业编制工程建设监理细则；③ 按照建设监理细则进行建设监理；④ 参与工程竣工预验收，签署建设监理意见；⑤ 建设监理业务完成后，向项目法人提交工程建设监理档案资料。

（5）工程监理企业与有关各方的关系　在委托监理的项目中，建设单位与工程监理企业是委托与被委托的合同关系，是授权与被授权的关系；监理单位与承建单位是监理与被监理的关系，承建单位应当按照与建设单位签订的有关建设工程合同的规定接受监理。

工程监理企业资质审批制度详见第3.4节，监理工程师资格考试和注册制度详见第2.2节。

1.4.2.4　合同管理制

为了使勘察、设计、施工、材料设备供应单位和工程监理企业依法履行各自的责任和义务，在工程建设中必须实行合同管理制。

合同管理制的基本内容是：建设工程的勘察、设计、施工、材料设备采购和工程建设监理都要依法订立合同。各类合同都要有明确的质量要求、履约担保和违约处罚条款。违约方要承担相应的法律责任。

合同管理制的实施对工程建设监理开展合同管理工作提供了法律上的支持。

──────── 思 考 题 ────────

1-1　何谓监理和工程建设监理？

1-2　业主、监理方、承建商三者的关系如何？

1-3　工程建设监理的基本观点有哪些？

1-4　工程建设监理具有哪些性质？它们的含义是什么？

1-5 我国的有关法规对工程建设监理的范围是怎样规定的？

1-6 工程建设监理的中心任务是什么？

1-7 工程建设监理的基本方法有哪些？

1-8 工程建设监理的作用是什么？

1-9 简述我国工程建设监理的产生与发展过程。

1-10 简述我国目前工程建设监理存在的主要问题及发展趋势。

1-11 《建筑法》中对工程监理都做了哪些规定？

1-12 《建设工程质量管理条例》中对监理单位的质量责任和义务是怎样规定的？

1-13 《监理规范》中对施工阶段监理做了哪些规定？

1-14 在哪些情况下，总监理工程师可以签发工程暂停令？

1-15 监理工程师如何处理工程变更？

1-16 监理工程师如何处理费用索赔？

1-17 何谓工程延期和工程延误？监理工程师如何处理工程延期或工程延误？

1-18 设备采购监理的主要内容是什么？

1-19 设备监造的主要内容是什么？

1-20 简述我国工程建设程序。

1-21 简述项目法人责任制与工程建设监理制的关系。

1-22 招标方式有哪些？简述招标的程序。

1-23 工程建设监理的基本准则是什么？

1-24 简述工程建设监理的程序。

监理工程师 第2章

从国际、国内工程监理的经验来看，建设单位能否选择好并聘用合格的监理工程师（单位）在很大程度上决定了工程建设的成败。监理工程师的能力、完成工作所消耗的时间、公正客观的工作态度、管理能力、专业经验、技术力量以及组织协调能力等，是能否提供高水平监理服务的关键条件。工程建设监理是一种高智能的技术服务活动。这种活动效果的好坏不仅取决于监理队伍的总量能否满足监理业务的需要，而且还取决于监理人员，尤其是监理工程师水平的高低。所以，推行监理制就要深入研究监理工程师的基本素质要求，研究监理工程师的培养、教育等问题，以及监理工程师的权利、义务和监理工程师的管理问题等。

2.1 监理工程师的概念和素质

2.1.1 监理工程师的概念

监理工程师是一种岗位职务。监理工程师是指在工程监理工作岗位上工作，并经过全国统一考试合格，又经过政府注册的工程建设监理人员。它包含三层含义：第一，应是从事工程建设监理工作的现职人员；第二，已通过全国监理工程师资格考试并取得"监理工程师执业资格证书"；第三，经政府建设行政主管部门核准、注册，取得"监理工程师岗位证书"。所以，如果监理工程师转入其他工作岗位，则不应再称为监理工程师。

从事工程建设监理工作，但尚未取得"监理工程师岗位证书"的人员统称为监理员。在工作中，监理员与监理工程师的区别主要在于监理工程师具有相应岗位责任的签字权，而监理员没有相应岗位责任的签字权。

凡取得监理岗位资质的人员统称为监理人员。关于监理人员的称谓，不同国家的叫法各不尽相同。我国把监理人员分为四类：根据工作岗位的需要，可聘任资深的具有三年以上同类工程监理工作经验的监理工程师为工程项目的总监理工程师（简称总监）；根据工作岗位的需要，聘任有两年以上同类工程监理工作经验的监理工程师为总监理工程师代表（简称总监代表）；根据工作岗位的需要，聘任有一年以上同类工程监理工作经验的监理工程师为专业监理工程师；不具备监理工程师资格的其他监理人员称为监理员。总监理工程师、总监理工程师代表等都是临时聘任的工程建设项目上的岗位职务，就是说，一旦没有被聘用，他就没有总监理工程师或总监理工程师代表的头衔，只有监理工程师的称谓。

2.1.2 监理工程师内部和外部工作关系

关于监理单位内部的工作关系如图2-1所示（以交通建设项目为例）。按照惯例，一般都是监理单位的副经理对经理负责，工程项目总监对主管副经理负责（重大工程项目的总监也可直接对经理负责）。工程项目建设监理实行总监理工程师负责制。总监代表对总监负责，专业监理工程师对总监或总监代表负责，监理员对专业监理工程师负责。至于监理单位内部常设机构的设置，各监理单位都遵循精简、效能的原则，结合各自的特点设置。不管怎样设置，这些常设机构都要为工程项目的监理提供服务，不宜凌驾于项目总监之上充任领导的角色。

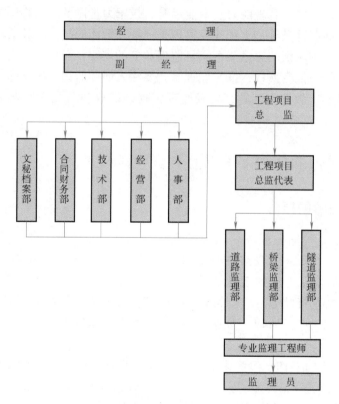

图 2-1 监理单位内部工作关系

监理单位的职责是受业主的委托对工程建设进行监督和管理。具体从事监理工作的监理人员，不仅要有较强的专业技术能力和较高的政策水平，能够对工程建设进行监督管理，提出指导性的意见，而且要能够组织、协调有关工程建设参与者的责、权、利，来共同完成工程建设任务。也就是说，监理人员既要具备一定的工程技术或工程经济方面的专业知识，还要有一定的组织协调能力。就专业知识而言，监理人员既要精通某一专业，又要具备一定的其他专业知识。所以说监理人员，尤其是监理工程师是一种高智能的复合型人才，在工程建设中将处于核心地位。监理人员在工程建设中与各方的关系如图2-2所示。

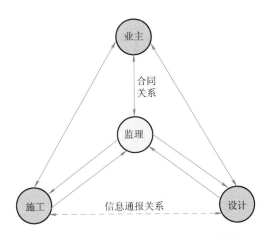

图 2-2　工程建设中监理工程师与各方的关系

2.1.3　监理工程师的素质

为了适应监理工作岗位的需要，监理工程师应该比一般工程师具有更好的素质。对这种高智能人才的素质的要求，主要体现在以下几个方面。

1. 要有较高的学历和广泛的理论知识

现代工程建设投资规模巨大，工艺越来越先进，材料、设备越来越新颖，应用科技门类复杂，组织千万人协作的工作十分浩繁，如果没有广博的理论知识，是不可能胜任监理工作的。即使是规模不大、工艺简单的工程项目，为了优质、高效地搞好工程建设，也需要具有较深厚的现代科技理论知识、经济管理知识和一定的法律知识的人员进行组织管理。如果工程建设委托监理，监理工程师不仅要担负一般的组织管理工作，而且要指导参加工程建设的各方做好工作。所以，监理工程师不具备上述理论知识就难以胜任监理工作。

要胜任监理工作的需要，监理工程师就应当具有较高的学历和学识水平。在国外，监理工程师都具有大学学历，而且大都具有硕士甚至博士学位。如美国的兰德公司，在 500 余名咨询人员中，具有博士、硕士学位的人员约占总人数的 70%。德国的克房伯康采恩系统工程公司，在 100 余名咨询人员中，有 50% 的人具有博士学位。在我国的有关法规中规定，我国监理工程师应具备大专学校毕业以上的学历，包括由其他工作岗位转入监理行业的工程师、建筑师和经济师。这是保证监理工程师队伍素质的重要基础，也是向国际水平靠近所必需的。

工程建设涉及的学科很多，其中主要学科就有几十种。作为一名监理工程师，不可能学习和掌握这么多的专业理论知识。但是，起码应学习、掌握一种专业理论知识，没有专业理论知识的人员是难以胜任监理工作的。监理工程师还应力求了解或掌握更多的专业学科知识。无论监理工程师已掌握哪一门专业技术知识，都必须学习、掌握一定的工程建设经济、法律和组织管理等方面的理论知识，从而达到一专多能，成为工程建设中的复合型人才，使监理单位真正成为智力密集型的知识群体。

2. 要有丰富的工程建设实践经验

工程建设实践经验就是理论知识在工程建设中成功地应用。一般来说，一个人在工程建设中工作的时间越长，经验就越丰富。反之，经验则不足。大量的工程实践证明，工程建设中出现失误，往往与参与者的经验不足有关。当然，若不从实际出发，单凭以往的经验，也难以取得预期的成效。据了解，世界各国都很重视工程建设的实践经验。在考核某一个单位或某一个人的能力大小时，都把实践经验作为主要的衡量尺度之一。例如，英国咨询工程师协会规定，入会的会员年龄必须在38岁以上；新加坡有关机构规定，注册结构工程师必须具有8年以上的工程结构设计实践经验。

工程建设中的实践经验主要包括以下几个方面：

1）工程建设地质勘测实践经验。

2）工程建设规划设计实践经验。

3）工程建设设计实践经验。

4）工程建设施工实践经验。

5）工程建设设计管理实践经验。

6）工程建设施工管理实践经验。

7）工程建设构件或配件加工、设备制造实践经验。

8）工程建设经济管理实践经验。

9）工程建设招标投标等中介服务的实践经验。

10）工程建设立项评估、建成使用后的评价分析实践经验。

11）工程建设监理工作实践经验等。

要求监理工程师具有丰富的实践经验，是指监理工程师要在工程建设的某一方面具有丰富的实践经验，若在两个或更多的方面都有丰富的实践经验更好。当然，人的一生工作年限有限，能在工程建设的某一两个方面工作多年，取得较丰富的经验已属不易，不可能在许多方面都有丰富的实践经验。因此，我国在考核监理工程师的资格中，对其在工程建设实践中起码的工作年限作了相应的规定，即取得中级技术职称后还要有三年的工作实践，方可参加监理工程师的资格考试。当然，一个人的工作年限不等于其工作经验，还应看他的实践成果。从某种意义上说，后者更为重要。因为虽有较长时间的工作实践，如果不善于总结经验，仍然达不到搞好工程建设的目的。只有及时地、不断地把工作实践中的做法、体会以及失败的教训加以总结，使之条理化、科学化，才能升华成为经验。

3. 要有良好的品德和工作作风

监理工程师的良好品德和工作作风主要体现在以下几个方面：

1）热爱社会主义祖国、热爱人民、热爱建设事业。只有这样，才能潜心钻研业务、努力进取和搞好工程建设监理工作。

2）具有科学的工作态度和综合分析问题的能力。在处理任何问题时，都能从实际出发，以事实和数据为依据，从复杂的现象中抓住事物的本质和主要矛盾，而不是凭"想当然""差不多"草率行事，使问题能得到迅速而正确的解决。

3）具有廉洁奉公、为人正直、办事公道的高尚情操。对自己，不谋私利；对业主，既能贯彻其正确的意图，又能坚持正确的原则；对承建商，既能严格监理，又能正确处理其同业主的关系，公平地维护双方的合法权益。

4）能听取不同意见，而且要有良好的包容性。对与己不同的意见，能共同研究、及时磋商、耐心说服而不急躁行事，不轻易行使自己的否决权，要以事实为依据，善于处理各方面的关系。

4. 要有健康的体魄和充沛的精力

尽管工程建设监理是一种高智能的技术服务，以脑力劳动为主，但是也必须具有健康的身体和充沛的精力，才能胜任繁忙、严谨的监理工作。工程建设施工阶段，由于露天作业，工作条件艰苦、工期往往紧迫、业务繁忙，更需要有健康的身体。一般来说，年满 65 周岁就不宜再在监理单位承担监理工作，国家规定不予注册。

2.2　监理工程师的培养和资格考试

2.2.1　监理工程师的培养

我国从 1988 年开始试行工程建设监理制，1996 年全面展开。因此，关于监理工程师的培养就成为一个突出的问题。

1. 关于我国培养监理工程师的现状

目前，建立我国监理工程师队伍，不可能有什么别的人员输入，全国各高校没有相应的对口专业，主要的还是要大量地吸收工程设计、施工、科研和建设管理部门的工程技术与管理人员。然而，我国大多数工程技术管理人员虽有技术专业知识基础，但却缺少经济、管理和法律方面的知识与经验，这是我国以往的历史环境所造成的。改革开放前，我国建设人才的培养，不重视经济、管理和法律方面的教育，有关的技术专业也很少设有这方面的课程，培养出来的工程技术人员自然缺少这方面的知识。我国传统的工程项目建设主要是靠行政手段支配，建设单位和施工单位都没有严格的经济责任制，单位与单位之间不是经济合同关系，工程项目建设不讲究经济管理，广大工程技术人员自然缺少经济管理方面的实践经验。鉴于上述情况，我国从 1989 年开始，采取再教育的方式，吸收从事过工程设计、施工和工程建设管理工作的工程技术和工程经济人员参加工程建设监理知识的培训，主要是从监理的角度学习有关工程建设监理的基本理论与相关法规、合同管理、质量控制、进度控制、投资控制以及计算机的应用等方面的知识。

2. 关于监理工程师的再教育问题

现在是信息时代，科学技术的发展日新月异，知识的更新越来越紧迫。因此，对监理工程师的再教育问题也越来越突出。

（1）对监理工程师再教育的内容

1）专业技术知识。随着科学的进步，各类自然科学每年都会增加不少新的内容，作为监理工程师起码应了解本专业范围内新产生的应用科学理论知识和技能。

2）管理知识。从一定意义上说，工程建设监理是一门管理科学。所以，监理工程师要及时了解并掌握有关管理的新知识，包括新的管理思想、体制、方法和手段等。

3）法律、法规、标准等方面的知识。我国正值改革的时代，各种法律、法规、标准等都在不断建立和完善。监理工程师尤其要及时学习和掌握有关工程建设方面的法律、法规、标准和规程，并应熟练应用法规、标准等。

4）经济知识。我国已全面实行市场经济，工程项目的建设实际上是一个投资转化过程，实现投资控制必须掌握经济方面的知识。

随着与国外交往的增加，监理工程师还要不断强化外语学习，提高外语水平，及时了解国外有关工程建设监理的现状、方法、手段及法律法规等。

（2）对监理工程师再教育的方式　首先，要立足于自学。监理工程师要学会在工作的同时不断更新、补充自己的知识；其次，有关机构和部门要定期或不定期地组织监理工程师开展新知识、新技术研讨活动；最后，有关机构和部门要不定期地对监理工程师进行有针对性的再教育。

（3）对监理工程师再教育的考核　对监理工程师再教育的考核，一方面是其所在单位进行日常考核，每5年国家核查监理工程师资质时，其所在单位首先要提出考核意见，其中包括对监理工程师知识更新情况的考核；另一方面，有关机构和部门借助于组织监理工程师再教育活动进行考核。

3. 关于监理工程师资格培训规范化体制的建立

当前，我国监理工程师资格培训的方式既单一又不规范，或者说只是一种应急措施。随着工程建设监理事业的发展，监理业务的增加，对监理水平要求的提高，势必要建立起比较规范化的建设监理培训体制。

一些学者认为，如果在高等院校设置以招收高中毕业生为对象的"建设监理专业"，并非是一种好的培养办法。因为在3～4年内要他们学完技术专业的全部课程，又学完经济、管理和法律方面的必要课程，是十分困难的。

总结十多年来我国建设监理培训工作的经验，参考国外，主要是开展监理工作比较早的经济发达国家的做法，走双学位的培训道路，是一种比较适宜的途径。一些工程技术、工程经济专业的大学本科毕业生以及已具有工程类中级专业职称的人员再在高等院校工程建设监理专修科进修学习，学习结业后可进入监理工作岗位。建设监理专修科的课程内容主要是现行的工程建设监理概论、工程建设合同管理、工程建设质量控制、工程建设投资控制和工程建设进度控制以及工程建设信息管理等，还要进行外语强化训练和专业知识的深化教育。上述课程学完后，还要参加一定期限的工程建设监理实习。另外，还可以开展工程建设监理函授教育。对于举办工程建设监理函授教育的院校，国家建设主管部门要会同国家教育主管部门严格审批，并且控制总量不宜太多。参加函授教育学习的学员要具备工程类中级以上（含中级）专业职称。

2.2.2　监理工程师资格考试

监理工程师是一种职业资格。所以，经过培训学习了工程建设监理的有关知识，并取得了合格结业证书后，并不意味着已具有监理工程师的职业资格。还要参加侧重于工程建设监理实践知识的全国统考，考试合格者才能取得监理工程师资格证书。我国按照有利于国家经济发展、社会承认、具有国际可比性、事关社会公众利益等四项原则，在涉及国家、人民生命财产安全的专业技术工作领域，实行专业技术人员职业资格制度。职业资格一般要通过考试方式取得，体现出职业资格制度公开、公平、公正的原则。

1. 实行监理工程师资格考试制度的重要意义

（1）是保障监理工程师队伍的素质和监理工作水平的需要　监理工程师职业资格考试制度的实行，有利于公正地确定监理人员是否具备监理工程师的资格，有利于统一监理工程师的基本标准，有助于保证全国各地方、各部门监理队伍的素质。更重要的是，它可以促进广大监理人员努力钻研监理业务，向监理工程师的标准奋进，早日具备国家认可的监理工程师资格。

（2）既有助于政府建设行政主管部门加强对监理企业监督管理，也便于业主择优选择监理单位　我国政府建设行政主管部门在对监理企业进行资质年检、资质审批时，对其注册监理工程师的数量有明确的规定。因此，监理工程师职业资格考试制度的实行将便于政府建设行政主管部门对监理企业的监督管理。同时，业主通过招标投标方式或直接委托方式选择监理单位时，主要看重的是监理企业监理工程师的数量、素质与能力。

（3）有助于建立工程建设监理人才库　监理工程师职业资格考试制度的实行，不仅把监理单位以内的监理人员资格确定下来，而且把监理单位以外已经掌握监理知识的人员的监理资格确认下来，形成蕴含于社会的监理人才库。

（4）通过考试确认相关资格的做法，是国际上通行的方式　我国实行监理工程师执业资格考试制度，既符合国际惯例，又有助于开拓国际工程建设监理市场，并使我国的监理水平逐步向国际靠近。

2. 报考监理工程师的条件

根据工程建设监理工作对监理人员素质的要求，对报考监理工程师资格的人员有一定的条件限制。考试报名条件为：凡中华人民共和国公民，遵纪守法，具有工程技术或工程经济专业大专以上（含大专）学历，并符合下列条件之一者，可申请参加监理工程师职业资格考试：

1）具有各工程大类专业大学专科学历（或高等职业教育），从事工程施工、监理、设计等业务工作满6年。

2）具有工学、管理科学与工程类专业大学本科学历或学位，从事工程施工、监理、设计等业务工作满4年。

3）具有工学、管理科学与工程一级学科硕士学位或专业学位，从事工程施工、监理、设计等业务工作满2年。

4）具有工学、管理科学与工程一级学科博士学位。

报考时，要填写"监理工程师职业资格考试报名表"，并交验学历证明和专业技术职务证书。

3. 考试时间、科目及考场设置

（1）考试时间　监理工程师职业资格考试实行全国统一大纲、统一命题、统一组织的办法，每年举行一次，一般在每年的5月份进行。

（2）考试科目　监理工程师资格考试是对考生监理理论和监理实务技能水平的考察，是一种水平考试。因而，采取统一命题、闭卷考试、分科记分、统一标准、择优录取的方式。

监理工程师职业资格考试设"建设工程监理基本理论和相关法规""建设工程合同管理""建设工程目标控制""建设工程监理案例分析"4个科目。其中"建设工程监理基本理论和相关法规""建设工程合同管理"为基础科目，"建设工程目标控制""建设工程监理案例分析"为专业科目。监理工程师职业资格考试成绩实行4年为一个周期的滚动管理办法，在连续的4个考试年度内通过全部考试科目，方可取得监理工程师职业资格证书。

已取得监理工程师一种专业职业资格证书的人员，报名参加其他专业科目考试的，可免考基础科目。免考基础科目和增加专业类别的人员，专业科目成绩按照 2 年为一个周期滚动管理。

具备以下条件之一的，参加监理工程师职业资格考试可免考基础科目：已取得公路水运工程监理工程师资格证书；已取得水利工程建设监理工程师资格证书。申请免考部分科目的人员在报名时应提供相应材料。

（3）考场设置　考场原则上设在直辖市、自治区首府省会城市的大、中专院校或者高考定点学校。

4. 考试组织管理

根据我国的国情，对监理工程师职业资格考试工作实行政府统一管理的原则。

住房和城乡建设部牵头组织，交通运输部、水利部参与，拟定监理工程师职业资格考试基础科目的考试大纲，组织监理工程师基础科目命审题工作。住房和城乡建设部、交通运输部、水利部按照职责分工分别负责拟定监理工程师职业资格考试专业科目的考试大纲，组织监理工程师专业科目命审题工作。

人力资源社会保障部负责审定监理工程师职业资格考试科目和考试大纲，负责监理工程师职业资格考试考务工作，并会同住房和城乡建设部、交通运输部、水利部对监理工程师职业资格考试工作进行指导、监督、检查。

人力资源社会保障部会同住房和城乡建设部、交通运输部、水利部确定监理工程师职业资格考试合格标准。

监理工程师职业资格考试合格者，由各省、自治区、直辖市人力资源社会保障行政主管部门颁发中华人民共和国监理工程师职业资格证书（或电子证书）。该证书由人力资源社会保障部统一印制，住房和城乡建设部、交通运输部、水利部按专业类别分别与人力资源社会保障部用印，在全国范围内有效。

各省、自治区、直辖市人力资源社会保障行政主管部门会同住房和城乡建设、交通运输、水利行政主管部门应加强学历、从业经历等监理工程师职业资格考试资格条件的审核。对以贿赂、欺骗等不正当手段取得监理工程师职业资格证书的，按照国家专业技术人员资格考试违纪违规行为处理规定进行处理。

2.3　监理工程师的注册

对专业职业资格实行执业注册管理制度，是国际上通行的做法。自改革开放以来，我国相继实行了律师注册制度、经济师注册制度、建筑师注册制度和监理工程师注册制度等。

监理工程师是一种岗位职务，经注册的监理工程师具有相应的责任和权利。仅取得"监理工程师职业资格证书"，没有取得"注册执业证书和执业印章"的人员，则不具备这些权利，也不承担相应的责任。因为仅取得监理工程师资格，若不在监理单位工作；或者刚取得监理工程师资格，是否能完全胜任监理工程师岗位的工作，还需要经过一段时间的锻炼和考验；或者为了控制监理工程师的队伍规模和建立合理的监理工程师专业结构，也可能对部分已取得监理工程师资格的人员不予注册。总之，实行监理工程师注册制度，是为了建立一支适应工程建设监理工作需要的、高素质的监理队伍，是为了建立和维护监理工程师岗位的严肃性。

2.3.1 监理工程师的注册条件

1）热爱中华人民共和国，拥护社会主义制度，遵纪守法，遵守监理工程师的职业道德准则。

2）已取得"监理工程师职业资格证书"。

3）身体健康，适合现场监理工作。

4）在监理岗位上，能胜任所担负的监理工作。

2.3.2 监理工程师的注册管理

监理工程师的注册工作实行分级管理。

国务院建设行政主管部门（住房与城乡建设部、交通运输部、水利部）为全国监理工程师注册机关，其主要职责是：

1）制定监理工程师注册的法规、政策和计划等。

2）制定"监理工程师注册执业证书"式样并核发，制定监理工程师执业印章样式。

3）受理各地方、各部门监理工程师注册机关上报的监理工程师注册备案。

4）监督、检查各地方、各部门监理工程师注册工作。

5）受理对监理工程师处罚不服的上诉。

省、自治区、直辖市人民政府建设行政主管部门为本行政区域内地方工程建设监理单位监理工程师的注册机关。国务院有关部门的建设监理主管机构为本部门直属工程建设监理单位监理工程师的注册机构。两者的职责基本相同，即

1）贯彻执行国家有关监理工程师注册的法规、政策和计划，制定相应的实施细则。

2）受理所属监理单位关于监理工程师注册的申请。

3）审批监理工程师注册，并上报全国监理工程师注册管理机关备案。

4）颁发"监理工程师注册执业证书"。

5）负责对违反有关规定的监理工程师的处罚。

6）负责对注册监理工程师的日常考核和管理。

监理工程师注册的申请，由申请者所在的建设监理单位向相应的注册管理部门（或机构）提出。

监理工程师注册管理部门收到注册申请后，经过严格的资格审查，对于合格的，根据需要和注册计划择优予以注册，并颁发"监理工程师注册执业证书"。监理工程师注册执业证书的格式，由国务院建设行政主管部门统一制定，具体的证书由进行资格审查的注册管理部门负责颁发。

注册监理工程师按专业设置岗位，并在"监理工程师注册执业证书"中注明专业。

2.3.3 注册监理工程师的职责

工程建设项目的总监理工程师一般由资深的注册监理工程师担任。一般注册监理工程师在总监理工程师的领导下开展工作，并可带领未注册的监理人员负责一定范围的工作。

注册监理工程师的职责如下：

1）按照分工，独立自主地担负一定范围的监理工作。

2）按照监理委托合同的要求，为项目法人提供满意的服务，并对自己的工作负责。

3）在分管的工作范围内，对工程建设的具体事项有检验、签证的权利。

4）为了改进工作，有向项目法人的建议权。

5）遵守监理工程师的职业道德。

各级监理工程师的职责详见第5章。

2.3.4　监理工程师的注册程序

监理工程师注册制度是政府对监理从业人员实行市场准入控制的有效手段。监理工程师的注册，根据注册内容的不同分为三种形式，即初始注册、延续注册和变更注册。按照我国有关法规规定，监理工程师只能在一家企业、按照专业类别注册。

1. 初始注册

经考试合格，取得"监理工程师职业资格证书"的，可以自资格证书签发之日起3年内提出申请。逾期未申请者，须符合继续教育的要求后方可申请初始注册。

（1）申请监理工程师初始注册需提供的材料

1）监理工程师注册申请表。

2）监理工程师职业资格证书。

3）其他有关材料。

（2）申请初始注册的程序

1）申请人向聘用单位提出申请。

2）聘用单位同意后，连同上述材料由聘用单位向所在省、自治区、直辖市人民政府建设行政主管部门提出申请。

3）省、自治区、直辖市人民政府建设行政主管部门初审合格后，报国务院建设行政主管部门。

4）国务院建设行政主管部门对初审意见进行审核，对符合条件者准予注册，并颁发由国务院建设行政主管部门统一印制的"监理工程师注册执业证书"和执业印章，由监理工程师本人保管、使用。

国务院建设行政主管部门对监理工程师初始注册每年定期集中审批一次，对符合注册条件的直接公告审批结果。

（3）不予注册的情形　申请注册人员出现下列情形之一的，不能获得注册

1）不具有完全民事行为能力的。

2）刑事处罚尚未执行完毕或者因从事工程监理或者相关业务受到刑事处罚，自刑事处罚执行完毕之日起至申请注册之日止不满2年的。

3）未达到监理工程师继续教育要求的。

4）在两个或者两个以上单位申请注册的。

5）以虚假的职称证书参加考试并取得资格证书的。

6）年龄超过65周岁的。

7）法律、法规规定不予注册的其他情形。

（4）注册证书和执业印章失效的情形　监理工程师在注册后，有下列情形之一的，其"监理工程师注册证书"和执业印章失效：

1）聘用单位破产的。

2）聘用单位被吊销营业执照的。

3）聘用单位被吊销相应资质证书的。

4）已与聘用单位解除劳动关系的。

5）注册有效期满且未延续注册的。

6）年龄超过 65 周岁的。

7）死亡或者丧失行为能力的。

8）其他导致注册失效的情形。

2. 延续注册

注册监理工程师每一注册有效期为 3 年，注册有效期满需继续执业的，应当在注册有效期满 30 日前，按照规定的程序申请延续注册。延续注册有效期 3 年。

（1）延续注册需要提交的材料

1）申请人延续注册申请表。

2）申请人与聘用单位签订的聘用劳动合同复印件。

3）申请人注册有效期内达到继续教育要求的证明材料。

（2）不予延续注册的情形　同不予初始注册的规定。

（3）申请延续注册的程序

1）申请人向聘用单位提出申请。

2）聘用单位同意后，连同上述材料由聘用企业向所在省、自治区、直辖市人民政府建设行政主管部门提出申请。

3）省、自治区、直辖市人民政府建设行政主管部门进行审核，对无不予延续注册情形的准予延续注册。

4）省、自治区、直辖市人民政府建设行政主管部门在准予延续注册后，将准予延续注册的人员名单，报国务院建设行政主管部门备案。

3. 变更注册

在注册有效期内，注册监理工程师变更执业单位，应当与原聘用单位解除劳动关系，并按规定的程序办理变更注册手续，变更注册后仍延续原注册有效期。

（1）变更注册需要提交的材料

1）申请人变更注册申请表。

2）申请人与新聘用单位签订的聘用劳动合同复印件。

3）申请人的工作调动证明（与原聘用单位解除聘用劳动合同或者聘用劳动合同到期的证明文件、退休人员的退休证明）。

（2）不予变更注册的情形　同不予初始注册的规定。

（3）申请变更注册的程序

1）申请人向聘用单位提出申请。

2）聘用单位同意后，连同申请人与原聘用单位的解聘证明，一并上报省、自治区、直辖市人民政府建设行政主管部门。

3）省、自治区、直辖市人民政府建设行政主管部门对有关情况进行审核，情况属实的准予变更注册。

4）省、自治区、直辖市人民政府建设行政主管部门在准予变更注册后，将变更人员情况报国务院建设行政主管部门备案。

4. 注销注册

注册监理工程师有下列情形之一的，负责审批的部门应当办理注销手续，收回注册证书和执业印章或者公告其注册证书和执业印章作废：

1）不具有完全民事行为能力的。

2）申请注销注册的。

3）注册证书和执业印章失效的。

4）依法被撤销注册的。

5）依法被吊销注册证书的。

6）受到刑事处罚的。

7）法律、法规规定应当注销注册的其他情形。

注册监理工程师有上述情形之一的，注册监理工程师本人和聘用单位应当及时向国务院住房城乡建设主管部门提出注销注册的申请；有关单位和个人有权向国务院住房城乡建设主管部门举报；县级以上地方人民政府住房城乡建设主管部门或者有关部门应当及时报告或者告知国务院住房城乡建设主管部门。

被注销注册者或者不予注册者，在重新具备初始注册条件，并符合继续教育要求后，可以按照规定的程序重新申请注册。

2.4 监理工程师的职业道德与纪律

工程建设监理是建设领域里一项高尚的工作。为了确保建设监理事业的健康发展，对监理工程师的职业道德和工作纪律都有严格的要求，在有关法规里也作了具体的规定。

2.4.1 监理工程师职业道德守则

1）维护国家的荣誉和利益，按照"守法、诚信、公正、科学"的准则执业。

2）按合同条件的约定开展工作，遵守当地政府的法律法规。

3）执行有关工程建设的法律、法规、规范、标准和制度，履行监理合同规定的义务和职责，完成所承诺的全部任务。

4）努力学习专业技术和建设监理知识，不断提高业务能力和监理水平，主动积极、勤奋刻苦、虚心谨慎地工作。

5）不以个人名义承揽监理业务。

6）不同时在两个或两个以上监理单位注册和从事监理活动，不在政府部门和施工、材料设备生产供应等单位兼职。

7）不为所监理项目指定承建商、建筑构配件、设备和材料；不得从事与监理项目的设计、施工、材料和设备供应等业务有关的中间人活动。

8）除监理费之外，不收受与合同业务有关单位的任何礼金。

9）不泄露所监理工程各方认为需要保密的事项。

10）坚持独立自主地开展工作。

11）监理业务的分包，或聘请专家协助监理时，应得到业主的同意。

12）监理工程师应成为业主的忠诚顾问，在处理业主和承包商的矛盾时，要依据法规和合同条款，公正、客观地促成问题的解决。

13）当需要发表与所监理项目有关的文章时，应经业主认可，否则会被视为侵权。

监理工程师应严格遵守监理职业守则，认真完成合同义务。否则，业主有权书面通知监理工程师中止监理合同。通知发出后 15 天，若监理工程师没有做出答复，业主即可认为终止合同生效。

2.4.2　工作纪律

1）遵守国家的法律和政府的有关条例、规定和办法等。

2）认真履行工程建设监理合同所承诺的义务和承担约定的责任。

3）坚持公正的立场，公平地处理有关各方的争议。

4）坚持科学的态度和实事求是的原则。

5）在坚持按监理合同的规定向业主提供技术服务的同时，帮助被监理者完成其担负的建设任务。

6）不以个人的名义在报刊上刊登承揽监理业务的广告。

7）不得损害他人名誉。

8）不泄露所监理的工程需保密的事项。

9）不在任何承建商或材料设备供应商中兼职。

10）不擅自接受业主额外的津贴，也不接受被监理单位的任何津贴，不接受可能导致判断不公的报酬。

监理工程师违背职业道德或违反工作纪律，由政府部门没收非法所得，收缴"监理工程师岗位证书"，并处以罚款。监理单位还要根据企业内部的规章制度给予处罚。

在国外，监理工程师的职业道德准则由其协会组织制订并监督实施。国际咨询工程师联合会（FIDIC）于 1991 年在慕尼黑召开的全体成员大会上，讨论批准了 FIDIC 通用道德准则。该准则分别从对社会和职业的责任、能力、正直性、公正性、对他人的公正 5 个问题计 14 个方面规定了监理工程师的道德行为准则。目前，国际咨询工程师协会的会员国都认真地执行这一准则，下面详细列出 FIDIC 道德准则。

1. 对社会和职业的责任

1）接受对社会的职业责任。

2）寻求与确认的发展原则相适应的解决办法。

3）在任何时候，维护职业的尊严、名誉和荣誉。

2. 能力

1）保持其知识和技能与技术、法规、管理的发展相一致的水平，对于委托人要求的服务采用相应的技能，并尽心尽力。

2）仅在有能力从事服务时方才进行。

3. 正直性

在任何时候均为委托人的合法权益行使其职责，并且正直和忠诚地进行职业服务。

4. 公正性

1）在提供职业咨询、评审或决策时不偏不倚。

2）通知委托人在行使其委托权时可能引起的任何潜在的利益冲突。

3）不接受可能导致判断不公的报酬。

5. 对他人的公正

1）加强"按照能力进行选择"的概念。

2）不得故意或无意地做出损害他人名誉或事务的事情。

3）不得直接或间接取代某一特定工作中已经任命的其他咨询工程师的位置。

4）通知该咨询工程师并且接到委托人终止其先前任命的建议前不得取代该咨询工程师的工作。

5）在被要求对其他咨询工程师的工作进行审查的情况下，要以适当的职业行为和礼节进行。

2.5 监理工程师违规行为的处罚

监理工程师在执业过程中必须严格遵纪守法。否则，政府建设行政主管部门对于监理工程师的违法违规行为，将追究其责任，并根据不同情节给予必要的行政处罚。

2.5.1 监理工程师的法律地位

监理工程师的法律地位是有国家法律法规确定的，在《建筑法》《建设工程质量管理条例》中，赋予监理工程师多项权利，但也明确了其多项职责。

1. 监理工程师的权利

1）依法享有监理工程师的名称。

2）依法自主执行监理业务。

3）依法签署工程监理及相关文件并加盖执业印章。

4）法律、法规赋予的其他权利。

2. 监理工程师的义务

1）遵守法律、法规，严格依照相关的技术标准和委托监理合同开展工作。

2）恪守职业道德，维护社会公共利益。

3）在执业中保守委托单位申明的商业秘密。

4）不得同时受聘于两个及以上单位执行业务。

5）不得涂改、倒卖、出租、出借或者其他形式非法转让"监理工程师注册执业证书"或执业印章。

6）接受职业继续教育，不断提高业务水平。

2.5.2 监理工程师的法律责任

监理工程师的法律责任与其法律地位密切相关，同样建立在法律法规和委托监理合同的基础之上。因而，监理工程师法律责任的表现行为主要有两方面，一是违反法律法规的行为，二是违反合同约定的行为。

1. 违法行为

现行法律法规对监理工程师的法律责任专门做出了具体规定。例如，《建筑法》第35条规定："工程监理单位不按照委托监理合同的约定履行监理义务，对应当监督检查的项目不检查或者不按照规定检查，给建设单位造成损失的，应当承担相应的赔偿责任。"

《中华人民共和国刑法》第137条规定："建设单位、设计单位、施工单位、工程监理单位违反国家规定，降低工程质量标准，造成重大安全事故的，对直接责任人员，处五年以下有期徒刑或者拘役，并处罚金；后果特别严重的，处五年以上十年以下有期徒刑，并处罚金。"

《建设工程质量管理条例》第36条规定："工程监理单位应当依照法律、法规以及有关技术标准、设计文件和建设工程承包合同，代表建设单位对施工质量实施监理，并对施工质量承担监理责任。"

2. 违约行为

监理工程师一般主要受聘于工程监理企业，从事工程监理业务。工程监理企业是订立委托监理合同的当事人，是法定意义的合同主体。但委托监理合同在具体履行时，是由监理工程师代表监理企业来实现的。因此，如果监理工程师出现工作过失，违反了合同约定，其行为将被视为监理企业违约，由监理企业承担相应的违约责任。当然，监理企业在承担违约赔偿责任后，有权在企业内部向有相应过失行为的监理工程师追偿部分损失。所以，由监理工程师个人过失引发的合同违约行为，监理工程师应当与监理企业承担一定的连带责任。其连带责任的基础是监理企业与监理工程师签订的聘用协议或责任保证书，或监理企业法定代表人对监理工程师签发的授权委托书。一般来说，授权委托书应包含职权范围和相应责任条款。

3. 安全生产责任

在《建设工程安全生产管理条例》中，对监理工程师安全生产责任做了明确的规定。工程监理单位应当审查施工组织设计中的安全技术措施或者专项施工方案是否符合工程建设强制性标准。在实施监理过程中，发现存在安全事故隐患的，应当要求施工单位整改；情况严重的，应当要求施工单位暂时停止施工，并及时报告建设单位。施工单位拒不整改或者不停止施工的，工程监理单位应当及时向有关主管部门报告。工程监理单位和监理工程师应当按照法律、法规和工程建设强制性标准实施监理，并对建设工程安全生产承担监理责任。

2.5.3 监理工程师违法违规行为的处罚

政府建设行政主管部门对于监理工程师的违法违规行为，将追究其责任，并根据不同情节给予必要的行政处罚。监理工程师违法违规行为的处罚办法，一般包括以下几个方面：

1）隐瞒有关情况或者提供虚假材料申请注册的，住房和城乡建设主管部门不予受理或者不予注册，并给予警告，1年之内不得再次申请注册。

2）以欺骗、贿赂等不正当手段取得注册证书的，由国务院住房和城乡建设主管部门撤销其注册，3 年内不得再次申请注册，并由县级以上地方人民政府住房和城乡建设主管部门处以罚款，其中没有违法所得的，处以 1 万元以下罚款，有违法所得的，处以违法所得 3 倍以下且不超过 3 万元的罚款；构成犯罪的，依法追究刑事责任。

3）未经注册，擅自以注册监理工程师的名义从事工程监理及相关业务活动的，由县级以上地方人民政府住房和城乡建设主管部门给予警告，责令停止违法行为，处以 3 万元以下罚款；造成损失的，依法承担赔偿责任。

4）未办理变更注册仍执业的，由县级以上地方人民政府住房和城乡建设主管部门给予警告，责令限期改正；逾期不改的，可处以 5000 元以下的罚款。

5）注册监理工程师在执业活动中有下列行为之一的，由县级以上地方人民政府住房和城乡建设主管部门给予警告，责令其改正，没有违法所得的，处以 1 万元以下罚款，有违法所得的，处以违法所得 3 倍以下且不超过 3 万元的罚款；造成损失的，依法承担赔偿责任；构成犯罪的，依法追究刑事责任：以个人名义承接业务的；涂改、倒卖、出租、出借或者以其他形式非法转让注册证书或者执业印章的；泄露执业中应当保守的秘密并造成严重后果的；超出规定执业范围或者聘用单位业务范围从事执业活动的；弄虚作假提供执业活动成果的；同时受聘于两个或者两个以上的单位，从事执业活动的；其他违反法律、法规、规章的行为。

6）对于监理工程师在执业中出现的行为过失，产生不良后果的，《建设工程质量管理条例》有明确规定：监理工程师因过错造成质量事故的，责令停止执业 1 年；造成重大质量事故的，吊销执业资格证书，5 年以内不予注册；情节特别恶劣的，终身不予注册。

2.5.4 监理工程师典型违法案例

1. 南京电视台演播中心施工脚手架坍塌事故

2000 年 10 月 25 日上午 10 时许，成××、丁××在无具体施工方案的情况下，即安排工人搭设大演播厅舞台屋盖模板支架，监理工程师韩××不仅未审查施工方案，而且在施工中没有监督验收就签字同意进行屋盖模板整体浇筑混凝土。由于模板承重严重不足，导致支架失衡，脚手架发生整体坍塌，造成 6 人死亡，1 人重伤，33 人轻伤。韩××被判处有期徒刑 5 年。

2. 北京市西单北大街西西 4 号工地模板支撑系统坍塌事故

2005 年 9 月 6 日，北京市西单北大街西西 4 号工地模板支撑系统发生坍塌事故，造成现场 8 人死亡、21 人受伤。经调查，在项目施工期间，工地总监理工程师吕××未按规定履行职责，在明知模板支架施工设计方案未经审批、已搭建的模板支架存在严重安全隐患的情况下，默许项目部进行模板支架施工；监理员吴××未认真履行职责，在明知模板支架施工设计方案未经审批、已搭建的模板支架存在严重安全隐患、且施工方已进行混凝土浇筑的情况下，不予制止。吕××和吴××分别被判有期徒刑 3 年，缓刑 3 年。

3. 湖南省凤凰县在建堤溪沱江大桥特别重大坍塌事故

2007 年 8 月 13 日 16 时 45 分左右，湖南省凤凰县正在建设的堤溪沱江大桥发生特别重大坝塌事故，造成 64 人死亡、4 人重伤、18 人轻伤，直接经济损失 3974.7 万元。由于大桥主拱圈砌筑材料未满足规范和设计要求，拱桥上部构造施工工序不合理，主拱圈砌筑质量差，降低了拱圈砌体的整体性和强度，随着拱上荷载的不断增加，造成 1 号孔主拱圈靠近 0 号桥台一侧 3~4m 宽范围内，即 2 号腹拱下的拱脚区段砌体强度达到破坏极限而塌落，受连拱效应影响，整个大桥迅速坍塌。工程监理单位未能制止施工单位擅自变更原主拱圈施工方案，对发现的主拱圈问题督促整改不力，在主拱圈砌筑完成但强度资料尚未测出的情况下即签字验收合格。余×，监理公司驻地监理处副处长兼现场监理，涉嫌工程重大安全事故罪；李××，监理公司驻地监理处处长，涉嫌工程重大安全事故罪；续××，监理公司党支部书记、副经理，对事故发生负有重要领导责任，给予行政记大过、党内警告处分；汤×，监理公司总工程师，对事故发生负有主要领导责任，给予行政撤职、党内严重警告处分；监理有限公司董事长兼总经理胡×、副经理续××、副经理高××、总工程师汤×、驻地监理工程师李××吊销有关执业资格和岗位证书。

4. 杭州地铁湘湖站"北 2 基坑"坍塌事故

2008 年 11 月 15 日 15 时 15 分左右，杭州地铁湘湖站"北 2 基坑"发生坍塌，造成死亡 21 人、重伤 1 人、轻伤 3 人，直接经济损失达 4962 万余元。经调查，事故发生的直接原因是施工单位违规施工、冒险作业，施工过程中基坑严重超挖，支撑体系存在严重缺陷，且钢管支撑架设不及时，垫层未及时浇筑，加之基坑监测失效，未采取有效补救措施，造成基坑周边地面塌陷。监理单位总监代表蒋××未认真履行监理职责，在审批及施工报验单的签认上严重违反监理对施工过程中的严重违法违规行为制止不力，也未及时报告建设单位和有关质量监督部门。蒋××被判有期徒刑 3 年零 3 个月。

5. 南京市城市快速内环西线南延工程四标段项目部五联钢箱梁倾覆坠落事故

2010 年 11 月，南京市城市快速内环西线南延工程四标段项目部五联钢箱梁吊装完毕后，梁××、邵×等人为赶工期、施工方便，擅自变更设计要求的施工程序，在钢箱梁支座未注浆锚固、两端压重混凝土未浇筑的情况下，安排施工人员进行桥面防撞墙施工。专业监理工程师杨×明知施工单位擅自改变施工程序，未能履行监理职责。2010 年 11 月 26 日 20 时 30 分左右，在对 B17~B18 跨钢箱梁进行桥面防撞墙施工时，该钢箱梁发生倾覆坠落事故，造成正在桥面施工的工人 7 人死亡、3 人受伤。经调查认定，事故直接原因为：B17~B18 跨钢箱梁吊装完成后，钢箱梁支座未注浆锚栓，梁体与桥墩间无有效连接；钢箱梁两端未进行浇筑压重混凝土，钢箱梁梁体处于不稳定状况；当工人在桥面使用振捣浇筑外弦防撞墙混凝土时，产生了不利的偏心荷载，导致钢箱梁整体失衡倾覆。此为一起施工单位违反施工顺序、施工组织混乱，监理单位未认真履职，监督部门监管不到位，设计单位交底不细造成的生产安全责任事故。专业监理工程师杨×被判处有期徒刑 3 年。

思 考 题

2-1　监理工程师的概念是什么？

2-2　实行监理工程师执业资格考试的目的是什么？

2-3　监理工程师应具备哪些素质？

2-4　监理工程师应具备什么样的知识结构？

2-5　监理工程师应遵循的职业道德守则有哪些？

2-6　监理工程师的注册条件是什么？

2-7　监理工程师的注册程序有什么？

2-8　试论监理工程师的法律责任。

2-9　对监理工程师的违法违规行为如何进行处罚？

工程建设监理企业　第3章

工程建设监理企业是我国推行建设监理制后逐渐发展起来的一种企业，是建筑市场的三大主体之一。这种企业的主要责任是向项目法人提供高智能的技术服务，即监理服务，对工程项目建设的投资、建设工期和质量进行监督管理。实践证明，监理企业已在工程项目建设中发挥了巨大作用。了解监理企业的概念、设立、资质管理、经营活动等方面的知识，将有助于促进监理企业的健康成长和稳步发展。

3.1　监理企业的概念与组织形式

3.1.1　监理企业的概念

监理企业是指经过建设行政主管部门的资质审查取得监管资质证书，受建设单位委托，依照国家法律法规的规定和建设单位的要求，在建设单位委托的范围内对建设工程进行监督管理的单位。

建筑市场是由三大主体构成的，即业主、承建商和监理方。一个发育完善的市场，不仅要具备法人资格的交易双方，而且要有协调交易双方、为交易双方提供交易服务的第三方。就建筑市场而言，业主和承建商是买卖双方，承建商以物的形式出卖自己的劳动，是卖方；业主以支付货币的形式购买承建商的建筑产品，是买方。一般来说，建筑产品的买卖交易不是瞬时间就可以完成的，往往需要经历较长的时间。交易的时间越长，或阶段性交易的次数越多，买卖双方产生矛盾的概率就越高，需要协调的问题就越多。况且，建筑市场中的交易活动的专业技术性都很强，没有相当高的专业技术水平，就难以圆满地完成建筑市场中的交易活动。监理企业正是介于业主和承建商之间的第三方，它是为促进建筑市场中交易活动顺利开展而服务的。在市场经济发达的资本主义国家，监理企业是建筑市场中完成交易活动必不可少的媒体。在我国，尽管建筑市场的发育还不够完善，建设监理制也相对较晚。但是，监理企业在建筑市场中发挥的作用也得到了全社会的认可，并取得了显著的成效。总之，业主、监理企业和承建商构成了建筑市场的三大支柱，三者缺一不可。

3.1.2　监理企业的组织形式

按照我国现行法律法规的规定，我国的工程监理企业有可能存在的企业组织形式包括公司制监理企业、合伙监理企业、个人独资监理企业、中外合资经营监理企业和中外合作经营监理企业。以下简要介绍公司制监理企业、中外合资经营监理企业和中外合作经营监理企业的特点。

3.1.2.1 公司制监理企业

监理公司是以营利为目的，依照法定程序设立的企业法人。我国公司制监理企业主要有如下特征：

1）必须是依照《中华人民共和国公司法》的规定设立的社会经济组织。

2）必须是以营利为目的的独立企业法人。

3）自负盈亏，独立承担民事责任。

4）有必要的财产或者经费，是完整纳税的经济实体。

5）有自己的名称、组织机构和场所。

6）采用规范的成本会计和财务会计制度。

我国监理公司的种类有两种，即监理有限责任公司和监理股份有限公司。

1. 监理有限责任公司

监理有限责任公司，是指由 2 个以上、50 个以下的股东共同出资，股东以其所认缴的出资额对公司行为承担有限责任，公司以其全部资产对其债务承担责任的企业法人。

监理有限责任公司有如下特征：

1）公司不对外发行股票，股东的出资额由股东协商确定。

2）股东交付股金后，公司出具股权证书，作为股东在公司中拥有的权益凭证。这种凭证不同于股票，不能自由流通，必须在其他股东同意的条件下才能转让，且要优先转让给公司原有股东。

3）公司股东所负责任仅以其出资额为限，即把股东投入公司的财产与其个人的其他财产脱钩，公司破产或解散时，只以公司所有的资产偿还债务。

4）公司具有法人地位。

5）在公司名称中必须注明有限责任公司字样。

6）公司股东可以作为雇员参与公司经营管理，通常公司管理者也是公司的所有者。

7）公司账目可以不公开，尤其是公司的资产负债表一般不公开。

2. 监理股份有限公司

监理股份有限公司是指全部资本由等额股份构成，并通过发行股票筹集资本，股东以其所认购股份对公司承担责任，公司以其全部资产对公司债务承担责任的企业法人。

监理股份有限公司主要有如下特征：

1）公司资本总额分为金额相等的股份，股东以其所认购的股份对公司承担有限责任。

2）公司以其全部资产对公司债务承担责任。公司作为独立的法人，有自己独立的财产，公司在对外经营业务时，以其独立的财产承担公司债务。

3）公司可以公开向社会发行股票。

4）公司股东的数量有最低限制，应当有 5 个以上发起人，其中必须有过半数的发起人在中国境内有住所。

5）股东以其所持有的股份享受权利和承担义务。

6）在公司名称中必须标明股份有限公司字样。

7）公司账目必须公开，便于股东全面掌握公司的经营状况。

8）公司管理实行两权分离。董事会接受股东大会委托，监督公司财产的保值增值，行使公司财产所有者职权；经理由董事会聘任，掌握公司的经营权。

3.1.2.2 中外合资经营监理企业与中外合作经营监理企业

1. 基本概念

中外合资经营监理企业是指以中国的企业或其他经济组织为一方，以外国的公司、企业、其他经济组织或个人为另一方，在平等互利的基础上，根据《中华人民共和国中外合资经营企业法》，签订合同、制定章程，经中国政府批准，在中国境内共同投资、共同经营、共同管理、共同分享利润、共同承担风险，主要从事工程监理业务的监理企业。其组织形式为有限责任公司。在合营企业的注册资本中，外国合营者的投资比例一般不得低于25%。

中外合作经营监理企业是指中国的企业或其他经济组织同外国的企业、其他经济组织或者个人，按照平等互利的原则和我国的法律规定，用合同约定双方的权利义务，在中国境内共同举办的、主要从事工程监理业务的经济实体。

2. 中外合资经营监理企业与中外合作经营监理企业的区别

随着我国建筑市场的逐步开放和日趋国际化，特别是我国加入WTO后，中外合资经营监理企业（以下简称合营企业）与中外合作经营监理企业（以下简称合作企业）将占有重要的地位。两者的主要区别如下：

（1）**组织形式不同** 合营企业的组织形式为有限责任公司，具有法人资格。合作企业可以是法人型企业，也可以是不具有法人资格的合伙企业。法人型企业独立对外承担责任，合作企业由合作各方对外承担连带责任。

（2）**组织机构不同** 合营企业是合营双方共同经营管理，实行单一的董事会领导下的总经理负责制。合作企业可以采取董事会负责制，也可以采取联合管理制，既可由双方组织联合管理机构管理，也可以由一方管理，还可以委托第三方管理。

（3）**出资方式不同** 合营企业一般以货币形式计算各方的投资比例。合作企业是以合同规定投资或者提供合作条件，以非现金投资作为合作条件，可不以货币形式作价，不计算投资比例。

（4）**分配利润和分担风险的依据不同** 合营企业按各方注册资本比例分配利润和分担风险。合作企业按合同约定分配收益或产品和分担风险。

（5）**回收投资的期限不同** 合营企业各方在合营期内不得减少其注册资本。合作企业则允许外国合作者在合作期限内先行收回投资，合作期满时，企业的全部固定资产归中国合作者所有。

3.1.3 我国工程监理企业管理体制和经营机制的改革

1. 工程监理企业的管理体制和经营机制改革

按照我国法律的规定，设立股份有限公司的注册资本要求比较高（最低限额为人民币1000万元），而设立有限责任公司的注册资本要求比较低（甲级资质最低限额为人民币100万元、乙级50万元、丙级10万元）。因此，我国绝大多数工程监理企业现阶段不宜按股份有限公司的组织形式设立，但这种形式是我国监理企业以后的发展方向和必然趋势。

在试行建设监理制的初期，我国的绝大多数监理公司是由国有企业集团或教学、科研、勘察设计单位按照传统的国有企业模式设立的全民所有制或集体所有制监理企业。这些监理企业普遍存在着产权关系不清晰，管理体制不健全，经营机制不灵活，分配制度不合理，职工积极性不高，市场竞争力不强的现象，企业缺乏自主经营、自负盈亏、自我约束、自我发展的"四自"能力，这必将阻碍监理企业和监理行业的发展。因此，国有工程监理企业管理体制和经营机制改革是必然发展趋势。

监理企业改制的目的，一是有利于转换企业经营机制。不少国有监理企业经营困难，主要原因是体制、机制问题。改革的关键在于转换监理企业经营机制，使监理企业真正成为"四自"主体。二是有利于强化企业经营管理。国有监理企业经营困难除了体制和机制外，管理不善也是重要原因之一。三是有利于提高监理人员的积极性。

2. 监理企业改制为有限责任公司的基本步骤

我国《公司法》第7条规定：国有企业改建为公司，必须依照法律、行政法规规定的条件和要求，转换经营机制，有步骤地进行清产核资，评估资产，界定产权，清理债权债务，建立规范的企业内部管理机构。根据这一规定，监理企业改制的一般程序如下：

（1）**确定发起人并成立筹委会** 发起人确定后，成立企业改制筹备委员会，负责改制过程中的各项工作。

（2）**形成公司文件** 公司文件主要包括改制申请书、改制的可行性研究报告、公司章程等。

（3）**提出改制申请** 筹备委员会向政府主管部门提出改制申请时，应提交改制协议书、改制申请书、改制的可行性研究报告、公司章程、行业主管部门的审查意见等基本文件。

（4）**资产评估** 资产评估是指对资产价值的重估，它是在财产清查的基础上，对账面价值与实际价值背离较大的资产的价值进行重新评估，以保证资产价值与实际相符。资产评估按照申请立项、资产清查、评定估算、验证确认等程序进行。

（5）**产权界定** 产权界定是指对财产权进行鉴别和确认，即在财产清查和资产评估的基础上，鉴别企业各所有者和债权人对企业全部资产拥有的权益。对国有产权，一般应指国有企业的净资产，即用评估后的总资产价值减去国有企业的负债。

（6）**股权设置** 股权是指股份制企业投资者的法定所有权，以及由此而产生的投资者对企业拥有的各项权利。股权设置是指在产权界定的基础上，根据股份制改造的要求，按投资主体所设置的国家股、法人股、自然人股和外资股。从目前发展趋势看，应减持国有股，扩大民营股，并折成股份，转让给本企业职工和经营者。

（7）**认缴出资额** 各股东按照共同订立的公司章程中规定的各自所认缴的出资额出资。

（8）**申请设立登记** 申请设立登记时，一般应提交公司登记申请书、公司章程、验资报告、法律法规规定的其他文件等。

（9）**签发出资证明书** 公司登记注册后，应签发证明股东已经缴纳出资额的出资证明书（股权证明书）。有限责任公司成立后，原有企业即自行终止，其债权、债务由改组后的公司承担。

3.2 监理企业与工程建设各方的关系

监理企业受业主的委托，替代业主管理工程建设。同时，它又要公正地监督业主与承建商签订的工程建设合同的履行。这种特殊的工作性质，决定了它在工程建设中的特殊的、重要的地位。

3.2.1 业主与监理企业的关系

1. 业主与监理企业之间是平等主体间的关系

监理企业和业主都是建筑市场中的主体，不分主次，自然应当是平等的。这种平等的关系主要体现在两个方面：

1）监理企业和业主都是市场经济中独立的企业法人。不同行业的企业法人，只有经营性质的不同、业务范围的不同，而没有主仆之别。即使是同一行业，各独立的企业法人之间（子公司除外），也只是大小的不同、经营种类的不同，不存在主仆关系。主仆关系就是一种雇佣关系，被雇佣者要听命于雇佣者，被雇佣者不必有主人翁的思想，更没有主人翁的资格。显然业主与监理企业之间不存在雇佣与被雇佣的关系，而且法规要求监理企业与业主一样，都要以主人翁的姿态对工程建设负责，对国家、对社会负责。

2）它们都是建筑市场中的主体，都是因为工程建设而走到一起来的。业主为了更好地搞好自己担负的工程项目建设，委托监理企业替自己负责一些具体的事项。业主可以委托甲监理企业，也可以委托乙监理企业。同样，监理企业可以接受委托，也可以不接受委托，即使委托与被委托的关系建立之后，双方也只是按监理委托合同，各尽各的义务，各行使各的权利，各取得各自应得到的利益。所以说，两者在工作关系上仅维系在委托与被委托的水准上，监理企业仅按照监理委托合同开展工作，对业主全面负责，但并不受业主的领导。业主对监理企业的人力、财力、物力等方面没有任何支配权、管理权。如果两者之间的委托与被委托关系不成立，那么就不存在任何联系。

2. 业主与监理企业之间是一种授权与被授权关系

监理企业接受委托之后，业主就把一部分工程项目建设的管理权力授予监理企业。诸如工程建设各方面协调的主持权、设计质量和施工质量以及建筑材料与设备质量的确认权与否决权、工程量与工程价款支付的确认权与否决权、工程建设进度和建设工期的确认权与否决权以及围绕工程项目建设的各种建议权等。业主往往留有工程建设规模和建设标准的决定权、对承建商的选定权、与承建商签订合同的签认权以及工程竣工或阶段的验收权等。

监理企业根据业主的授权开展工作，在工程建设的具体实践活动中居于相当显赫的地位。但是，监理企业毕竟不是业主的代理人，按照《民法通则》的界定，"代理人"的含义是："代理人在代理权限内，以被代理人的名义实施法律行为""被代理人对代理人的代理行为承担民事责任"。监理企业既不是以业主的名义开展监理活动，也不能让业主对自己的监理行为承担任何民事责任。显然，监理企业不是，也不应该是业主的代理人。

3. 业主与监理企业之间是一种经济合同关系

监理企业承接监理业务，首先应与业主签订监理委托合同。合同一经双方签订，就具有法律的约束力。双方的经济利益、权利、职责和义务等在签订的监理委托合同中均有体现。

但是，监理委托合同毕竟与其他经济合同不同。这是由于监理企业在建筑市场中的特殊地位所决定的。众所周知，业主、监理企业、承建商是建筑市场三元结构的三大主体。

在工程建设发包与承包这种交易活动中，业主向承建商购买建筑商品（或阶段性建筑产品）。买方总是想少花钱而买到好商品，卖方总想在销售商品中获取较高的利润。监理企业的责任就是既帮助业主购买到合适的建筑商品，又要维护承建商的合法权益。或者说，监理企业与业主签订的监理委托合同，不仅表明监理企业要为业主提供高智能服务，维护业主的合法权益，而且表明监理企业有责任维护承建商的合法权益。这在其他经济合同中是难以找到的条款。可见，监理企业在建筑市场的交易活动中处于建筑商品买卖双方之间，起着维系公平交易、等价交换的制衡作用。因此，不能把监理企业单纯地看成业主利益的代表。

3.2.2 监理企业与承建商的关系

这里所说的承建商，不单是指施工企业，而是包括承建工程项目规划的规划企业、承接工程勘察任务的勘察企业、承接工程设计任务的设计企业、承接工程施工任务的施工企业以及承接工程设备、工程材料、构配件供应或加工制造企业在内的大概念。也就是说，凡是承接工程建设任务的单位，相对于业主来说，统称为承建商。

1. 监理企业与承建商之间是平等主体间的关系

如前所述，承建商也是建筑市场的主体之一，没有承建商，也就没有建筑产品，没有了卖方，买方也就不存在。但是，像业主一样，承建商是建筑市场的重要主体之一。既然都是建筑市场的主体，那么就应该是平等的。这种平等的关系主要体现在都是为了完成工程建设任务而承担一定的责任。双方承担的具体责任虽然不同，但相对于业主来说，两者的角色、地位是一样的。无论是监理企业，还是承建商都是在工程建设的法规、规章、规范、标准等条款的制约下开展工作，两者之间不存在领导与被领导的关系。

2. 监理企业与承建商之间是监理与被监理的关系

虽然监理企业与承建商之间没有签订任何经济合同，但是监理企业与业主签订有监理委托合同，承建商与业主签订有承包合同。监理企业依据业主的授权，并根据建设监理法规、监理委托合同和其他工程建设合同对承建商实施监理，从而形成监理与被监理的关系。承建商不再与业主直接交往，而转向与监理企业直接联系，并自觉接受监理企业对自己进行工程建设活动的监督管理。

3.3 监理企业的设立

3.3.1 设立公司制监理企业的基本条件

新设立公司制监理企业，应具备如下条件：

1）有自己的名称（应注明有限责任公司或股份有限公司的字样）和固定的办公场所。

2）发起人数量符合法定人数，筹办事项符合法律规定。

3）按照公司制监理企业的要求组建了相应的组织机构。

4）有一定数量的专门从事监理工作的工程经济和技术人员，而且专业基本配套、技术人员数量和职称符合要求。

5）有符合国家规定的注册资金。

6）拟订有监理企业的章程。

7）有主管单位同意设立公司制监理企业的批准文件。

8）拟从事监理工作的人员中，有一定数量的人已取得国家建设行政主管部门颁发的"监理工程师资格证书"。

3.3.2　设立公司制监理企业应准备的材料

1）设立监理企业的申请报告。其主要内容如下：① 企业名称和地址，以及公司经营与管理体制；② 法定代表人或者技术负责人的姓名、年龄、学历及工作简历；③ 拟担任监理工程师的人员一览表，包括姓名、年龄、专业、职称等；④ 注册资金数额；⑤ 业务范围。

2）设立监理企业的可行性研究报告。

3）拟订的监理企业组织机构方案和主要负责人的人选名单。

4）监理企业章程（草案）。其主要内容如下：① 拟开展监理业务的范围，经营活动的宗旨与任务；② 监理企业的组织原则和机构设置方案，包括主要人选名单；③ 监理企业的经营方针和经营活动的基本准则；④ 关于监理企业解体、变更、破产等事项的规定；⑤ 其他规章制度。

5）已有的、拟从事监理工作的人员一览表及各种有关证件。

6）已有的、拟用于监理工作的机械、设备一览表。

7）开户银行出具的资金证明。

8）办公场所所有权或使用权的房产证明。

3.3.3　设立建设监理企业的申报与审批程序

1. 发起人向建设行政主管部门申报

按照申报的要求，准备好各种材料向建设行政主管部门申请资质审批。各建设行政主管部门的职责如下：

1）国务院建设行政主管部门负责监理业务跨部门的监理企业设立的资质审批。

2）省、自治区、直辖市人民政府建设行政主管部门负责本行政区域监理企业设立的资质审批，并报国务院建设行政主管部门备案。

3）国务院工业、交通等部门负责本部门监理企业设立的资质审批，并报国务院建设行政主管部门备案。

监理业务跨部门的监理企业的设立，应当按隶属关系先由省、自治区、直辖市人民政府建设行政主管部门或国务院工业、交通等部门进行资质初审，初审合格的再报国务院建设行政主管部门审批。

2. 建设行政主管部门审查申请者的资质条件

建设行政主管部门对申报设立监理企业的资质审查，主要包括以下内容：① 看它是否具备开展监理业务的能力；② 要审查它是否具备法人资格的起码条件；③ 在达到上述两项条件的基础上，核定它开展建设监理业务活动的经营范围，并提出资质审查合格的书面材料。

没有建设行政主管部门签署的资质审查合格的书面意见，监理企业不得到工商行政管理部门申请登记注册，工商行政管理部门更不得受理没有建设行政主管部门签署资质审查合格书面材料的监理企业登记注册申请。

3. 向工商行政管理机关申请登记注册，领取营业执照

工商行政管理部门对申请登记注册监理企业的审查，主要是按企业法人应具备的条件进行审查。经审查合格者，给予登记注册，并填发营业执照。登记注册是对法人成立的确认，没有获准登记注册的不得以申请登记注册的法人名称进行经营活动。

4. 监理企业应当在建设银行开立账户，并接受财务监督

监理企业营业执照的签发日期为监理企业的成立日期。监理企业成立后，应及时到建设银行开立账户，并接受财务监督。

3.3.4 关于中外合资经营与中外合作经营监理企业的设立

1. 应准备的材料

1）中国监理企业设立申请应准备的 8 项材料。

2）中外合营或中外合作监理企业间的合同或协议。

3）外方所在国有关当局颁发的营业执照及其他有关的批准文件。

4）外方近 3 年的资产负债表，专业人员和技术准备情况。

5）承担监理业务的资历与业绩。

2. 申报、审批程序

1）中方企业首先向主管部门提出书面申请。申请设立中外合营监理的资质审批，除必须按设立国内监理企业的要求报送有关资料外，还应当报送外方合营者的以下资料：① 原所在国有关当局颁发的营业执照及有关批准文件；② 近 3 年的资产负债表，专业人员和技术装备情况；③ 承担监理业务的资历与业绩。

2）主管部门批准后，连同外方的所有材料一起报送给建设行政主管部门，接受资质审查，经审查合格后发给《设立中外合营、中外合作监理企业资质审查批准书》。

3）取得《设立中外合营、中外合作监理企业资质审查批准书》后，携带所有材料到有关审批机构申请设立中外合营或中外合作监理企业，经批准后发给《中外合营企业批准书》或《中外合作企业批准书》。

4）持《设立中外合营、中外合作监理企业资质审查批准书》《中外合营企业批准书》或《中外合作企业批准书》和其他材料到住所所在地工商行政管理部门申请登记注册，核准注册后，发给营业执照。营业执照的签发日期为中外合营或中外合作监理企业的成立日期。

5）中外合营或中外合作监理企业经批准成立后，应当在领取营业执照之日起的 30 天内，持《设立中外合营、中外合作监理企业资质审查批准书》《中外合营企业批准书》或《中外合作企业批准书》及营业执照向原资质管理部门申请领取监理许可证书。

6）中外合营或中外合作监理企业，应当按规定在中国的有关银行开立账户，并接受财务监督。

中外合营监理企业停业、破产或者因其他原因终止业务，以及法定代表人变更，应当向原资质管理部门备案。

3.4 监理企业的资质与管理

3.4.1 工程监理企业的资质等级标准和业务范围

3.4.1.1 工程监理企业资质

工程监理企业资质是指企业的技术能力、管理水平、业务经验、经营规模、社会信誉等综合性实力指标。对工程监理企业进行资质管理的制度是我国政府实行市场准入控制的有效手段。

从事建设工程监理活动的企业，应当取得工程监理企业资质证书（以下简称资质证书），并在资质证书许可的范围内从事工程监理活动。

工程监理企业资质分为综合资质、专业资质和事务所资质。其中，专业资质按照工程性质和技术特点划分为 14 个工程类别，每个专业工程类别按照工程规模和技术复杂程度又分为三个等级，见表 3-1。

表 3-1 专业工程类别和等级

序 号	工程类别		一 级	二 级	三 级
一	房屋建筑工程	一般公共建筑	28 层以上；36m 跨度以上（轻钢结构除外）；单项工程建筑面积 3 万 m³ 以上	14～28 层；24～36m 跨度（轻钢结构除外）；单项工程建筑面积 1 万～3 万 m²	14 层以下；24m 跨度以下（轻钢结构除外）；单项工程建筑面积 1 万 m² 以下
		高耸构筑工程	高度 120m 以上	高度 70～120m	高度 70m 以下
		住宅工程	小区建筑面积 12 万 m³ 以上；单项工程 28 层以上	建筑面积 6 万～12 万 m³；单项工程 14～28 层	建筑面积 6 万 m³ 以下；单项工程 14 层以下
二	冶炼工程	钢铁冶炼、连铸工程	年产 100 万 t 以上；单座高炉炉容 1250m³ 以上；单座公称容量转炉 100t 以上；电炉 50t 以上；连铸年产 100 万 t 以上或板坯连铸单机 1450mm 以上	年产 100 万 t 以下；单座高炉炉容 1250m³ 以下；单座公称容量转炉 100t 以下；电炉 50t 以下；连铸年产 100 万 t 以下或板坯连铸单机 1450mm 以下	
		轧钢工程	热轧年产 100 万 t 以上，装备连续、半连续轧机；冷轧带板年产 100 万 t 以上，冷轧线材年产 30 万 t 以上或装备连续、半连续轧机	热轧年产 100 万 t 以下，装备连续、半连续轧机；冷轧带板年产 100 万 t 以下，冷轧线材年产 30 万 t 以下或装备连续、半连续轧机	
		冶炼辅助工程	炼焦工程年产 50 万 t 以上或炭化室高度 4.3m 以上；单台烧结机 100 m² 以上；小时制氧 300 m³ 以上	炼焦工程年产 50 万 t 以下或炭化室高度 4.3m 以下；单台烧结机 100 m² 以下；小时制氧 300 m³ 以下	

（续）

序 号	工程类别		一 级	二 级	三 级
二	冶炼工程	有色冶炼工程	有色冶炼年产10万t以上；有色金属加工年产5万t以上；氧化铝工程40万t以上	有色冶炼年产10万t以下；有色金属加工年产5万t以下；氧化铝工程40万t以下	
		建材工程	水泥日产2000t以上；浮化玻璃日熔量400t以上；池窑拉丝玻璃纤维、特种纤维；特种陶瓷生产线工程	水泥日产2000t以下；浮化玻璃日熔量400t以下；普通玻璃生产线；组合炉拉丝玻璃纤维；非金属材料、玻璃钢、耐火材料、建筑及卫生陶瓷厂工程	
三	矿山工程	煤矿工程	年产120万t以上的井工矿工程；年产120万t以上的洗选煤工程；深度800m以上的立井井筒工程；年产400万t以上的露天矿山工程	年产120万t以下的井工矿工程；年产120万t以下的洗选煤工程；深度800m以下的立井井筒工程；年产400万t以下的露天矿山工程	
		冶金矿山工程	年产100万t以上的黑色矿山采选工程；年产100万t以上的有色砂矿采、选工程；年产60万t以上的有色脉矿采、选工程	年产100万t以下的黑色矿山采选工程；年产100万t以下的有色砂矿采、选工程；年产60万t以下的有色脉矿采、选工程	
		化工矿山工程	年产60万t以上的磷矿、硫铁矿工程	年产60万t以下的磷矿、硫铁矿工程	
		铀矿工程	年产10万t以上的铀矿；年产200t以上的铀选冶	年产10万t以下的铀矿；年产200t以下的铀选冶	
		建材类非金属矿工程	年产70万t以上的石灰石矿；年产30万t以上的石膏矿、石英砂岩矿	年产70万t以下的石灰石矿；年产30万t以下的石膏矿、石英砂岩矿	
四	化工石油工程	油田工程	原油处理能力150万t/a以上、天然气处理能力150万 m^3/d以上、产能50万t以上及配套设施	原油处理能力150万t/a以下、天然气处理能力150万 m^3/d以下、产能50万t以下及配套设施	
		油气储运工程	压力容器8MPa以上；油气储罐10万 m^3/台以上；长输管道120km以上	压力容器8MPa以下；油气储罐10万 m^3/台以下；长输管道120km以下	
		炼油化工工程	原油处理能力在500万t/a以上的一次加工及相应二次加工装置和后加工装置	原油处理能力在500万t/a以下的一次加工及相应二次加工装置和后加工装置	

（续）

序号	工程类别		一级	二级	三级
四	化工石油工程	基本原材料工程	年产30万t以上的乙烯工程；年产4万t以上的合成橡胶、合成树脂及塑料和化纤工程	年产30万t以下的乙烯工程；年产4万t以下的合成橡胶、合成树脂及塑料和化纤工程	
		化肥工程	年产20万t以上合成氨及相应后加工装置；年产24万t以上磷氨工程	年产20万t以下合成氨及相应后加工装置；年产24万t以下磷氨工程	
		酸碱工程	年产硫酸16万t以上；年产烧碱8万t以上；年产纯碱40万t以上	年产硫酸16万t以下；年产烧碱8万t以下；年产纯碱40万t以下	
		轮胎工程	年产30万套以上	年产30万套以下	
		核化工及加工工程	年产1000t以上的铀转换化工工程；年产100t以上的铀浓缩工程；总投资10亿元以上的乏燃料后处理工程；年产200t以上的燃料元件加工工程；总投资5000万元以上的核技术及同位素应用工程	年产1000t以下的铀转换化工工程；年产100t以下的铀浓缩工程；总投资10亿元以下的乏燃料后处理工程；年产200t以下的燃料元件加工工程；总投资5000万元以下的核技术及同位素应用工程	
		医药及其他化工工程	总投资1亿元以上	总投资1亿元以下	
五	水利水电工程	水库工程	总库容1亿 m^3 以上	总库容1千万～1亿 m^3	总库容1千万 m^3 以下
		水力发电站工程	总装机容量300MW以上	总装机容量50～300MW	总装机容量50MW以下
		其他水利工程	引调水堤防等级1级；灌溉排涝流量5 m^3/s 以上；河道整治面积30万亩以上；城市防洪城市人口50万人以上；围垦面积5万亩以上；水土保持综合治理面积1000 km^2 以上	引调水堤防等级2、3级；灌溉排涝流量0.5～5 m^3/s；河道整治面积3万～30万亩；城市防洪城市人口20万～50万人；围垦面积0.5～5万亩；水土保持综合治理面积100～1000 km^2	引调水堤防等级4、5级；灌溉排涝流量0.5 m^3/s 以下；河道整治面积3万亩以下；城市防洪城市人口20万以下；围垦面积0.5万亩以下；水土保持综合治理面积100 km^2 以下
六	电力工程	火力发电站工程	单机容量30万kW以上	单机容量30万kW以下	
		输变电工程	330kV以上	330kV以下	
		核电工程	核电站；核反应堆工程		

（续）

序号	工程类别		一级	二级	三级
七	农林工程	林业局（场）总体工程	面积35万hm²以上	面积35万hm²以下	
		林产工业工程	总投资5000万元以上	总投资5000万元以下	
		农业综合开发工程	总投资3000万元以上	总投资3000万元以下	
		种植业工程	2万亩以上或总投资1500万元以上	2万亩以下或总投资1500万元以下	
		兽医/畜牧工程	总投资1500万元以上	总投资1500万元以下	
		渔业工程	渔港工程总投资3000万元以上；水产养殖等其他工程总投资1500万元以上	渔港工程总投资3000万元以下；水产养殖等其他工程总投资1500万元以下	
		设施农业工程	设施园艺工程1hm²以上；农产品加工等其他工程总投资1500万元以上	设施园艺工程1hm²以下；农产品加工等其他工程总投资1500万元以下	
		核设施退役及放射性三废处理处置工程	总投资5000万元以上	总投资5000万元以下	
八	铁路工程	铁路综合工程	新建、改建一级干线；单线铁路40km以上；双线30km以上及枢纽	单线铁路40km以下；双线30km以下；二级干线及站线；专用线、专用铁路	
		铁路桥梁工程	桥长500m以上	桥长500m以下	
		铁路隧道工程	单线3000m以上；双线1500m以上	单线3000m以下；双线1500m以下	
		铁路通信、信号、电力电气化工程	新建、改建铁路（含枢纽、配、变电所、分区亭）单双线200km及以上	新建、改建铁路（不含枢纽、配、变电所、分区亭）单双线200km及以下	
九	公路工程	公路工程	高速公路	高速公路路基工程及一级公路	一级公路路基工程及二级以下各级公路
		公路桥梁工程	独立大桥工程；特大桥总长1000m以上或单跨跨径150m以上	大桥、中桥桥梁总长30~1000m或单跨跨径20~150m	小桥总长30m以下或单跨跨径20m以下；涵洞工程
		公路隧道工程	隧道长度1000m以上	隧道长度500~1000m	隧道长度500m以下
		其他工程	通信、监控、收费等机电工程，高速公路交通安全设施、环保工程和沿线附属设施	一级公路交通安全设施、环保工程和沿线附属设施	二级及以下公路交通安全设施、环保工程和沿线附属设施

（续）

序 号	工程类别		一 级	二 级	三 级
十	港口与航道工程	港口工程	集装箱、件杂、多用途等沿海港口工程20000t级以上；散货、原油沿海港口工程30000t级以上；1000t级以上内河港口工程	集装箱、件杂、多用途等沿海港口工程20000t级以下；散货、原油沿海港口工程30000t级以下；1000t级以下内河港口工程	
		通航建筑与整治工程	1000t级以上	1000t级以下	
		航道工程	通航30000t级以上船舶沿海复杂航道；通航1000t级以上船舶的内河航运工程项目	通航30000t级以下船舶沿海航道；通航1000t级以下船舶的内河航运工程项目	
		修造船水工工程	10000t位以上的船坞工程；船体质量5000t位以上的船台、滑道工程	10000t位以下的船坞工程；船体质量5000t位以下的船台、滑道工程	
		防波堤、导流堤等水工工程	最大水深6m以上	最大水深6m以下	
		其他水运工程项目	建安工程费6000万元以上的沿海水运工程项目；建安工程费4000万元以上的内河水运工程项目	建安工程费6000万元以下的沿海水运工程项目；建安工程费4000万元以下的内河水运工程项目	
十一	航天航空工程	民用机场工程	飞行区指标为4E及以上及其配套工程	飞行区指标为4D及以下及其配套工程	
		航空飞行器	航空飞行器（综合）工程总投资1亿元以上；航空飞行器（单项）工程总投资3000万元以上	航空飞行器（综合）工程总投资1亿元以下；航空飞行器（单项）工程总投资3000万元以下	
		航天空间飞行器	工程总投资3000万元以上；面积3000 m³以上；跨度18m以上	工程总投资3000万元以下；面积3000 m³以下；跨度18m以下	
十二	通信工程	有线、无线传输通信工程，卫星、综合布线	省际通信、信息网络工程	省内通信、信息网络工程	
		邮政、电信、广播枢纽及交换工程	省会城市邮政、电信枢纽	地市级城市邮政、电信枢纽	
		发射台工程	总发射功率500kW以上短波或600kW以上中波发射台；高度200m以上广播电视发射塔	总发射功率500kW以下短波或600kW以下中波发射台；高度200m以下广播电视发射塔	

（续）

序 号	工程类别		一　级	二　级	三　级
十三	市政公用工程	城市道路工程	城市快速路、主干路、城市互通式立交桥及单孔跨径100m以上桥梁；长度1000m以上的隧道工程	城市次干路工程，城市分离式立交桥及单孔跨径100m以下的桥梁；长度1000m以下的隧道工程	城市支路工程、过街天桥及地下通道工程
		给水排水工程	10万t/d以上的给水厂；5万t/d以上污水处理工程；3 m³/s以上的给水、污水泵站；15 m³/s以上的雨泵站；直径2.5m以上的给水排水管道	2万～10万t/d的给水厂；1万～5万t/d污水处理工程；1～3m³/s的给水、污水泵站；5～15m³/s的雨泵站；直径1～2.5m的给水管道；直径1.5～2.5m的排水管道	2万t/d以下的给水厂；1万t/d以下污水处理工程；1 m³/s以下的给水、污水泵站；5 m³/s以下的雨泵站；直径1m以下的给水管道；直径1.5m以下的排水管道
		燃气热力工程	总储存容积1000 m³以上液化气储罐场（站）；供气规模15万m³/d以上的燃气工程；中压以上的燃气管道、调压站；供热面积150万 m²以上的热力工程	总储存容积1000 m³以下的液化气储罐场（站）；供气规模15万m³/d以下的燃气工程；中压以下的燃气管道、调压站；供热面积50万～150万 m²的热力工程	供热面积50万 m²以下的热力工程
		垃圾处理工程	1200t/d以上的垃圾焚烧和填埋工程	500～1200t/d的垃圾焚烧及填埋工程	500t/d以下的垃圾焚烧及填埋工程
		地铁轻轨工程	各类地铁轻轨工程		
		风景园林工程	总投资3000万元以上	总投资1000万～3000万元	总投资1000万元以下
十四	机电安装工程	机械工程	总投资5000万元以上	总投资5000万元以下	
		电子工程	总投资1亿元以上；含有净化级别6级以上的工程	总投资1亿元以下；含有净化级别6级以下的工程	
		轻纺工程	总投资5000万元以上	总投资5000万元以下	
		兵器工程	建安工程费3000万元以上的坦克装甲车辆、炸药、弹箭工程；建安工程费2000万元以上的枪炮、光电工程；建安工程费1000万元以上的防化民爆工程	建安工程费3000万元以下的坦克装甲车辆、炸药、弹箭工程；建安工程费2000万元以下的枪炮、光电工程；建安工程费1000万元以下的防化民爆工程	
		船舶工程	船舶制造工程总投资1亿元以上；船舶科研、机械、修理工程总投资5000万元以上	船舶制造工程总投资1亿元以下；船舶科研、机械、修理工程总投资5000万元以下	
		其他工程	总投资5000万元以上	总投资5000万元以下	

注：1. 表中的"以上"含本数，"以下"不含本数。
　　2. 未列入本表中的其他专业工程，由国务院有关部门按照有关规定在相应的工程类别中划分等级。
　　3. 房屋建筑工程包括结合城市建设与民用建筑修建的附建人防工程。

综合资质、事务所资质不分级别。专业资质分为甲级、乙级；其中，房屋建筑、水利水电、公路和市政公用专业资质可设立丙级。

3.4.1.2　工程监理企业的资质等级标准

1. 综合资质

1）具有独立法人资格且注册资本不少于 600 万元。

2）企业技术负责人应为注册监理工程师，并具有 15 年以上从事工程建设工作的经历或者具有工程类高级职称。

3）具有 5 个以上工程类别的专业甲级工程监理资质。

4）注册监理工程师不少于 60 人，注册造价工程师不少于 5 人，一级注册建造师、一级注册建筑师、一级注册结构工程师或者其他勘察设计注册工程师合计不少于 15 人次。

5）企业具有完善的组织结构和质量管理体系，有健全的技术、档案等管理制度。

6）企业具有必要的工程试验检测设备。

7）申请工程监理资质之日前一年内没有《工程监理企业资质管理规定》禁止的行为：

①与建设单位串通投标或者与其他工程监理企业串通投标，以行贿手段谋取中标。

②与建设单位或者施工单位串通弄虚作假、降低工程质量。

③将不合格的建设工程、建筑材料、建筑构配件和设备按照合格签字。

④超越本企业资质等级或以其他企业名义承揽监理业务。

⑤允许其他单位或个人以本企业的名义承揽工程。

⑥将承揽的监理业务转包。

⑦在监理过程中实施商业贿赂。

⑧涂改、伪造、出借、转让工程监理企业资质证书。

⑨其他违反法律法规的行为。

8）申请工程监理资质之日前一年内没有因本企业监理责任造成重大质量事故。

9）申请工程监理资质之日前一年内没有因本企业监理责任发生三级以上工程建设重大安全事故或者发生两起以上四级工程建设安全事故。

2. 专业资质标准

（1）甲级

1）具有独立法人资格且注册资本不少于 300 万元。

2）企业技术负责人应为注册监理工程师，并具有 15 年以上从事工程建设工作的经历或者具有工程类高级职称。

3）注册监理工程师、注册造价工程师、一级注册建造师、一级注册建筑师、一级注册结构工程师或者其他勘察设计注册工程师合计不少于 25 人次；其中，相应专业注册监理工程师不少于表 3-2 要求配备的人数，注册造价工程师不少于 2 人。

表 3-2　专业资质注册监理工程师人数配备

序　　号	工程类别	甲级/人	乙级/人	丙级/人
1	房屋建筑工程	15	10	5
2	冶炼工程	15	10	

（续）

序　号	工程类别	甲级/人	乙级/人	丙级/人
3	矿山工程	20	12	
4	化工石油工程	15	10	
5	水利水电工程	20	12	5
6	电力工程	15	10	
7	农林工程	15	10	
8	铁路工程	23	14	
9	公路工程	20	12	5
10	港口与航道工程	20	12	
11	航天航空工程	20	12	
12	通信工程	20	12	
13	市政公用工程	15	10	5
14	机电安装工程	15	10	

注：表中各专业资质注册监理工程师人数配备是指企业取得本专业工程类别注册的注册监理工程师人数。

4）近2年内独立监理过3个以上相应专业的二级工程项目，但是，具有甲级设计资质或一级及以上施工总承包资质的企业申请本专业工程类别甲级资质的除外。

5）具有完善的组织结构和质量管理体系，有健全的技术、档案等管理制度。

6）具有必要的工程试验检测设备。

7）申请工程监理资质之日前一年内没有《工程监理企业资质管理规定》禁止的行为。

8）申请工程监理资质之日前一年内没有因本企业监理责任造成重大质量事故。

9）申请工程监理资质之日前一年内没有因本企业监理责任发生三级以上工程建设重大安全事故或者发生两起以上四级工程建设安全事故。

（2）乙级

1）具有独立法人资格且注册资本不少于100万元。

2）企业技术负责人应为注册监理工程师，并具有10年以上从事工程建设工作的经历。

3）注册监理工程师、注册造价工程师、一级注册建造师、一级注册建筑师、一级注册结构工程师或者其他勘察设计注册工程师合计不少于15人次。其中，相应专业注册监理工程师不少于表3-2要求配备的人数，注册造价工程师不少于1人。

4）有较完善的组织结构和质量管理体系，有技术、档案等管理制度。

5）有必要的工程试验检测设备。

6）申请工程监理资质之日前一年内没有《工程监理企业资质管理规定》禁止的行为。

7）申请工程监理资质之日前一年内没有因本企业监理责任造成重大质量事故。

8）申请工程监理资质之日前一年内没有因本企业监理责任发生三级以上工程建设重大安全事故或者发生两起以上四级工程建设安全事故。

（3）丙级

1）具有独立法人资格且注册资本不少于50万元。

2）企业技术负责人应为注册监理工程师，并具有8年以上从事工程建设工作的经历。

3）相应专业的注册监理工程师不少于表 3-2 要求配备的人数。

4）有必要的质量管理体系和规章制度。

5）有必要的工程试验检测设备。

3. 事务所资质

1）取得合伙企业营业执照，具有书面合作协议书。

2）合伙人中有 3 名以上注册监理工程师，合伙人均有 5 年以上从事建设工程监理的工作经历。

3）有固定的工作场所。

4）有必要的质量管理体系和规章制度。

5）有必要的工程试验检测设备。

3.4.1.3　业务范围

具有综合资质的监理企业，可以承担所有专业工程类别建设工程项目的工程监理业务。具有专业甲级资质的监理企业，可承担相应专业工程类别建设工程项目的工程监理业务（见表 3-1）。具有专业乙级资质的监理企业，可承担相应专业工程类别二级以下（含二级）建设工程项目的工程监理业务。具有专业丙级资质的监理企业，可承担相应专业工程类别三级建设工程项目的工程监理业务。具有事务所资质的监理单位，可承担三级建设工程项目的工程监理业务，但国家规定必须实行强制监理的工程除外。

工程监理企业可以开展相应类别建设工程的项目管理、技术咨询等业务。

3.4.2　工程监理企业的资质申请和审批

申请综合资质、专业甲级资质的，应当向企业工商注册所在地的省、自治区、直辖市人民政府建设主管部门提出申请。省、自治区、直辖市人民政府建设主管部门应当自受理申请之日起 20 日内初审完毕，并将初审意见和申请材料报国务院建设主管部门。国务院建设主管部门应当自省、自治区、直辖市人民政府建设主管部门受理申请材料之日起 60 日内完成审查，公示审查意见，公示时间为 10 日。其中，涉及铁路、交通、水利、通信、民航等专业工程监理资质的，由国务院建设主管部门送国务院有关部门审核；国务院有关部门应当在 20 日内审核完毕，并将审核意见报国务院建设主管部门。国务院建设主管部门根据初审意见审批。

专业乙级、丙级资质和事务所资质由企业所在地省、自治区、直辖市人民政府建设主管部门审批。专业乙级、丙级资质和事务所资质许可延续的实施程序由省、自治区、直辖市人民政府建设主管部门依法确定。省、自治区、直辖市人民政府建设主管部门应当自做出决定之日起 10 日内，将准予资质许可的决定报国务院建设主管部门备案。

工程监理企业资质证书分为正本和副本，每套资质证书包括一本正本、四本副本。正、副本具有同等法律效力，由国务院建设主管部门统一印制并发放。工程监理企业资质证书的有效期为 5 年。

申请工程监理企业资质，应当提交以下材料：

1）工程监理企业资质申请表（一式三份）及相应电子文档。

2）企业法人、合伙企业营业执照。

3）企业章程或合伙人协议。

4）企业法定代表人、企业负责人和技术负责人的身份证明、工作简历及任命（聘用）文件。

5）工程监理企业资质申请表中所列注册监理工程师及其他注册执业人员的注册执业证书。

6）有关企业质量管理体系、技术和档案等管理制度的证明材料。

7）有关工程试验检测设备的证明材料。

取得专业资质的企业申请晋升专业资质等级或者取得专业甲级资质的企业申请综合资质的，除上述规定的材料外，还应当提交企业原工程监理企业资质证书正、副本复印件，企业"监理业务手册"及近两年已完成代表工程的监理合同、监理规划、工程竣工验收报告及监理工作总结。

资质有效期届满，工程监理企业需要继续从事工程监理活动的，应当在资质证书有效期届满60日前，向原资质许可机关申请办理延续手续。对在资质有效期内遵守有关法律、法规、规章、技术标准，信用档案中无不良记录，且专业技术人员满足资质标准要求的企业，经资质许可机关同意，有效期延续5年。

工程监理企业合并的，合并后存续或者新设立的工程监理企业可以承继合并前各方中较高的资质等级，但应当符合相应的资质等级条件。工程监理企业分立的，分立后企业的资质等级，根据实际达到的资质条件，按照规定的审批程序重新核定。

企业需增补工程监理企业资质证书的（含增加、更换、遗失补办），应当持资质证书增补申请及电子文档等材料向资质许可机关申请办理。遗失资质证书的，在申请补办前应当在公众媒体刊登遗失声明。资质许可机关应当自受理申请之日起3日内予以办理。

3.4.3 工程监理企业资质的监督管理

县级以上人民政府建设主管部门和其他有关部门应当依照有关法律、法规和有关规定，加强对工程监理企业资质的监督管理。

建设主管部门履行监督检查职责时，有权采取必要措施，并将监督检查的处理结果向社会公布。这些措施包括：

1）要求被检查单位提供工程监理企业资质证书、注册监理工程师注册执业证书，有关工程监理业务的文档，有关质量管理、安全生产管理、档案管理等企业内部管理制度的文件。

2）进入被检查单位进行检查，查阅相关资料。

3）纠正违反有关法律、法规和有关规定及有关规范和标准的行为。

工程监理企业违法从事工程监理活动的，违法行为发生地的县级以上地方人民政府建设主管部门应当依法查处，并将违法事实、处理结果或处理建议及时报告该工程监理企业资质的许可机关。

工程监理企业取得工程监理企业资质后不再符合相应资质条件的，资质许可机关根据利害关系人的请求或者依据职权，可以责令其限期改正；逾期不改的，可以撤回其资质。有下列情形之一的，资质许可机关或者其上级机关，根据利害关系人的请求或者依据职权，可以撤销工程监理企业资质：

1）资质许可机关工作人员滥用职权、玩忽职守做出准予工程监理企业资质许可的。

2） 超越法定职权做出准予工程监理企业资质许可的。

3） 违反资质审批程序做出准予工程监理企业资质许可的。

4） 对不符合许可条件的申请人做出准予工程监理企业资质许可的。

5） 依法可以撤销资质证书的其他情形。

以欺骗、贿赂等不正当手段取得工程监理企业资质证书的，应当予以撤销。

有下列情形之一的，工程监理企业应当及时向资质许可机关提出注销资质的申请，交回资质证书，国务院建设主管部门应当办理注销手续，公告其资质证书作废：

1） 资质证书有效期届满，未依法申请延续的。

2） 工程监理企业依法终止的。

3） 工程监理企业资质依法被撤销、撤回或吊销的。

4） 法律、法规规定的应当注销资质的其他情形。

工程监理企业应当按照有关规定，向资质许可机关提供真实、准确、完整的工程监理企业的信用档案信息，包括基本情况、业绩、工程质量和安全、合同违约等情况。被投诉举报和处理、行政处罚等情况应当作为不良行为记入其信用档案。工程监理企业的信用档案信息应按照有关规定向社会公示，公众有权查阅。

3.5　工程监理企业经营管理

3.5.1　工程监理企业经营活动的基本准则

监理企业从事工程建设监理活动，应当遵循"守法、诚信、公正、科学"的准则。

1. 守法

守法即遵守国家的法律法规。对于监理企业来说，守法即是要依法经营，依法从事监理活动，主要体现在如下几个方面：

1）监理企业只能在核定的义务范围内开展经营活动。工程监理企业的业务范围，是指填写在资质证书中、经政府资质管理部门审查确认的主项资质和增项资质。核定的业务范围包括两方面：一是监理业务的工程类别；二是承接监理工程的等级。

2）监理企业不得伪造、涂改、出租、出借、转让、出卖资质等级证书。

3）工程建设监理委托合同一经双方签订，即具有一定的法律约束力（违背国家法律、法规的合同，即无效合同除外），监理企业应按照合同的规定认真履行，不得无故或故意违背监理委托合同的有关条款。

4）监理企业离开原住所承接监理业务，要自觉遵守工程所在地人民政府颁发的监理法规和有关规定，并要主动向监理工程所在地的省、自治区、直辖市建设行政主管部门备案登记，接受其指导和监督管理。

5）遵守国家关于企业法人的其他法律、法规的规定等。

2. 诚信

诚信即诚实守信用，这是道德规范在市场经济中的体现。它要求一切市场参加者在不损害他人利益和社会公共利益的前提下，追求自己的利益，目的是在当事人之间的利益关系和当事人与社会之间的利益关系中实现平衡，并维护市场道德秩序。诚信原则的主要作用在于指导当事人以善意的心态、诚信的态度行使民事权利，承担民事义务，正确地从事民事活动。

加强企业信用管理，提高企业信用水平，是完善我国工程监理制度的重要保证。信用是企业的一种无形资产，良好的信用能为企业带来巨大效益。我国已是世贸组织的成员，信用将成为我国企业进入国际市场，并在激烈的国际市场竞争中发展壮大的重要保证。它是能给企业带来长期经济效益的特殊资本。监理企业应当树立良好的信用意识，使企业成为讲道德、守信用的市场主体。

监理企业向社会提供的是技术服务，按照市场经济的观念，监理企业出售的主要是自己的智力。智力是看不见、摸不着的无形产品，但它最终要由建筑产品体现出来。如果监理企业提供的技术服务有问题，就会造成不可挽回的损失。因此，从这一角度讲，监理企业在从事经营过程中，必须遵守诚信的基本准则。

工程监理企业应当建立健全企业的信用管理制度，主要有：

1）建立健全合同管理制度。

2）建立健全与业主的合作制度。

3）建立健全监理服务需求调查制度。

4）建立企业内部信用管理责任制度等。

3. 公正

公正是指工程监理企业在监理活动中既要维护业主的利益，又不能损害承包商的合法利益，并依据合同公平合理地处理业主与承包商之间的争议。

工程监理企业要做到公正，必须做到以下几点：

1）要具有良好的职业道德。

2）要坚持实事求是。

3）要熟悉有关工程建设合同条款。

4）要熟悉有关法律、法规和规章。

5）要提高专业技术能力。

6）要提高综合分析判断问题的能力。

4. 科学

科学是指工程监理企业要依据科学的方案，运用科学的手段，采取科学的方法开展监理工作。工程监理工作结束后，还要进行科学的总结。实施科学化管理主要体现在：

（1）**科学的方案** 工程监理的方案是监理规划的主要内容。在实施监理前，要尽可能准确地预测出各种可能的问题，有针对性地拟定解决办法，制定出切实可行、行之有效的监理规划，并在此基础上制定监理实施细则，使各项监理活动都纳入计划管理的轨道。

（2）**科学的手段** 实施工程监理必须借助于先进的科学仪器（如各种检测、试验、化验仪器，摄像、录像设备及计算机等）才能做好监理工作。

（3）**科学的方法** 监理工作的科学方法主要体现在监理人员在掌握大量的、确凿的有关监理对象及其外部环境实际情况的基础上，适时、妥当、高效地处理有关问题。解决问题要用事实说话、用书面文字说话、用数据说话，尤其体现在要开发、利用计算机软件，建立先进的信息管理系统和数据库。

3.5.2　工程监理企业经营服务的内容

按照工程建设程序，监理企业进行监理经营服务的内容可划分为三个阶段，即工程建设决策阶段监理、工程建设设计阶段监理和工程建设施工阶段监理。

3.5.2.1　工程建设决策阶段监理

工程建设决策阶段的监理工作主要是对投资决策、立项决策和可行性研究决策的监理。现阶段，绝大部分建设项目的决策由政府负责，也就是由政府决策。随着我国体制改革的深化，上述三项决策必将向企业转移，或者大部分转由企业决策，政府核准。无论是由政府决策，还是由企业决策，为了达到科学、优化的决策，委托监理也将势在必行。

但是，工程建设决策的监理既不是监理单位替业主决策，更不是替政府决策，而是受业主或政府的委托选择咨询单位，协助业主或政府与咨询单位签订咨询合同，并监督合同履行和对咨询意见进行评估。

工程建设决策阶段监理的内容如下：

（1）投资决策监理　投资决策主要是对投资机会进行论证和分析，其委托方既可能是业主，也可能是金融单位，还可能是政府。其内容如下：

1）协助委托方选择投资决策咨询单位，并协助签订合同书。

2）监督管理投资决策咨询合同的实施。

3）对投资咨询意见评估，并提出监理报告。

（2）工程建设立项决策监理　工程建设立项决策主要是确定拟建工程项目的必要性和可行性（建设条件是否具备）以及拟建规模，并编制项目建议书。这一阶段的监理内容是：

1）协助委托方选择工程建设立项决策咨询单位，并协助签订合同书。

2）监督管理立项决策咨询合同的实施。

3）对立项决策咨询方案进行评估，并提出监理报告。

（3）工程建设可行性研究决策监理　工程建设的可行性研究是根据确定的项目建议书在技术上、经济上、财务上对项目进行更为详细的论证，提出优化方案。这一阶段的监理内容是：

1）协助委托方选择工程建设可行性研究单位，并协助签订可行性研究合同书。

2）监督管理可行性研究合同的实施。

3）对可行性研究报告进行评估，并提出监理报告。

对于规模小、工艺简单的工程来说，在工程建设决策阶段可以委托监理，也可以不委托监理，而直接把咨询意见作为决策依据。但是，对于大、中型工程建设项目的业主或政府主管部门来说，最好是委托监理单位，以期得到帮助，并搞好对咨询意见的审查，做出科学的决策。

3.5.2.2　工程建设设计阶段监理

工程建设设计阶段是工程项目建设进入实施阶段的开始。工程设计通常包括初步设计和施工图设计两个阶段。在进行工程设计之前还要进行勘察（地质勘察、水文勘察等），所以，这一阶段又叫作勘察设计阶段。在工程建设实施过程中，可将勘察和设计分开来签订合同，也可把勘察工作交由设计单位进行，业主与设计单位签订工程勘察设计合同。勘察和设计阶段监理内容如下：

1）协助业主编制工程勘察设计招标文件。

2）协助业主审查和评选工程勘察设计方案。

3）协助业主选择勘察设计单位。

4）协助业主编制设计要求文件。

5）协助业主签订工程勘察设计合同书。

6）监督管理勘察设计合同的实施。

7）进行跟踪监理，检查工程设计概算和施工图预算，验收工程设计文件，协助业主办理有关报批手续。工程建设勘察设计阶段监理的主要工作是对勘察设计进度、质量和投资的监督管理。总的内容是根据勘察设计任务批准书编制勘察设计资金使用计划、勘察设计进度计划和设计质量标准要求，并与勘察设计单位协商一致，圆满地贯彻业主的建设意图。对勘察设计工作进行跟踪检查、阶段性审查，设计完成后要进行全面审查。审查的主要内容是：① 设计文件的规范性、工艺的先进性和科学性、结构的安全性、施工的可行性以及设计标准的适宜性等；② 设计概算或施工图预算的合理性，若超过投资限额，除非业主许可，否则要修改设计；③ 在审查上述两项的基础上，全面审查勘察设计合同的执行情况，最后代替业主验收所有设计文件。

8）协助业主进行生产设备招标与订货。

工程项目的设计阶段是项目三大目标控制的关键性阶段之一，在该阶段实施监理对工程质量、投资和进度等控制有着极其重要的作用。但是，从我国当前的实际情况看，与施工阶段监理相比，设计阶段的监理无论从理论上还是实践上，都几乎是空白，有待于人们积极探索、实践与总结。

3.5.2.3　工程建设施工阶段监理

这里所说的工程施工阶段监理是一个比较大的含义，它包括施工招标阶段的监理、施工监理和竣工后工程保修阶段的监理。

1. 施工招标阶段监理

在施工招标阶段，监理单位主要协助业主做好施工招标工作，其内容如下：

1）协助业主编制工程施工招标文件。

2）核查工程施工图设计、工程施工图预算和标底。当工程总包单位承担施工图设计时，监理单位更要投入较大的精力搞好施工图设计审查和施工图预算审查工作。另外，招标标底包括在招标文件当中，但有的业主另行委托其他单位编制标底，所以，监理单位要重新审查。

3）协助业主组织投标、开标、评标等活动，向业主提出中标单位建议。

4）协助业主与中标单位签订工程施工承包合同。

2. 施工阶段监理

我国目前工程建设监理主要发生在施工阶段，监理工程师的主要工作内容如下：

1）协助业主与承建商编写开工申请报告。

2）查看工程项目建设现场，向承建商办理移交手续。

3）审查、确认总包单位选择的分包单位。

4）制订施工总体计划，审查承建商的施工组织设计和施工技术方案，提出修改意见，下达单位工程施工开工令。

5）审查建筑材料、建筑构配件和设备的采购清单。

6）检查工程使用的材料、构配件、设备的规格和质量。

7）检查施工技术措施和安全防护设施。

8）主持协商和处理设计变更。

9）监督管理工程施工合同的履行，主持协商合同条款的变更，调解合同双方的争议，处理索赔事项。

10）检查工程进度和施工质量，审查工程计量，验收分项分部工程，签署工程付款凭证。

11）督促施工单位整理施工文件和有关技术资料的归档工作。

12）参与工程竣工预验收。

13）审查工程结算。

14）向业主提交监理档案资料，并签署监理意见。

15）协助业主编写竣工验收申请报告。

3. 工程保修阶段的监理

在规定的工程质量保修期内，负责检查工程质量状况，组织鉴定质量问题责任，督促责任单位维修。

监理单位除承担工程建设监理方面的业务之外，还可以承担工程建设方面的咨询业务。属于工程建设方面的咨询业务有：

1）工程建设投资风险分析。

2）工程建设立项评估。

3）编制工程建设项目可行性研究报告。

4）编制工程施工招标标底。

5）编制工程建设各种估算。

6）有关工程建设的其他专项技术咨询服务等。

当然，对于一个监理企业来说，不可能什么都会干。建设单位往往把工程项目建设不同阶段的监理业务分别委托不同的监理公司承担，甚至把同一阶段的监理业务分别委托几个不同专业的监理企业监理（一般来说，大型和特大型工程需要几家监理企业同时监理，规模较小的工程则不宜委托几家监理企业监理）。

3.5.3 监理企业的强化管理

强化企业管理，提高科学管理水平，是建立现代企业制度的要求，也是监理企业提高市场竞争能力的重要途径。

1. 强化监理企业管理的几项措施

（1）**市场定位要准确** 随着我国建筑市场的逐步完善和开放，监理市场的竞争会更加激烈。在我国已加入WTO的新形势下，要使基础普遍较弱、竞争力不强的监理企业得以生存、发展和壮大，首先必须加强自身发展战略研究，适应日趋激烈的监理竞争市场，并根据企业实际情况合理地确定企业的市场地位，制定和实施明确的发展战略，并根据市场变化适时调整。

（2）**管理方法现代化** 要广泛采用现代管理技术、方法和手段，推广先进企业的管理经验，借鉴国外企业现代管理方法，推陈出新，锐意改革，逐步完善和优化企业管理体制和机制。

（3）完善市场信息系统　要加强现代信息技术的运用，建立灵敏、准确的市场信息系统，及时掌握市场动态，为企业经营和决策提供第一手资料。

（4）积极开展贯标活动　监理工程师的中心任务是投资控制、质量控制、进度控制、合同管理、信息管理和组织协调，其中最重要的工作是质量控制。因此，要积极推行ISO9000 质量管理体系贯标认证工作，其作用是：① 提高企业市场竞争能力；② 提高企业人员素质；③ 规范企业各项工作；④ 避免或减少工作失误，提高企业的社会信誉。

（5）要严格贯彻实施《建设工程监理规范》　我国制定颁行的《建设工程监理规范》是规范建设工程监理行为、提高建设工程监理水平的重要文件。在贯彻实施《建设工程监理规范》的过程中，应紧密结合企业实际情况，制定相应的《建设工程监理规范》实施细则，组织全员学习。签订委托监理合同、实施监理工作、检查考核监理业绩、制定企业规章制度等各环节，都应以《建设工程监理规范》为主要依据。

（6）要加强监理人员的培训和经验交流　目前，我国监理行业的监理水平、监理实效与国外先进国家有较大的差距，因此加强监理人员的培训或再教育，并采用各种形式进行经验交流和总结，对提高监理人员的素质和能力至关重要。

2. 建立健全各项内部管理规章制度

（1）组织管理制度　合理设置企业内部机构和各机构职能，建立严格的岗位责任制度和考核制度；加强考核和监督检查，择优聘用，提高工作效率；建立企业内部监督体系，完善制约机制。

（2）人事管理制度　健全工资分配、奖励制度；完善职称晋升、评聘制度；加强对企业职工的业务素质培养和职业道德教育。

（3）劳动合同管理制度　推行职工全员竞争上岗，严格劳动纪律，严明奖惩，充分调动和发挥职工的积极性、创造性。

（4）财务管理制度　加强资产管理、财务计划管理、投资管理、资金管理、财务审计管理等。要及时编制资产负债表、损益表和现金流量表，真实反映企业经营状况，改进和加强经济核算。

（5）经营管理制度　制定企业的经营规划、市场开发计划；加强风险管理，实行监理责任保险制度等。

（6）项目监理机构管理制度　制定监理机构工作会议制度、对外行文审批制度、监理工作日志制度、监理周报（或月报）制度、各项监理工作的标准及检查评定办法等。

（7）设备管理制度　制定设备的购置办法、设备的使用、保养规定等。

（8）科技管理制度　制定科技开发规划、科技成果奖励办法、科技成果应用推广办法等。

（9）档案文书管理制度　制定档案的整理和保管制度，文件和资料的使用、归档管理办法等。

3.5.4　监理企业的经营

3.5.4.1　取得监理业务的基本方式

工程监理企业承揽监理业务的形式有两种：一是通过投标竞争取得监理业务；二是由业主直接委托取得监理业务。我国《招标投标法》明确规定：大型基础设施、公用事业等关系社会公共利益、公众安全的项目，全部或者部分使用国有资金投资或者国家融资的项目，使用国际组织或者外国政府贷款、援助资金的项目必须招标。对于不宜公开招标的涉及国家安全、国家秘密工程，工程规模比较小、比较单一的监理业务，续用原工程监理企业等情况，业主也可以直接委托工程监理企业。同时，我国《招标投标法》还明确规定：必须进行招标的项目而不招标的，将必须进行招标的项目化整为零或者以其他任何方式回避招标的，责令限期改正，可处以项目合同金额0.5%以上、1%以下的罚款；对全部或者部分使用国有资金的项目，可以暂停项目执行或者暂停项目资金拨付；对单位直接负责的主管人员和其他直接责任人员给予处分。因此，通过投标取得监理业务，是市场经济体制下比较普遍的形式。

3.5.4.2 监理企业的竞争策略

监理单位的监理工程师在投标竞争过程中，要熟悉监理单位的选择程序，要掌握业主及其代表人在这一阶段取舍的主要因素，要掌握拟监理工程项目的详细情况等。只有这样，才可能为自己确定一个科学、合理、有效的竞争策略。

1. 提出高水平的监理大纲

对大多数监理企业来说，想维持企业的生存和发展，就必须积极地去寻求顾客（委托方），以期得到更多的监理业务。这一目标往往是通过良好的社会信誉，高质量的监理工作，公正、科学的求实态度达到的。在竞争激烈的情况下，投标的企业要想中标，一个很重要因素就是监理企业是否认真地准备和撰写投标书，而监理投标书的核心是监理大纲。

监理大纲的主要内容主要包括工程概况，监理的范围与目标，工程投资、进度、质量控制的主要措施（包括技术措施、组织措施、合同措施和经济措施），合同管理，信息管理，组织协调工作，项目监理组织及人员的配备与分工，监理的技术装备与手段等。同时，还应包括过去所完成项目的一览表，并附有足以说明问题的图片和其他资料，以表明本单位的背景、经历、监理经验和业绩等情况。

监理企业向业主提供的是技术服务，由其提出的监理大纲尤其是主要的监理对策，是评标的主要依据。一般情况下，监理大纲中主要的监理对策是指：根据监理招标文件的要求，针对业主委托监理工程项目的特点，初步拟订该工程项目监理工作的指导思想，主要的监理措施以及拟投入的监理力量和为搞好该工程建设而向业主提出的原则性建议等。

2. 防止陷入价格竞争的陷阱

业主在监理招标时应以监理大纲的水平作为评定投标书优劣的重要内容，而不应把监理费的高低作为选择工程监理企业的主要评定标准。片面地根据价格高低来选择监理单位，对业主来说是得不偿失的。同样，靠压低报价来获取监理业务，对于监理企业来说也是一个灾难。工程监理的质量与效果，不仅要靠执行中所采用的程序，更要靠监理工程师的主观能动性，靠他们的技术、经验、判断与创造力。这一切在不同的单位和个人之间的差异是相当大的，而这些又往往成为决定服务价格的重要因素。从建设单位想获得高质量服务和监理单位想求得生存和发展的不同利益来看，可以说盲目的价格竞争，对于双方均是没有益处的。特别是对于某些监理单位来说，靠压低价格来得到监理业务，简直是自掘陷阱。目前，我国的建设监理事业还需要进一步地完善和发展，在各种办法尚不很健全、成熟的情况下，特别要注意防止这个陷阱。所以，对于每一个监理单位来说，应特别注意合理地报价。

3. 监理企业在竞争承揽监理业务中应注意的事项

1）严格遵守国家的法律、法规及有关规定，遵守监理行业职业道德，严格履行委托监理合同。

2）严格按照批准的经营范围承接监理业务。

3）承揽监理业务的总量要视本单位的力量而定，不得与业主签订监理委托合同后，把监理业务转包给其他监理单位或允许其他企业、个人以本监理企业的名义挂靠承揽监理业务。

4）对于监理风险较大的项目，建设工期较长的项目，遭受自然灾害、政治、战争影响可能性较大的项目，工程量庞大、技术难度很高的项目，监理企业除了可向保险公司投保，还可以与几家监理企业组成联合体，共同承担监理业务，分担风险。

3.5.4.3　工程监理费的计算方法

1. 工程监理费的构成

建设工程监理费是指业主依据监理委托合同支付给监理企业的监理酬金。建设工程监理费是构成工程概（预）算的一部分，在工程概（预）算中单独列支。建设工程监理费由监理直接成本、间接成本、税金和利润四部分构成。

（1）直接成本　直接成本是指监理企业履行委托监理合同时所发生的成本，主要包括：

1）监理人员和监理辅助人员的工资、奖金、津贴、补助、附加工资等。

2）用于监理工作的常规检测工器具、计算机等办公设施的购置费和其他仪器、机械的租赁费。

3）用于监理人员和辅助人员的其他专项开支，包括办公费、通信费、差旅费、书报费、文印费、会议费、医疗费、劳保费、保险费、休假探亲费等。

4）其他费用。

（2）间接成本　间接成本是指全部业务经营开支及非工程监理的特定开支，具体内容包括：

1）管理人员、行政人员以及后勤人员的工资、奖金、补助和津贴。

2）经营性业务开支，包括为招揽监理业务而发生的广告费、宣传费、有关合同的公证费等。

3）办公费，包括办公用品、报刊、会议、文印、上下班交通费等。

4）公用设施使用费，包括办公使用的水、电、气、环卫、保安等费用。

5）业务培训费、图书、资料购置费。

6）附加费，包括劳动统筹、医疗统筹、福利基金、工会经费、人身保险、住房公积金、特殊补助等。

7）其他费用。

（3）税金　税金是指按照国家规定，工程监理企业应交纳的各种税金总额，如营业税、所得税、印花税等。

（4）利润　利润是指工程监理企业的监理活动收入扣除直接成本、间接成本和各种税金之后的余额。

2. 监理费的计算方法

监理费的计算方法主要有：

（1）按建设工程投资的百分比计算法 这种方法是按照工程规模的大小和所委托的监理工作的繁简，以建设工程投资的一定百分比来计算。一般情况下，工程规模越大，建设投资越多，计算监理费的百分比越小。这种方法比较简便，业主和工程监理企业均容易接受，也是国家制定监理取费标准的主要形式。采用这种方法的关键是确定计算监理费的基数和监理费用百分比。新建、改建、扩建工程以及较大型的技术改造工程所编制的工程概（预）算就是初始计算监理费的基数。工程结算时，再按实际工程投资进行调整。当然，作为计算监理费基数的工程概（预）算仅限于委托监理的工程部分。

监理费用百分比一般由业主和监理单位协商确定，协商时可参考表3-3。

表3-3 工程建设监理收费参考标准

序号	工程概（预）算 M/万元	设计阶段（含设计招标）监理取费 $a(\%)$	施工（含施工招标）及保修阶段监理取费 $b(\%)$
1	$M < 500$	$a > 0.20$	$b > 2.50$
2	$500 \leq M < 1000$	$0.15 < a \leq 0.20$	$2.00 < b \leq 2.50$
3	$1000 \leq M < 5000$	$0.10 < a \leq 0.15$	$1.40 < b \leq 2.00$
4	$5000 \leq M < 10000$	$0.08 < a \leq 0.10$	$1.20 < b \leq 1.40$
5	$10000 \leq M < 50000$	$0.05 < a \leq 0.08$	$0.80 < b \leq 1.20$
6	$50000 \leq M < 100000$	$0.03 < a \leq 0.05$	$0.60 < b \leq 0.80$
7	$100000 \leq M$	$a \leq 0.03$	$b \leq 0.60$

（2）工资加一定比例的其他费用计算法 这种方法是以项目监理机构监理人员的实际工资为基数乘上一个系数而计算出来的。这个系数包括了应有的间接成本和税金、利润等。除了监理人员的工资之外，其他各项直接费用等均由业主另行支付。一般情况下，较少采用这种方法，因为在核定监理人员数量和监理人员的实际工资方面，业主与工程监理企业之间难以取得完全一致的意见。

（3）按时计算法 这种方法是根据委托监理合同约定的服务时间（计算时间的单位可以是小时，也可以是工作日或月），按照单位时间监理服务费来计算监理费的总额。单位时间的监理服务费一般是以工程监理企业员工的基本工资为基础，加上一定的管理费和利润（税前利润）。采用这种方法时，监理人员的差旅费、工作函电费、资料费以及试验和检验费、交通费等均由业主另行支付。按时计算方法主要适用于临时性的、短期的监理业务，或者不宜按工程概（预）算的百分比等其他方法计算监理费的监理业务。由于这种方法在一定程度上限制了工程监理企业潜在效益的增加，因而，单位时间内监理费的标准比工程监理企业内部实际的标准要高得多。

（4）监理成本加固定费用计算法 监理成本是指监理企业在工程监理项目上花费的直接成本；固定费用是指直接费用之外的其他费用。各监理单位的直接费用与其他费用的比例是不同的，但是一个监理单位的监理直接费与其他费用之比大体上可以确定个比例。这样，只要估算出某工程项目的监理成本，那么整个监理费也就可以确定了。问题是在商谈监理合同时，往往难以较准确地确定监理成本，这就为商签监理合同带来较大的阻力。所以这种计算方法用的也很少。

（5）固定价格计算法　这种方法是指在明确监理工作内容的基础上，业主与监理企业协商一致确定的固定监理费，或监理企业在投标中以固定价格报价并中标而形成的监理合同价格。当工作量有所增减时，一般也不调整监理费。这种方法适用于监理内容比较明确的中小型工程监理费的计算，业主和工程监理企业都不会承担较大的风险。如住宅工程的监理费，可以按单位建筑面积的监理费乘以建筑面积确定监理总价。采用固定价格计算法，业主和监理单位都不会承担较大的风险，在实际工程中采用较多。

监理费的计算方法一般由业主与工程监理企业协商确定。应特别指出，如果监理费过高，对业主来说是不适当的，当然这种情况很少出现。但是监理费用也不能太低。在监理费用低的情况下，监理单位为了维系生计，可能派遣业务水平较低、工资相应也低的监理人员去完成监理业务，也可能会减少监理人员的人数或工作时间，以减少监理劳务的支出。另外，监理费过低会挫伤监理人员的工作积极性，抑制监理人员创造性的发挥。其结果很可能导致工程质量低劣、工期延长、建设费用增加。因此，业主盲目压低监理费的做法，表面上对业主是有益的，实际上最终受到较大损失的还是项目业主。如果监理费比较合理适中，监理人员的劳动得到了认可和回报，就能激发他们的工作积极性和创造性，就可能创造出远高于监理费的价值和财富。

思 考 题

3-1　我国目前监理企业的组织形式有哪些？各有何特征？

3-2　监理企业与业主、承建商的关系如何？监理工程师如何处理业主与承建商的关系？

3-3　设立公司制监理企业应具备哪些条件？应准备哪些材料？其审批程序如何？

3-4　工程监理企业资质分几个等级？其具体标准是怎样规定的？

3-5　具有不同资质的监理企业，其业务范围是怎样规定的？

3-6　申请工程监理企业资质，应准备哪些材料？

3-7　工程监理企业经营活动的基本准则是什么？

3-8　工程监理企业经营服务的内容有哪些？

3-9　监理费的构成有哪些？如何计算监理费？

3-10　结合监理企业实际情况，试述如何开展市场竞争？

工程建设目标控制　第4章

4.1　概述

工程建设目标控制是一个有限的、周期性的循环过程，通常包括投入、转换、反馈、对比、纠偏五个基本环节。其中，进度控制、投资控制和常规质量控制问题的控制周期可以选定月或星期（周），但严重的工程质量和事故需及时加以控制。

4.1.1　工程建设目标系统

一般来讲，工程建设的目标系统主要包括质量控制、进度控制以及投资控制三大目标。为了实现"三控制"的目标，通常要辅之以有效的合同管理、信息管理，并需要协调好建设各方的关系。

4.1.1.1　工程建设三大目标的关系

就建设单位而言，通常是希望工程质量好、进度快（工期短）、投资少。如果所采取的措施可以同时实现其中两个或两个以上目标（如既工期短，又投资少），则它们之间属于统一的关系；反之，如果只能实现其中的一个目标（如工期短），而无法实现其他目标（如质量差），则它们之间就属于对立的关系。

1. 工程建设三大目标之间的对立关系

由于质量、进度、投资的矛盾性，工程建设三大目标之间的对立关系是比较普遍、比较直观的。这三大目标的对立关系如图4-1所示。

由于这种对立关系的存在具有普遍性，因此在通常情况下，不能奢望工程的质量、进度、投资三大目标同时达到最优。

2. 工程建设三大目标之间的统一关系

对于三大目标之间统一关系的分析，应从不同的角度去进行理解。例如，寿命周期费用、价值工程、质量成本等。某一个目标的变化势必诱发其他目标的变化，故可将三大目标的统一关系绘制于图4-2。其中，1号区域要求三者同时实现最优，过于理想化、过于苛刻；2、3、4号区域则属于比较容易实现的，是实际工作中"令人满意"的范围。例如，既然强调建设的工期和质量，就不能对投资控制得过于严格。在分析上述三大目标的对立统一关系时，需要将质量、进度、投资作为一个系统统筹考虑，并通过反复协调、平衡实现整体和全局的最优。例如，加快进度、缩短工期虽然需要增加一定量的投资，但整个工程提前交付使用可以提早发挥投资效益并可节约部分筹资费用。如果增加的收益大于加快进度所需增加的投资，从整体而言应属可行。

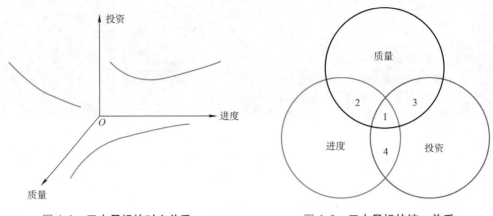

图 4-1 三大目标的对立关系　　　　图 4-2 三大目标的统一关系

同时，处理三大目标的对立统一关系时，还应注意掌握客观规律、充分考虑制约因素，对于未来可能的收益保持清醒的认识，并将目标规划与计划结合起来。

4.1.1.2 工程建设目标的确定

工程建设通常是一个动态、渐进的过程，其目标的确定与规划也应随着工程建设的进程而不断深入。一般来讲，在施工图设计完成以后，确定目标的依据比较充分，其相应的结果也会比较准确。但是在施工图设计完成以前的各个阶段，建设工程数据库具有十分重要的作用。

建立资源丰富的建设工程数据库，至少应当把握以下几个关键环节：① 按照使用功能等标准，对建设工程进行分类，并建立适当的编码体系；② 对各类建设工程可能采用的结构体系进行统一的分类；③ 数据既要具有一定的综合性，又要能够反映建设工程的基本情况和特征，并将工程内容加以分解、细化；④ 已经建立起来的数据库必须及时地更新、完善，以适应发展的需要。

在应用建设工程数据库确定工程建设目标时，首先必须大致明确该工程的类型、结构体系、基础等基本技术要求，通过综合处理并检索出参考对象；其次要认真分析拟建工程的特点，找出拟建工程与类似已建工程（参考对象）的差异及影响；最后要考虑时间因素、外部因素等变化，并采用适当的方法加以调整。

4.1.1.3 工程建设目标的分解

1. 目标分解的原则

工程建设总目标的分解应遵循以下原则：

1）能分能合，即按照明确的依据、采用适当的方法，既能自上而下逐层分解，又能自下而上逐层综合。

2）按照工程部位分解，以便与工程实施过程相对应，并有利于展开相关工作。

3）区别对待、有粗有细，即根据目标的具体内容、作用及拥有的数据等，确定分解的层次或深度。

4）有可靠的数据来源，并以此作为界定目标分解深度的标准。

5）目标分解结构与组织分解结构相对应，以便落实到具体的机构、人员，形成组织。

2. 目标分解的方式

工程建设总目标的分解可以按照不同的方式进行，而且工程质量、进度、投资三个目标的分解方式也不尽相同。其中，质量、进度目标的分解方式比较单一，而投资目标的分解方式比较多样。因为投资的目标除按照工程内容（项目构成）进行分解外，还可以按照总投资的构成以及资金使用时间（进度计划）进行分解。

尽管上述三个目标的分解深度通常有所区别，但按照工程内容进行目标分解的基本方法仍适合于质量、进度、投资的分解。至于具体的分解要达到单项工程、单位工程，还是分部分项工程的深度，一方面取决于工程建设所处的阶段、资料的详尽程度以及设计所达到的深度；另一方面则取决于目标控制工作的需要。

4.1.2 工程建设目标控制的类型和基础工作

4.1.2.1 目标控制的类型

根据划分依据的不同，人们可以将工程建设目标控制划分为很多的种类：按照控制措施作用于控制对象时间的不同，可以分为事前控制、事中控制和事后控制；按照控制信息来源的不同，可以分为前馈控制和反馈控制；按照控制过程是否形成闭合的回路，可以分为开环控制和闭环控制；按照控制措施出发点的不同，可以分为主动控制和被动控制。当然，同一项控制措施可以划分为不同的控制类型，即按照不同依据划分出的不同控制类型之间存在着内在的同一性。

1. 主动控制

主动控制是在预先分析各种风险因素及其导致目标偏离的可能性和程度的基础上，拟订并采取有针对性的预防措施，从而减少甚至避免目标偏离的控制方法。

主动控制是一种面对未来的控制。它可以解决传统控制中的时滞问题，努力降低偏差发生的概率及程度，进而使目标得以有效控制。同时，按照不同的分类方式，主动控制还属于事前控制、前馈控制以及开环控制。

2. 被动控制

被动控制是从计划的实际输出中发现偏差，并通过分析原因、制定措施使偏差得以纠正，从而使工程实施恢复到原来的计划状态。有时虽然不能恢复到原来的计划状态，但它可以减少偏差的严重程度。

被动控制是面对现实的控制。虽然偏离目标已经成为客观事实，但通过被动控制仍然可以降低偏差严重程度，甚至使工程实施恢复到计划状态。同时，按照不同的分类方式，被动控制还属于事后控制、反馈控制以及闭环控制。

3. 主动控制与被动控制的关系

在工程实施过程中，如果仅仅采取被动控制措施，通常难以实现预定的目标；但仅仅采取主动控制措施，又是不现实、不经济的。因此，是否采取主动控制措施、采取什么主动控制措施，应当通过风险因素分析、技术经济分析来决定。

对于工程建设目标控制而言，应将主动控制与被动控制紧密结合、综合运用，具体如图4-3所示。

4.1.2.2 目标控制的基础工作

为了进行有效的目标控制，必须做好两项重要的基础工作。

1. 目标规划和计划

如果没有目标，就无所谓控制；如果没有计划，也就无法实施控制。而且目标规划和计划制订得越具体、越明确、越全面，目标控制的效果也就越好。

图 4-3　主动控制与被动控制相结合

（1）目标规划、计划与目标控制的关系　从可行性研究、方案设计、初步设计、施工图设计一直到施工阶段，需要反复多次进行目标规划。因此，目标规划、计划与目标控制的动态性质是基本一致的。而工程的实施要根据目标规划、计划进行控制，力求使之符合目标规划、计划。同时，随着工程的进展，其工程内容、功能要求、外界条件等都可能发生变化，需要目标规划、计划在新的情况下不断深入、细化，并及时进行必要的修正、调整。总之，目标规划、计划与目标控制之间呈现出一种交替出现的循环关系，而且每一次循环都有新的内容、新的发展。

（2）目标控制的效果在很大程度上取决于目标规划、计划的质量　目标控制的措施是否得力、主动控制与被动控制是否有机结合以及所采取的措施是否及时等，都会直接地影响着目标控制的效果。目标控制的效果是客观的，但人们对于目标控制效果的评价却是主观的。在具体工作中，人们经常将实际结果与预定的目标、计划进行比较：如果出现较大的偏差，一般认为控制效果较差；反之，认为控制效果较好。因此，目标控制的效果在很大程度上取决于目标规划、计划的质量。为了提高并客观评价目标控制效果、提高目标规划和计划的质量，必须合理确定并分解目标，同时制订可行、优化的计划。

计划是对实现总目标的方法、措施和过程的组织、安排，是工程实施的依据和指南。由许多更加细致、具体的目标组成的计划，不仅是对于目标的实施，也是对于目标的进一步论证。通过编制明确、完善的计划和科学的组织安排，可以协调各单位、各专业之间的关系，充分利用有限的时间、空间，最大限度地提高工程的整体效益。

编制计划时，首先必须了解工程自身的客观规律性以及可能的风险因素对于计划实施的影响，确保其技术、资源、经济和财务等方面的可行性，保证工程的实施拥有足够的时间、空间、人力、物力和财力。同时，按照一定的目的和原则，通过多方案的技术经济分析和比选，施行计划的优化，以提高目标控制效果。

2.目标控制的组织

目标控制的所有活动以及计划的实施都是由有关机构或人员来完成的。因此，目标控制的组织机构和任务分工越明确、越完善，目标控制的效果也就越好。

为了有效地进行目标控制，必须做好以下几个方面的组织工作：① 设置目标控制机构；② 配备合适的目标控制人员；③ 落实目标控制机构和人员的任务和职能分工；④ 优化目标控制的工作流程和信息流程。

4.1.3 工程建设目标控制的特点

在工程建设过程中，设计阶段、施工阶段目标控制的任务重、持续时间长，属于全过程目标控制中最具可操作性的两个主要阶段。

4.1.3.1 设计阶段目标控制的特点

1. 设计工作表现为创造性的脑力劳动

设计人员主要从事创造性的设计工作，并主要体现在因时、因地解决具体的工程技术问题。脑力劳动的时间是外在的、可以度量的，但其强度却是内在的、难以度量的。由于设计劳动的投入量与设计产品的质量之间没有必然的联系，也就不能简单地以设计工作的时间消耗去衡量设计产品的价值或判断设计产品的质量。

2. 设计阶段是决定工程价值和使用价值的主要阶段

尽管具体的精度取决于设计文件所达到的深度及其完善程度，但设计阶段将工程的规模、标准、组成、结构、构造等确定以后，工程的价值也就基本确定下来了。同时，设计阶段可以将工程的基本功能加以具体化，并体现了工程的使用价值，而这正是设计工作的魅力所在。

3. 设计阶段是影响工程投资的关键阶段

在建设全过程中，投资决策和设计阶段对于投资的影响程度是最大的。随着有关内容的逐步明确、优化的限制条件不断增多，后续阶段对于投资的影响程度将呈逐步减少的趋势。因此，在后续工作比较完备的情况下，设计阶段节约投资的可能性很大；否则，浪费的可能性也很大。

当然，"节约投资"应当相对于设计所实现的具体功能和使用价值而言，应从价值工程和寿命周期费用的角度去理解，决不能得出投资越少，设计效果越好的结论。

4. 设计工作需要反复协调

设计工作的反复协调既包括不同专业领域的协调，也包括不同设计阶段的协调，还包括通过与外部环境的协调，以满足建设单位的要求以及政府有关部门审批的规定。

5. 设计质量对于工程质量具有决定性影响

通过设计工作可以将工程实体的质量要求、功能、使用价值要求等确定下来，明确工程内容和建设方案，进而决定了工程的总体质量。一个总体质量优秀的工程，必然是设计质量上乘的工程，而工程实体质量的安全性、可靠性在很大程度上也取决于设计质量。

4.1.3.2 施工阶段目标控制的特点

施工阶段除了具有持续时间长、风险因素多和合同关系复杂、合同争议多等特点，从与上述设计阶段特点相对应的角度分析，还具有以下特点。

1. 施工阶段是以执行计划为主的阶段

尽管某些大型、复杂工程的施工组织设计对于创造性劳动的要求较高。但在通常情况下，进入施工阶段以后，工程项目规划、计划已经基本制订完成，主要的工作将会转入规划、计划的执行以及适时的调整、完善。因此，施工阶段的基本要求是"按图施工"，是以执行计划为主的阶段。

2. 施工阶段是实现工程价值和使用价值的主要阶段

施工是按照设计图样和有关设计文件的规定，将施工对象由设想变为现实，形成可供使用的工程项目的物质生产活动。虽然工程项目的使用价值在根本上是由设计决定的，但如果没有科学的施工，也就不能完全按照设计要求得以实现。因此，工程项目的转移价值和活劳动价值或新增价值主要是在施工阶段形成的。

3. 施工阶段是资金投入量最大的阶段

施工阶段是实现工程价值的主要阶段，自然也是资金投入量最大的阶段。而且在保证施工质量、满足设计要求的前提下，存在着通过优化施工方案来降低消耗、降低投资的巨大可能。因此，实践中常把施工阶段作为控制投资的重要环节。

4. 施工阶段需要协调的内容多

施工阶段既涉及直接参与工程建设的设计、施工、监理、材料设备供应等单位，还涉及不直接参与工程建设的政府有关管理部门、工程比邻单位等。如果协调不利，将影响到工程质量、进度、投资等目标的顺利实现。因此，施工阶段的协调显得格外重要。

5. 施工阶段对工程总体质量具有保证性作用

相对内在的、较为抽象的设计质量能否真正得以实现以及实现的程度如何，取决于相对外在的、具体的施工质量的优劣。因此，施工质量不仅对实现设计质量具有保证作用，而且是整个工程质量的保证。

4.1.4 工程建设目标控制的任务和措施

4.1.4.1 目标控制的任务

在工程建设的各个阶段，设计阶段、施工招标阶段、施工阶段的持续时间长，涉及环节多，故需着重加以介绍。

1. 设计阶段

（1）**质量控制的任务** 该任务主要包括协助建设单位制订工程质量目标规划。例如，提出设计文件要求；及时、准确、完善地提供设计工作所需要的基础数据和资料；配合设计单位优化设计，确认设计文件是否符合有关法规、技术、经济、财务、环境条件要求，满足建设单位对工程的功能和使用要求。

（2）**进度控制的任务** 该任务主要包括协助建设单位确定合理的设计工期要求；根据设计的阶段性，制订工程总进度计划；协调各设计单位一体化开展设计工作，使设计工作按进度计划进行；按合同要求及时、准确、完善地提供设计工作所需要的基础数据和资料；与外部有关部门协调相关事宜，保障设计工作顺利进行。

（3）**投资控制的任务** 该任务主要包括收集类似工程的有关资料，协助建设单位制订工程项目投资目标规划；通过技术经济分析等活动，协调、配合设计单位追求设计投资合理化；审核概（预）算，优化设计，最终满足建设单位对于工程投资的经济性要求。

2. 施工招标阶段

在施工招标阶段，监理工程师的主要任务就是协助业主做好招投标的各项工作，包括：

1）协助业主编制施工招标文件。

2）协助业主编制标底。

3）做好投标资格预审工作。

4）组织开标、评标、定标工作。

3. 施工阶段

（1）质量控制的任务　通过对施工投入、施工和安装过程、产出品进行全过程控制，以及对参加施工的单位和人员的资质、材料和设备、施工机械和机具、施工方案和方法、施工环境实施全面控制，以期按标准达到预定的施工质量目标。

（2）进度控制的任务　通过完善工程控制性进度计划、审查施工进度计划、做好各项动态控制工作、协调各单位关系、预防并处理好工期索赔，以求实际施工进度达到计划施工进度的要求。

（3）投资控制的任务　通过控制工程款项支付、工程变更费用，预防并处理好费用索赔、挖掘节约投资的各种潜力等，努力使实际发生的费用不超过计划投资。

4.1.4.2　目标控制的措施

为了使工程建设目标控制获得理想的效果，可以在不同的阶段，从多个方面采取措施，并可将其归纳为以下四个方面。

1. 组织措施

组织措施是从目标控制的组织管理方面采取的措施。例如，落实目标控制的机构、人员，明确各级目标控制人员的任务与职能分工、权力与责任，改善目标控制的工作流程等。尽管通常不需要增加费用，但组织措施仍是其他措施的前提和保障。

2. 技术措施

技术措施不仅可以解决工程实施中遇到的技术问题，而且可以用于纠正目标偏差。但是在运用技术措施时，既要注意提出多个不同的技术方案，还要注意对于不同的技术方案进行技术经济分析，避免仅仅从技术角度选定技术方案。

3. 经济措施

作为最容易被人们接受的措施，经济措施除审核工程量、相应的应支付款项以及结算报告外，还必须从全局、整体的角度出发，以求得事半功倍的效果。同时，从主动控制的观点出发，通过偏差原因分析和未完工程投资预测，积极发现现有的可能引起投资增加的问题，并及时采取预控措施。

4. 合同措施

由于质量控制、进度控制、投资控制等均以合同为基础，合同措施也就显得比较普遍、比较重要。合同措施除了包括拟订合同条款、参加合同谈判、处理合同执行过程中遇到的问题、防止和处理索赔等措施外，还要协助建设单位确定有利于目标控制的工程组织管理模式、合同结构，分析不同合同之间的相互联系和影响，并对每一个合同进行总体和具体的分析等。

4.2　工程建设质量控制

4.2.1　工程质量控制概述

4.2.1.1　工程质量的概念

工程质量是指工程满足建设单位需要，符合国家法律法规、技术规范标准、设计文件以及合同规定的特性综合。其中，狭义的工程质量是指工程实体的质量，它包括分项工程质量、分部工程质量和单位工程质量等；广义的工程质量除工程实体质量以外，还包括社会工作、生产过程等工作的质量。

工程项目作为一种特殊的产品，除具有一般产品的性能、寿命、可靠性、安全性、经济性等共有特性外，还具有其特定的内涵或特性，并可归纳为以下几个方面。

1. 适用性

适用性即功能，是指工程满足使用目的的各种性能，包括理化性能、结构性能、使用性能、外观性能等。

2. 耐久性

耐久性即寿命，是指工程在规定的条件下，满足规定功能要求使用的年限，即工程竣工后的合理使用寿命周期。由于建筑物的结构类型、质量要求、施工方法、使用性能等差异，目前国家对于工程的合理使用寿命周期还缺乏统一的规定，只是在少数技术标准中提出了明确的要求。

3. 安全性

安全性是指在工程建成后的使用过程中，保证结构安全、保证人身和环境免受危害的程度。具体包括结构安全度、抗震、耐火及防火能力，人防工程的抗辐射、抗核污染、抗爆炸波等能力。

4. 可靠性

可靠性是指工程在规定的时间和规定的条件下，完成规定功能的能力。它不仅要求工程在交工验收时达到规定的指标，而且要在规定的使用期限内保持正常的功能。

5. 经济性

经济性是指工程从规划、勘察、设计、施工到整个寿命期间内的成本和消耗的费用。它具体表现为设计成本、施工成本与使用成本三个方面。

6. 与环境的协调性

它是指工程与其周围生态环境协调，与所在地区经济环境协调以及与周围已建工程相协调，以满足可持续发展的要求。

作为必须达到的基本要求，上述 6 个质量特性是彼此关联、相互依存的。对于工业建筑、公共建筑、住宅建筑等不同类型的工程，可以因其地域环境、技术经济条件等差异，呈现出不同的侧重点。

4.2.1.2　工程质量的特点

一般来讲，建筑产品（工程项目）及其生产具有以下的技术经济特点：一是产品的固定性、生产的流动性；二是产品的多样性、生产的单件性；三是产品形体庞大、高投入、生产周期长、具有风险性；四是产品的社会性、生产的外部约束性等。因此，工程质量具有以下特点：

1. 影响因素多

直接或间接地影响到工程质量的因素很多，对此应当保持清醒的认识，并引起足够的重视。其中，除了可以归纳为人员素质、工程材料、机械设备、工艺方法、环境条件以外，按实施过程有决策、设计、施工招标、施工等阶段，按目标又涉及工程造价、工期等。

2. 质量波动大

建筑生产的单件性、流动性直接导致工程质量具有较大的波动性。而众多影响工程质量的偶然性、系统性因素变动后，都将造成工程质量的波动。因此，必须防止系统性因素产生质量变异，并将质量波动控制在偶然性因素的范围之内。

3. 质量隐蔽性

由于工程施工过程中存在着大量的交叉作业、中间产品以及隐蔽工程，其质量的隐蔽性相当突出。如果不能及时地检查、发现，依靠事后的表面检查很难发现内在的质量问题，并容易导致判断错误（或者将合格品判为不合格品，即第一类判断错误，或者将不合格品误判为合格品，即第二类判断错误）。

4. 终检的局限性

仅仅依靠工程项目的终检（竣工验收），难以发现隐蔽起来的质量缺陷，也就无法科学地评估工程的内在质量。因此，要求质量控制以预防为主，重视事前、事中控制，重视档案资料的积累，并将其作为终检的重要依据。

5. 评价方法的特殊性

工程质量评价通常按照"验评分离、强化验收、完善手段、过程控制"的思想，在施工单位按照合格质量标准自行检查评定的基础上，由监理单位或建设单位（监理工程师或建设单位项目负责人）组织有关单位、人员进行确认验收。工程质量的检查评定及验收是按照检验批、分项工程、分部工程、单位工程依次进行的。其中，主要由主控项目、一般项目构成的检验批的质量是分项工程乃至整个工程质量检验的基础；隐蔽工程在隐蔽前必须检查验收合格；涉及结构安全的试块、试件、材料应按规定进行见证取样；涉及结构安全和使用功能的重要分部工程需进行抽样检测。

4.2.1.3 工程质量控制的概念和原则

1. 工程质量控制的概念

工程质量控制可定义为致力于满足工程项目质量要求所采取的各种作业技术和活动。由于工程质量要求主要表现为工程合同、设计文件、技术规范标准等所规定的质量标准。因此，工程质量控制就是为了保证达到工程合同等规定的质量标准而采取的一系列措施、手段和方法。

在实施工程质量控制时，应当进行全过程控制。而且，按照工程质量形成过程可以包括以下三个阶段：① 决策阶段的质量控制，通过可行性研究选择最佳建设方案，并使其符合有关各方的要求，与所在地区环境相协调；② 设计阶段的质量控制，在选择优秀勘察设计单位的基础上，使工程设计满足规范标准、现场以及施工等要求；③ 施工阶段的质量控制，在择优选定施工单位的基础上，严格督促其按图施工，并形成符合设计文件质量规定的最终建筑产品。

在实施工程质量控制时，应当进行全员控制。按照实施控制的主体，全员控制包括以下四个方面：

（1）**政府的工程质量控制** 作为监控主体的政府有关职能部门主要以法律、法规为依据，通过工程报建、施工图设计文件审查、施工许可、材料与设备准用、工程质量监督、重大工程竣工验收备案等环节实施质量监控。

（2）**监理单位的工程质量控制** 作为监控主体的工程监理单位是受建设单位委托，代表建设单位对于工程实施的全过程开展质量监控。

（3）**设计单位的工程质量控制** 作为自控主体的勘察设计单位主要以法律、法规和合同为依据，对于勘察设计全过程进行控制，以满足建设单位对勘察设计质量的要求。

（4）施工单位的工程质量控制　作为自控主体的施工单位通常以工程合同、设计图样和技术规范为依据，对施工全过程的工程质量、工作质量进行控制，以达到合同文件规定的质量要求。

2. 工程质量控制的原则

勘察设计单位、施工单位在实施质量控制时，应当遵循 2000 版 GB/T 19000—ISO9000 的有关质量管理原则。同时，监理工程师在进行工程质量控制过程中，应遵循以下几项原则：

（1）坚持质量第一　建筑产品作为一种特殊的商品，使用年限长、直接关系到人民生命财产的安全，确属"百年大计"。因此，监理工程师在处理质量、进度、投资三者关系时，应自始至终把"质量第一"作为对工程质量控制的基本原则。

（2）坚持以人为控制核心　人是质量的创造者，质量控制必须"以人为核心"，把人作为质量控制的动力，发挥人的积极性、创造性；处理好与建设单位、承包单位、监理单位等各方面的关系；提高人的素质、增强人的责任感，避免人为失误，以人的工作质量保证工序质量、工程质量。

（3）坚持以预防为主　在重点做好质量的事前控制、事中控制的基础上，严格进行工作质量、工序质量和中间产品质量的检查控制，确保工程质量。

（4）坚持质量标准　质量标准是评价建筑产品质量的尺度，数据是质量控制的基础。工程质量是否符合合同规定的质量标准，必须通过严格检查，以数据为依据、对照质量标准，不符合质量标准要求的部分，必须返工处理。

（5）贯彻科学、公正、守法的职业规范　监理人员在工程质量控制过程中，应当做到尊重客观事实、尊重科学，客观、公正、不持偏见，遵纪守法、坚持原则，严格要求、秉公监理。

4.2.1.4　工程质量主要影响因素的控制

影响工程质量的因素很多，可归纳为以下五个方面：人（Man）、材料（Material）、机械（Machine）、方法（Method）、环境（Environment），简称为因素 4M1E。因此，为了确保工程质量，有关的控制工作可以对应着从五个环节入手。

1. 人的控制

人是工程建设的直接参与者，并通过工作质量直接左右着工程质量。为了充分发挥人的积极性、创造性，增强人的质量责任感，监理人员一般应从以下几个方面进行有效的控制。

（1）对于项目经理部的控制　施工单位的项目经理以及项目经理部作为项目的组织者，其能力和水平是影响工程质量的关键。因此，监理工程师在审查施工人员资质时，应当严格把握项目经理部的人员组成、能力、业绩等。同时，在施工过程中认真考察其工作业绩，对于不胜任工程需要者，及时提出撤换的要求，以确保工程质量。

（2）对于人的理论与技术水平的控制　在工程尤其是大型、复杂工程的施工过程中，需要具有一定的理论知识、熟练的技术水平、丰富的操作经验的人员从事具体的操作业务。因此，监理工程师应对工程的组织管理者、关键工序的操作人员进行严格的考核和资质认证。

（3）对于人的生理缺陷的控制　人的生理缺陷是指正常人的疾病、疲劳等情况。因为发生这些情况后，将会影响工作质量、工程质量，甚至引发质量、安全事故。因此，监理工程师必须对此保持高度的重视，确保关键工序与操作的作业人员的生理健康。

（4）对于人的心理行为的控制 人的心理行为包括人的劳动态度、情绪、注意力等。它们受到社会、经济、环境等条件与人际关系的影响，受到国家法律、法规和各种管理制度的制约，受分工、生活福利及劳动报酬等的支配，而且通过工作质量影响到工程质量。因此，监理工程师应当保持清醒的认识，确保关键工序与操作的作业人员的情绪稳定。

（5）对于人的错误行为的控制 人的错误行为包括人在工作中的误听、错视、误判断、误动作，以及吸烟、酗酒等不良嗜好。它们将通过工作质量影响工程质量、安全等。因此，监理工程师应当督促施工单位制定、落实相应的制度、措施，最大限度地避免人的错误行为。

（6）对于人的违章行为控制 人的违章行为是指人在工作中不自觉遵守规章制度和劳动纪律而出现的不懂装懂、明知故犯、玩忽职守等情况。它们将通过工作质量影响工程质量乃至施工安全等。监理工程师应督促施工单位建立、健全各种规章制度，加强对现场作业人员的培训教育，杜绝各种违章行为的发生。

当然，上述各种人的因素是相互联系、相互影响的。为了求得实效，在具体控制过程中，应当综合考虑、抓住重点、全面控制。

2. 材料的控制

（1）材料控制的要点 为了确保材料质量，并通过正确使用材料使工程质量得到有效的保证，监理工程师材料控制工作的重点在于把握以下三关：

1）把住材料订货关。订货前，应广泛收集有关的材料信息，分析各个供应单位的材料质量、价格、供货能力、运输条件等情况，选择质量好、价格低、满足使用要求、供货有保障的供应单位。而且，材料订货必须经监理工程师批准。

2）把住材料进场关。所有材料在进场时，必须经过严格的检验：进场的材料、构件必须具有出厂合格证等必要的证书；由于运输等原因造成构件质量问题时，应分析原因并经处理鉴定后，方能使用；对于标志不清或认为存在质量问题的材料，应进行抽检；对于进口材料或用于关键部位的材料，应进行全部检验；不合格的材料绝对不能用于永久性工程之中，并应运离现场。同时，要注意控制材料的存放条件，防止由于存放、保管不当而影响材料的质量。

3）把住材料的现场制备、使用关。例如，为了保证现场搅拌混凝土的质量，必须提出试配要求、进行配合比试验，按照规定的配合比、水胶比制备混凝土，并严格控制其运输、浇筑、成型、养护等。

（2）材料控制的方法 施工过程中，监理工程师通常按照以下步骤去控制材料的质量：① 全面了解材料的性能、适用范围、使用方法等，根据工程特点正确选用适用的材料；② 掌握在工程中使用的材料的质量标准，以此检查、衡量材料的质量状况；③ 运用适宜的手段、方法，进行材料质量检验。根据材料的信息和质量保证程度等不同，实施材料质量检验时，可以有免检、抽检、全检三种形式。具体的材料检验方法主要包括以下四种：① 书面检验，即主要通过质量保证资料、已有的试验报告等进行材料质量认可；② 外观检验，即主要从品种、规格、外形尺寸、表面质量等直观检查判别材料质量；③ 理化检验，即主要借助试验仪器、设备，对材料样本的化学成分、力学性能等进行科学的鉴定；④ 无损检验，即主要利用超声波、X射线、表面探伤仪等进行无破坏检测。

3. 机械设备的控制

监理工程师应根据工程的实际情况和施工条件，结合施工工艺和施工组织设计，通过以下三个环节，对工程中使用的机械设备进行严格的控制：

（1）控制机械设备的选型 机械设备的选型一般应根据工程的实际情况、施工单位的实力，按照技术上先进、经济上合理、生产上适用、使用上安全、操作与维修方便等原则，确保选用的机械设备既适合施工需要，又能满足质量、安全等要求。

（2）控制机械设备的主要性能参数 机械设备的主要性能参数的确定，应以满足施工需要、保证工程质量为准则。例如，在垂直运输机械选择了使用塔式起重机后，应当根据工程的具体情况选择塔式起重机的起重量、起重高度、起重半径等参数。

（3）控制机械设备的使用、操作 为了合理、安全地使用机械，监理工程师在进行机械设备的使用、操作控制时，应贯彻"人机固定"的原则，实行定机、定人、定岗位责任的"三定"制度，要求操作人员必须认真执行各项规章制度，严格遵守操作规程，杜绝各种事故的发生。

4. 施工方法的控制

施工方法包括了所采用的施工工艺、各种技术组织措施等。它们是制订施工方案的重要基础，又直接影响着质量、进度、投资三个控制目标的实现程度。

监理工程师在审核施工单位提交的施工方法及施工方案时，应广泛了解有关技术信息并紧密结合工程实际情况，通过工艺技术、组织管理、成本费用等分析，努力使施工方案做到技术可行、经济合理、工艺先进、措施得力、操作方便，进而实现预定的控制目标。

5. 环境因素的控制

一般来讲，环境因素可以归纳为以下几个方面：① 工程技术环境，如工程所在地的水文、地质、气象等因素；② 工程管理环境，如质量体系、管理制度等；③ 劳动环境，如劳动组合、作业条件、工作面等；④ 社会环境，如当地政策法规的健全程度、执行水平，与社会各界的关系等。鉴于环境因素内容广泛，对于工程质量的影响复杂，并与工程特点、施工条件等密切相关。监理工程师应结合工程的具体情况、施工组织设计等，做好充分准备，并妥善协调有关各方的关系。

4.2.1.5 工程质量责任体系

在工程实施过程中，根据合同、协议及有关法律、法规（如《建设工程质量管理条例》《建设工程安全生产管理条例》等）的规定，参建各方均应承担相应的质量责任。

1. 建设单位的质量责任

1）建设单位对其自行选择的设计、施工单位发生的质量问题承担相应的责任。

2）建设单位应与监理单位签订委托监理合同，并明确双方的责任和义务。

3）建设单位按合同的约定负责采购供应的建筑材料、构配件及设备，应符合设计文件与合同的规定，并对发生的质量问题承担相应的责任。

2. 勘察、设计单位的质量责任

勘察、设计单位必须按照国家现行的有关规定、工程建设强制性技术标准和合同的要求进行勘察、设计工作，并对所编制的勘察、设计文件的质量负责。

3. 施工单位的质量责任

施工单位对所承包的工程项目的施工质量负责。其中，实行总承包的工程，总承包单位对全部建设工程质量负责；工程勘察、设计、施工、设备采购的一项或多项实行总承包的项目，总承包单位对其所承包部分的质量负责；实行总分包的工程，分包单位按照分包合同约定对其分包工程的质量负责，总承包单位对分包的工程要承担连带责任。

4. 监理单位的质量责任

监理单位代表建设单位对工程质量实施监理，并主要承担违法责任、违约责任两个方面的监理责任。如果监理单位弄虚作假，降低工程质量标准，造成质量事故的，要承担法律责任；如果监理单位串通承包单位谋取非法利益，给建设单位造成损失的，应与承包单位承担连带赔偿责任；如果监理单位在责任期内不能按照监理合同履行监理职责，给建设单位或其他单位造成损失的，应向建设单位或其他单位赔偿。

5. 建筑材料、构配件及设备生产或供应单位的质量责任

建筑材料、构配件及设备生产或供应单位对其生产或供应单位的产品质量负责。

4.2.1.6 工程质量管理制度

我国的建设行政主管部门近年发布了多项工程质量管理制度，主要包括以下几项内容。

1. 施工图设计文件审查制度

施工图设计文件审查简称施工图审查，它是指国务院建设行政主管部门和省、自治区、直辖市人民政府建设行政主管部门委托依法认定的设计审查机构，根据国家法律、法规、技术标准与规范，对施工图进行结构安全和强制性标准、规范执行情况等的独立审查。

2. 工程质量监督制度

工程质量监督管理的主体是各级政府建设行政主管部门和其他有关部门，具体实施由建设行政主管部门和其他有关部门委托的工程质量监督机构负责。

3. 工程质量检测制度

工程质量检测机构是对建设工程、建筑构件、制品及现场所用的有关建筑材料、设备质量进行检测的法定单位。它在建设行政主管部门领导和标准化管理部门指导下开展检测工作，其出具的检测报告具有法定效力。法定的国家级检测机构出具的检测报告，在国内为最终裁定，在国外则具有代表国家的效力。

4. 工程质量保修制度

建设工程质量保修制度是指建设工程在办理交工验收手续后，在规定的保修期限内，因勘察、设计、施工、材料等原因造成的质量问题，应由施工单位负责维修、更换，并由责任单位负责赔偿。

建设工程承包单位在向建设单位提交工程竣工验收报告时，应向建设单位出具工程质量保修书，并载明建设工程保修范围、保修期限和保修责任等。

在正常使用条件下，建设工程的最低保修期限为：

1）基础设施工程、房屋建筑工程的地基基础和主体结构工程，为设计文件规定的该工程的合理使用年限。

2）屋面防水工程、有防水要求的卫生间、房间和外墙面的防渗漏，为5年。

3）供热与供冷系统，为2个采暖期或供冷期。

4）电气管线、给排水管道、设备安装和装修工程，为2年。

其他项目的保修期由发包方与承包方约定。保修期自竣工验收合格之日起计算。

4.2.2 设计阶段的质量控制

设计质量就是在严格遵守技术标准、法规的基础上，正确处理和协调资金、资源、技术、环境等条件的制约，使设计项目能更好地满足建设单位所需要的功能和使用价值，能充分发挥项目投资的经济效益。它通常包括满足建设单位需要，符合城市规划、环保、防灾、安全等规范、标准的要求两个方面的内容。

在一般情况下，可按初步设计、施工图设计两个阶段开展设计工作；对于一些技术复杂、工艺新颖的重大项目，在增加技术设计（扩大初步设计）后，可按初步设计、技术设计、施工图设计三个阶段进行。在不同设计阶段，监理工程师质量控制的内容有所不同。

4.2.2.1 设计质量控制的依据

监理工程师实施设计质量控制时，应根据建设单位的投资意图、所需功能、使用价值等检验设计成果。在设计过程中，还应正确处理所需功能与资金、技术、环境、技术标准、法规之间的关系。因此，对于设计质量的控制，主要应具有以下资料：

1）有关工程建设及质量管理方面的法律、法规，如有关城市规划、建设用地、市政管理、环境保护、"三废"治理、建筑工程质量监督等方面的法律、法规。

2）有关工程建设的技术标准，如各种设计规范、规程、标准，设计参数的定额、指标等。

3）项目可行性研究报告、项目评估报告及选址报告。

4）体现建设意图的设计规划大纲、设计纲要和设计合同等。

5）反映项目建设过程和建成以后所需要的有关技术、资源、经济、社会协作等方面的协议、数据和资料。

4.2.2.2 监理工程师在设计阶段进行质量控制的工作内容

1. 监理工程师在设计准备阶段的工作内容

1）组建监理班子，明确监理的任务、内容和职责，编制监理规划和设计准备阶段的投资、进度计划。

2）组织设计招标或设计方案竞赛，如编制设计招标文件并经建设单位签认后发出，会同建设单位对投标单位进行资质审查，参与评标或设计竞赛方案评选等。

3）编制设计大纲（设计纲要或设计任务书），确定设计质量要求及标准。

4）优选勘察设计单位，协助建设单位签订勘察设计合同。

2. 监理工程师在设计阶段的工作内容

1）审查设计方案、图样、概预算和主要设备、材料清单，发现不符合要求的地方，分析原因，发出修改设计的指令。

2）对设计工作协调控制，及时检查和控制设计进度，做好各设计部门间的协调工作，使各专业设计之间相互配合、衔接，及时消除隐患。

3）参与主要设备、材料的选型。

4）组织对设计的评审或咨询。

5）组织设计文件、图样的报批、验收、分发、保管、使用和建档工作。

4.2.2.3 设计方案和设计图样的审核

1. 设计方案的审核

为了切实控制设计质量,首先要把握设计方案审核关,以保证项目设计符合设计纲要的要求,符合国家有关工程建设的方针、政策,符合现行建筑设计标准、规范;同时做到工艺合理、技术先进,能充分发挥工程项目的社会效益、经济效益与环境效益。

设计方案的审核应贯穿于初步设计、技术设计或扩大初步设计阶段,而且包括总体方案和各专业设计方案的审核两部分内容:

(1) **总体方案的审核** 该审核主要是在初步设计时进行,重点审核设计依据、设计规模、产品方案、工艺流程、项目组成及布局、设施配套、占地面积、协作条件、三废治理、环境保护、防灾抗灾、建设期限、投资概算等的可靠性、合理性、经济性、先进性和协调性等是否满足决策质量目标及水平。

(2) **专业设计方案的审核** 其重点是审核设计方案、设计参数、设计标准、设备和结构选型、功能和使用价值等方面是否满足适用、经济、美观、安全、可靠等的要求。

2. 设计图样的审核

设计图样是设计工作的最终成果,又是工程施工的直接依据。所以,设计阶段质量控制的任务最终还是体现在设计图样的质量上。

监理工程师对设计图样的审核通常是分阶段进行的。

(1) **初步设计阶段** 初步设计基本决定了工程采用的技术方案。该阶段设计图样的审核应侧重于工程所采用的技术方案是否符合总体方案的要求,是否达到项目决策阶段确定的质量标准等。

(2) **技术设计阶段** 技术设计也称为扩大初步设计,是在初步设计的基础上,对于方案设计的具体化。因此,该阶段的审核应侧重于各专业设计是否符合预定的质量标准和要求。当然,工程项目要求的质量与其所支出的投资是呈正相关的,监理工程师在初步设计及技术设计阶段审核设计方案或图样时,需要同时审核相应的概算文件。只有既符合预定的质量要求,而投资费用又在控制的限额内时,设计才能得以通过。

(3) **施工图设计阶段** 施工图是对建筑物、设备、管线等的构造、尺寸、所用材料、布置、相互关系、施工及安装质量要求的详细图样和说明。它是指导施工的直接依据,也是设计阶段质量控制的一个重点。该阶段的审核应侧重于反映使用功能及质量要求是否得到满足。

4.2.2.4 设计交底与图样会审

为了使施工单位熟悉设计图样,了解工程特点和设计意图以及对关键工程部分的质量要求,同时也为了减少图样的差错,将图样中的质量隐患消灭于萌芽状态,应当积极进行设计交底与图样会审。

设计交底由承担设计阶段监理任务的监理单位或建设单位组织,设计单位向施工单位、设计阶段监理任务的监理单位等相关参建单位进行交底。图样会审由承担设计阶段监理任务的监理单位负责组织,施工单位、建设单位、设计单位等相关参建单位参加。

设计交底与图样会审的通常做法:设计文件完成后,设计单位将设计图样移交建设单位,建设单位发给监理单位、施工单位;由施工阶段监理单位组织参建各方进行图样初步会审,并整理成初步会审问题清单,在设计交底前一周提交设计单位;承担设计阶段监理任务的监理单位组织设计交底准备，并对初步会审问题拟订解答。设计交底应在施工开始前完成，并常以会议的形式进行；设计交底通常先由设计单位介绍设计意图、结构特点、施工要求、技术措施和有关注意事项等，然后转入图样全面会审阶段，并通过设计、监理、施工三方或参建单位多方研究协商，明确存在的问题和各种技术问题的解决方案。

设计交底应由设计单位整理会议纪要，图样会审应由施工单位整理会议纪要，与会各方会签。如果涉及设计变更时，应按相应的程序办理设计变更手续。

4.2.3 施工阶段的质量控制

4.2.3.1 施工质量控制的分类

1. 按工程实体质量形成过程的时间划分

按工程实体质量形成过程的时间不同，施工阶段的质量控制可以分为以下三个阶段：

（1）施工准备控制 它是指在各个施工对象的正式施工活动开始前，对各项准备工作及影响质量的各个因素进行控制。施工准备控制是确保质量的先决、基础条件。

（2）施工过程控制 它是指在施工过程中对实际投入的生产要素质量及作业技术活动的实施状态与结果进行的控制。

（3）竣工验收控制 它是指对于通过施工所完成的具有独立的功能和使用价值的最终产品及有关方面（如质量档案）的质量进行控制。

2. 按工程实体质量形成过程中物质形态转化的阶段划分

1）对投入的各种物质资源质量的控制。

2）施工过程质量控制，即在使投入物转化为工程产品的过程中，对影响产品质量的各因素、各环节及中间产品的质量进行控制。

3）对完成的工程产品质量的控制与验收。

当然，上述前两个阶段的质量状况对于最终产品质量的影响是直接的、重大的。

3. 按工程项目施工的层次划分

大、中型工程项目通常可以划分出若干的层次，而且各个层次之间具有以一定的施工先后顺序为代表的逻辑关系。例如，建筑工程项目可以划分为单位工程、分部工程、分项工程、检验批。其中，施工作业过程的质量控制决定了检验批的质量；而检验批的质量又决定了分项工程的质量；依此上溯，直至单位工程质量。因此，施工作业过程的质量控制是最基本的质量控制。

4.2.3.2 施工质量控制的依据

施工阶段监理工程师进行质量控制的依据，根据其适用的范围及性质，大体上可分为以下两类：

1. 共同性依据

共同性依据主要是指适用于工程项目施工阶段质量控制的、通用的、具有普遍意义和必须遵守的基本文件。它们包括以下几个方面：

（1）工程承包合同文件 在施工承包合同和监理委托合同中，分别规定了参建各方在质量控制方面的权利、义务，有关各方必须认真履行合同。尤其是监理单位，既要履行监理合同的条款，又要监督建设单位、施工单位、设计单位履行有关的质量控制条款。因此，监理工程师要熟悉这些条款，据此进行质量监督和控制，并在发生质量纠纷时及时采取措施予以解决。

（2）设计文件　　"按图施工"是施工阶段质量控制的一项重要原则，也是约定俗成的事。因此，经过批准的设计图样和技术说明书等设计文件，无疑是质量控制的重要依据。

（3）国家及政府有关部门颁布的有关质量管理方面的法律、法规性文件　　这些法律、法规性文件涉及以下内容：质量管理机构与职责；质量监督工作的要求、程序与内容；工程建设参与各方的质量责任与义务；质量问题的处理；设计、施工、供应单位建立质量体系的要求、标准，及其资质等级的标准和认证；质量检测机构的性质、权限及其管理等。它们均是工程质量管理方面应当遵守的基本法规文件。

2. 有关质量检验与控制的专门技术法规性依据

它们通常是针对不同行业、不同的质量控制对象而制定的技术法规性的文件，包括各种有关的标准、规范、规程及规定，主要有以下几类：

1）工程项目质量检验评定标准。

2）有关工程材料、半成品和构配件质量控制方面的专门技术法规性依据。

3）控制施工工序质量等方面的技术法规性依据。

4）凡采用新工艺、新技术、新方法的工程，事先应进行试验，并应有权威技术部门的技术鉴定书及有关的质量数据、指标，在此基础上制定有关的质量标准和施工工艺规程，并作为判断与控制质量的依据。

4.2.3.3　施工质量控制的内容

1. 对施工承包单位资质的审核

施工阶段监理单位应在招标阶段已经审查承包单位资质的基础上，进一步对中标并进场从事项目施工的承包单位进行以下内容的审核：

1）了解企业的质量意识、质量管理情况，重点了解开展全面质量管理的情况。

2）核查企业贯彻 ISO9000 标准、体系建立和通过认证的情况。

3）企业领导班子的质量意识及质量管理机构落实、质量管理权限实施的情况。

4）项目经理部的质量管理体系。

5）在施工过程中，进一步考核承包单位真实的质量控制能力等。

健全的质量管理体系是施工质量的重要基础。因此，监理工程师在进行相关内容审核时，首先应当审查承包单位报送的质量管理体系的有关资料，然后进行实地检查。对于满足工程质量管理需要的质量管理体系，总监理工程师应予以确认；否则，总监理工程师对于承包单位的不称职人员可要求撤换，对于不完善的内容可要求承包单位尽快整改。

2. 施工组织设计的审查

施工组织设计是指导项目施工的重要文件，通过审查应确保施工组织设计的项目针对性、技术先进性、可操作性以及各种措施满足有关规定等。

监理工程师通常按以下程序审查承包单位报送的施工组织设计：

1）在工程项目开工前约定的时间内，承包单位必须完成施工组织设计的编制及内部审批工作，并填写"施工组织设计/（专项）施工方案报审表"，报送项目监理机构。

2）总监理工程师在约定的时间内，组织专业监理工程师审查，提出意见后，由总监理工程师审核确认。需要承包单位修改时，由总监理工程师签发书面意见，退回承包单位修改后再报审，总监理工程师重新审查。

3）已审定的施工组织设计由项目监理机构报送建设单位。

4）承包单位应按审定的施工组织设计文件组织施工。如需对其内容做出较大的变更，应在实施前将变更的内容书面报送项目监理机构审核。

5）规模大、结构复杂或属于新、特结构的工程，项目监理机构对施工组织设计审核后，还应报送监理单位技术负责人审查，提出审查意见后由总监理工程师签发，必要时可与建设单位协商，组织有关专家会审。

6）规模大、工艺复杂的工程，群体工程或分期出图的工程，经建设单位批准，可分阶段报审施工组织设计。

7）技术复杂或采用新技术的分部、分项工程，承包单位应编制该分部、分项工程的施工方案，并报送项目监理机构审核。

3. 现场施工准备的质量控制

控制现场施工准备工作时，除了严把开工关、进行设计交底与设计图样的现场核对、完成项目监理机构内部的监控准备，还应着重做好以下工作：

（1）工程定位及标高基准控制 监理工程师应当要求施工承包单位对建设单位给定的原始基准点、基准线和标高等测量控制点进行复核，并将复核结果报监理工程师审核，经批准后方可据此测量放线。同时，监理工程师应在施工承包单位建立施工测量控制网并对其正确性负责后，复测施工测量控制网，并督促施工承包单位做好基桩的保护。

（2）施工平面布置的控制 监理工程师应检查、控制施工平面布置，尤其是场区道路、防洪排水、器材存放、给水、供电、混凝土供应、主要垂直运输机械设备布置等，以确保施工现场的总体布置合理。同时，确保施工平面布置有利于施工正常、顺利进行，有利于保证质量。

（3）对施工队伍及人员的控制 监理工程师应审查施工承包单位承担任务的施工队伍及人员的技术资质与条件是否符合要求，经监理工程师审查认可后，方可上岗施工；对于不合格的人员，监理工程师有权要求承包单位予以撤换；对于特殊作业、工序、检验和试验人员，还可要求进行必要的考核、考试、评审，甚至对上述人员进行技能评定。另外，总承包单位在选择分包单位时，应事先向监理工程师提交"分包单位资质报审表"，经监理工程师审查甚至调查认可，确认其技术能力和管理水平能保证按要求完成工程施工，方可允许进场承担施工任务。

（4）对工程所需的材料、构配件的控制 工程建设需要建筑材料、构配件的数量、品种很多，对其质量控制最为关键，主要包括：

1）凡运到施工现场的原材料、半成品或构配件应有产品出厂合格证及技术说明书，并由施工承包单位按规定要求进行检验，向监理工程师提出检验或试验报告，经监理工程师审查并确认其质量合格后，方准予进场。

2）凡由承包单位负责采购的原材料、半成品或构配件、设备等在采购订货前应向监理工程师申报；对于主要的材料，还应提交样品供试验或鉴定之用；有些材料则要求供货单位提交理化试验单，经监理工程师审查认可并发出书面认可证明后，方能进行订货采购。

3）对于半成品、构配件，应按经审批认可的设计文件和图样要求采购订货，质量应满足有关标准、设计的要求，交货期应满足施工进度计划的安排。

4）供货厂家是制造材料、半成品、构配件以及永久设备和器材等的主体，对于大型的或重要的设备，以及大宗器材或材料的采购，应实行招标投标方式选择供货厂家。

5）对于半成品或构配件的采购、订货，监理工程师应提出明确的质量要求、质量检测项目及标准、出厂合格证或产品说明书等质量文件的要求，以及是否需要权威性的质量认证等。

6）供货厂家应向订货方提供质量保证文件（包括供货总说明、产品合格证及技术说明书、质量检验证明、检测与试验者的资质证明、关键工艺操作人员资格证明及操作记录、有关图样及技术资料、权威性认证资料等），用以表明其提供的货物能够满足要求。同时，质量保证文件也是施工单位将来工程竣工时应提供的竣工文件的一个组成部分。

7）对于新材料、新型设备或装置的应用，应事先提交可靠的技术鉴定及有关试验和实际应用报告，经监理工程师审查确认和批准后，方可在工程中使用。

8）监理工程师应对施工单位的材料、半成品、构配件及永久性设备、器材等的存放、保管条件及存放时间进行监控。施工单位所准备的各种材料、设备等的存放条件及环境，事先应得到监理工程师的确认；如果存放、保管条件不良，监理工程师有权要求其加以改善并在达到要求后，方予以确认；对于按要求存放的材料、设备，存入后每隔一定时间监理工程师可要求进行检查，随时掌握它们的存放质量状况。

（5）施工机械设备的控制 施工机械设备的性能、工作性状等也会对工程质量产生重大影响，施工机械设备的控制包括：

1）审查施工机械设备的选型是否恰当，在满足建设单位、工程设计对工程施工质量要求方面有无保证；承包单位所提供的施工设备技术性能报告中所表明的机械性能是否满足质量要求、适合现场条件等。

2）审查施工机械设备的数量是否满足施工工艺及质量的要求。

3）审查所需的施工机械设备是否按已批准的计划备妥，所准备的机械设备是否与监理工程师审查认可的施工组织设计或施工计划中所列者一致，所准备的施工机械设备是否都处于完好的可用状态等。

4. 作业技术准备状态的控制

（1）质量控制点的设置 质量控制点是指为了保证作业过程质量而确定的重点控制对象、关键部位或薄弱环节。监理工程师应当详细、准确、有效地编制质量控制工作计划、选定质量控制点，并借助切实可行的制度加以保证。在此基础上，事先分析可能造成质量问题的原因，并有针对性地制定预控的对策、措施，进而确保施工质量满足要求。根据对于重要的质量特性进行重点控制的要求，监理工程师通常选择质量控制的重点部位、重点工序和重点质量因素作为质量控制点。其具体包括：① 人的行为，即对于某些作业或操作，以人为控制的重点；② 物的质量与性能，机械设备、材料是直接影响工程质量和安全的主要因素，经常作为控制的重点；③ 关键操作；④ 施工技术参数；⑤ 施工顺序；⑥ 技术间歇；⑦ 新工艺、新技术、新材料的应用；⑧ 产品质量不稳定、不合格品率较高及容易发生质量通病的工序；⑨ 容易对于工程质量产生重大影响的施工方法；⑩ 特殊地基或特种结构等。其中，质量控制点大致分为见证点（Witness Point）和截止点（Hold Point）两大类。前者要求承包单位在该控制点施工前提前通知监理工程师派员在约定的时间内到现场进行见证、监督，但监理工程师未能按约定的时间到达现场时，承包单位可以进行后续作业；后者要求承包单位在该控制点施工前提前通知监理工程师派员在约定的时间内到现场实施监控，但监理工程师未能按约定的时间到达现场时，承包单位不得超越该点继续施工。因此，截止点通常重要于见证点。

（2）技术交底的控制 对于关键部位、技术难度大、施工复杂的检验批以及分项工程，施工承包单位应在施工前将技术交底书（作业指导书）报送监理工程师。经监理工程师审查后，方可施工。如果技术交底书不能保证作业活动的质量要求，承包单位要及时补充修改。没有做好技术交底的工序或分项工程，不得进入正式实施阶段。

（3）环境状态的控制 环境控制主要包括以下三项内容：

1）施工作业环境的控制。监理工程师应事先检查施工单位对施工作业的技术环境条件方面的有关准备工作是否已准备妥当，如水、电或动力供应，施工照明，安全防护设施，施工场地空间条件和通道，以及交通运输和道路条件等。当确认其准备可靠、有效后，方准许其进行施工。

2）施工质量管理环境的控制。监理工程师应做好施工承包单位的质量管理环境检验，并督促其落实。其主要包括：施工承包单位的质量管理、质量体系和质量控制自检系统是否处于良好的状态；系统的组织结构、检测制度、人员配备等方面是否完善和明确；准备使用的质量检测、试验和计量等仪器、设备和仪表是否能满足使用要求，是否处于良好的可用状态；仪器、设备的管理是否符合有关的法规规定；外送委托检测、试验的机构资质等级是否符合要求等。

3）施工自然环境条件的控制。监理工程师应检查施工承包单位在未来施工期间，当自然环境条件发生变化，可能对工程施工质量产生不利影响时，是否事先已做好充足的准备，采取了有效的对策和措施，从而保证工程质量。例如，严寒季节的防冻、夏季的防高温、施工场地的防洪与排水等。

（4）施工测量及计量器具性能、精度的控制 对施工测量仪器和计量器的控制主要包括如下内容：

1）对工地试验室的检查。工程作业开始前，承包单位应向项目监理机构报送工地试验室（或外委试验室）的资质证明文件，列出本试验室所开展的试验、检测项目、主要仪器、设备，法定计量部门对计量器具的标定证明文件，试验检测人员上岗资质证明，试验室管理制度等。监理工程师应检查工地试验室资质证明文件、试验设备、检测仪器能否满足工程质量检查要求，是否处于良好的可用状态，精度是否符合要求；法定计量部门的标定资料，如合格证、率定表，是否在标定的有效期内；试验室管理制度是否齐全，符合实际；试验、检测人员的上岗资质等。经检查，确认能满足工程质量检验要求，则予以批准，同意使用；否则，承包单位应进一步完善，补充。在没得到监理工程师同意之前，工地试验室不得使用。

2）工地测量仪器的检查。施工测量开始前，承包单位应向项目监理机构提交测量仪器的型号、技术指标、精度等级、法定计量部门的标定证明以及测量工的上岗证明等，监理工程师审核确认后，方可进行正式测量作业。在作业过程中监理工程师也应经常检查了解计量仪器、测量设备的性能、精度状况，使其处于良好的状态之中。

5. 施工过程中的质量控制

（1）对施工承包单位质量控制工作的监控 监理工程师监控施工承包单位质量控制工作时，重点放在：

1）监理工程师通过对施工单位的质量控制自检系统进行监督，使其能在质量管理中始终发挥良好的作用。在施工中，如发现不能胜任的质量控制人员，可要求承包方予以撤换；如发现其组织不完善时，应促使其改进、完善。

2）监督施工承包单位完善工序质量控制，将影响工序质量的因素自始至终都纳入质量管理范围；督促承包单位把重要的、复杂的施工项目或工序作为重点，设立质量控制点，加强控制；及时检查与审核施工承包单位提交的质量统计资料和质量控制图表；对于重要的工程部位或专业工程，监理工程师还要进行试验和复核。

（2）施工过程中进行质量跟踪监控 监理工程师在施工过程中的质量控制主要包括：

1）监理工程师在施工过程中要对质量状况进行跟踪监控，监督承包单位的各项工程活动，密切关注其在施工准备阶段中对于影响工程质量的各方面因素所做的安排，在施工过程中是否发生了不利于保证工程质量的变化，诸如施工材料质量、混合料的配合比、施工机械的运行与使用情况、计量设备的准确性、上岗人员组成和变化、工艺与操作等情况是否始终符合要求。

2）严格工序间的交接检查。对于主要工序作业、隐蔽工程和隐蔽作业，通常要按有关规范要求，由监理工程师在规定的时间内检查，确认其质量符合要求后，才能进行下道工序。

3）建立施工质量跟踪档案。

（3）设计变更或图样修改的审查 在工程施工过程中，无论是建设单位、施工单位以及设计承包单位提出的工程变更或图样修改，都应通过监理工程师审查并组织有关方面研究，确认其必要性后，由监理工程师发布变更指令后方能予以实施。

（4）施工过程中的检查验收 监理工程师在施工过程中的检查和验收主要包括：

1）工序产品的检查、验收。对于各工序的产出品，应先由施工单位按规定进行自检，自检合格后向监理工程师提交"报验申请表"以及相应的证明材料。监理工程师收到上述资料后，应在合同规定的时间内及时对其质量进行检验，确认其质量合格并签发质量验收单后，方可进行下道工序的施工。

2）重要的工程部位、工序和专业工程，或监理工程师对施工单位的施工质量状况未能确认者，以及重要的材料、半成品的使用等，还需由监理工程师亲自进行试验。

（5）处理已发生的质量问题或质量事故 对于发生的质量问题和质量事故，要严格按照国家的有关规定，逐级上报，并及时妥善处理。

（6）下达停工指令控制施工质量 在出现下列情况时，监理工程师有权通过下达停工令行使质量控制权，及时进行质量控制：

1）施工中出现质量异常情况，经提出后，施工单位未采取有效措施，或措施不力未能扭转这种情况者。

2）隐蔽作业未经检验而擅自封闭者。

3）已发生质量事故而未能按照监理工程师要求及时处理，或者是已发生质量缺陷或事故，如不停工则质量缺陷或事故将继续发展的情况。

4）未经监理工程师审查同意而擅自变更设计或修改图样进行施工者。

5）未经技术资质审查的人员或不合格人员进入现场施工者。

6）使用的原材料、构配件不合格或未经检查确认者，或擅自采用未经审查认可的代用材料者。

7）擅自让未经监理工程师审查认可的分包商进场施工者等。

4.2.3.4 施工质量控制的手段

1. 审核有关技术文件、报告或报表

作为监理工程师，及时审核有关技术文件、报告或报表是对工程质量进行全面监督、检查与控制的重要途径。其具体内容包括以下几项：

1）审查进入施工现场的分包单位的资质证明文件，控制分包单位的质量。

2）审批施工承包单位的开工申请书，检查、核实与控制其施工准备工作质量。

3）审批施工单位提交的施工方案、施工组织设计或施工计划。

4）审查施工承包单位提交的有关材料、半成品和构配件质量证明文件（如出厂合格证、质量检验或试验报告等）。

5）审核施工单位提交的反映工序施工质量的动态统计资料或管理图表。

6）审核施工单位提交的有关工序产品质量的证明文件（检验记录及试验报告）、工序交接检查（自检）、隐蔽工程检查、分部分项工程质量检查报告等文件、资料。

7）审批有关设计变更、设计图样的修改等。

8）审核有关应用新技术、新工艺、新材料、新结构等的技术鉴定书，审批其应用申请报告，确保新技术的应用质量。

9）审批有关工程质量缺陷或质量事故的处理报告，确保质量问题得以及时处理。

10）审核与签署现场有关质量的技术签证、文件等。

2. 指令文件与一般管理文书

指令文件是表达监理工程师对于施工单位提出指示或命令的强制性书面文件。它是监理工程师运用质量控制权的具体形式。

一般管理文书是监理工程师对于施工单位的各种状态、行为提出建议、希望或劝告，仅供施工单位参考决策的文件，如监理工程师函、备忘录、会议纪要、发布的有关信息或通报等。

监理工程师发布的各项指令文件和一般管理文书都应是书面的或有文件记载的方为有效，并作为技术文件资料存档。如因时间紧迫，来不及做出正式的书面指令，也可以用口头指令的方式下达给施工单位，但随即应按合同规定，及时补充书面文件对口头指令予以确认。

3. 现场质量监督与检查

（1）现场监督检查的内容

1）开工前的检查。主要检查开工前准备工作的质量，能否保证正常施工及施工质量。

2）工序施工中的跟踪监督、检查与控制。主要监督、检查在工序施工过程中，人员、施工机械设备、材料、施工方法及工艺或操作以及施工环境条件等是否均处于良好的状态，是否符合保证工程质量的要求，若发现有问题应及时纠正、控制。

3）对于重要的和对工程质量有重大影响的工序，还应在现场进行施工过程的旁站监督与控制，确保使用材料及工艺过程的质量。

4）工序产品的检查、工序交接检查及隐蔽工程检查。在施工单位自检、互检的基础上，监理工程师还应进行工序交接检查。隐蔽工程需经监理工程师检查确认其质量后，才允许加以覆盖。

5）复工前的检查。当工程因质量问题或其他原因，监理工程师指令停工后，在复工前应经监理工程师检查认可，下达复工指令，方可施工。

6）分项、分部工程完成后，应经监理工程师检查认可，签署中间交工证书。

7）对于施工难度大的工程结构或容易产生质量通病的施工对象，监理工程师还应进行现场跟踪检查。

（2）现场监督检查的方式

1）旁站与巡视。旁站是指在关键部位、关键工序施工过程中，由监理人员在现场进行监督的活动。巡视是指监理人员对正在施工的部位或工序现场进行定期或不定期的监督活动。与对某一部位、某一工序"点"上的旁站不同，巡视不限于某一部位或过程，它属于"面"上的活动。

2）平行检验。平行检验是指监理工程师利用一定的检查或检测手段在承包单位自检的基础上，按照一定的比例独立进行检查或检测的活动。它通常在正常监理取费之外另行收费。

（3）现场质量检验的方法 对于现场所用原材料、半成品、构配件，以及工序过程或工程产品质量进行检验的方法，一般可分为目测法、检测工具量测法和试验法。

1）目测法，即凭感观进行检查，也可称为感觉性检验。这类方法主要是根据质量要求，采用"看、摸、敲、照"等手法对检查对象进行检查。

2）量测法，即利用量测工具或计量仪表，通过实际量测结果与规定的质量标准或规范的要求相比较，从而判断质量是否符合要求。量测的手法可归纳为"靠、吊、量、套"。

3）试验法，即通过现场试验或实验室试验等理化试验手段，取得数据，分析判断质量情况的方法。它包括理化试验和无损试验或检验：前者指工程中常用的理化试验方法，包括各种物理力学性能方面的检验和化学成分及含量的测定等两个方面；后者指借助于专门的仪器、仪表等手段，探测结构物或材料、设备内部组织结构或损伤状态。

4. 规定质量监控工作程序

规定双方必须遵守的质量监控工作程序，并按规定的程序进行工作，这也是进行质量监控的必要手段和依据。例如，未提交开工申请报告并得到监理工程师的审查，不得开工；未经监理工程师签署质量验收单予以质量确认，不得进行下道工序施工等。

5. 利用支付控制手段

这是国际上通用的一种重要的控制手段，也是建设单位或承包合同赋予监理工程师的支付控制权。支付控制权就是对施工承包单位支付任何工程款项，均需由监理工程师开具支付证明书。没有监理工程师签署的支付证明书，建设单位不得向承包单位支付工程款。而且，支付工程款的必要条件之一就是工程质量要达到规定的要求和标准。

4.2.4 工程施工质量验收

工程施工质量验收是指在施工单位自行质量检查评定的基础上，参建单位共同对于检验批、分项工程、分部工程、单位工程的质量进行抽样复验，并根据相关标准以书面形式对工程质量是否达到合格做出确认。其中，检验批是施工质量验收的最小单位，通常是按同一生产条件或按规定的方式汇总起来供检验用，由一定数量样本组成的检验体。

根据建筑工程施工质量验收规范，工程施工质量验收应坚持"验评分离，强化验收，完善手段，过程控制"的指导思想。

4.2.4.1 建筑工程施工质量验收层次的划分

划分建筑工程施工质量验收的层次可以实施工程施工质量的过程控制、终端把关，确保施工质量达到预定的控制目标。

1. 单位工程的划分

通常按以下原则划分单位工程：

1）具备独立施工条件并能形成独立使用功能的建筑物、构筑物可以作为一个单位工程。

2）可以将规模较大的单位工程，按独立形成使用功能的部分划分为若干个子单位工程。子单位工程在施工前由建设、监理、施工单位根据建筑设计分区、使用功能的差异、结构缝的设置等情况商定，并据此收集整理施工技术资料与验收。

3）室外工程可按专业类别、工程规模划分单位工程或子单位工程。

2. 分部工程的划分

通常按以下原则划分分部工程：

1）分部工程应按专业性质、建筑部位划分。例如，建筑工程可划分为地基与基础、主体结构、建筑装饰装修、建筑屋面、建筑给水排水及采暖、建筑电气、智能建筑、通风与空调、电梯等分部工程。

2）可以将规模较大的分部工程，按施工顺序、专业系统及类别等划分为若干个子分部工程。例如，智能建筑分部工程中包含了火灾及报警消防联动系统、安全防范系统、综合布线系统、智能化集成系统、电源与接地、环境、住宅（小区）智能化系统等子分部工程。

3. 分项工程的划分

分项工程主要按照工种、材料、施工工艺、设备类别等进行划分。例如，混凝土结构工程中，按主要工种可分为模板工程、钢筋工程、混凝土工程等分项工程；按施工工艺又可分为预应力、现浇结构、装配式结构等分项工程。

4. 检验批的划分

分项工程通常由若干个检验批组成，而且检验批可以根据施工及质量控制、专业验收需要等，按楼层、施工段、变形缝等进行划分。

例如，建筑工程的地基基础分部工程中的分项工程，通常划分为一个检验批；有地下层的基础工程，可按不同地下层划分检验批；屋面分部工程中的分项工程不同楼层的屋面，可划分为不同的检验批；多层、高层建筑工程中主体部分的分项工程可按楼层或施工段划分检验批；安装工程通常按一个设计系统或组别划分为一个检验批。

4.2.4.2 建筑工程施工质量验收

1. 检验批的质量验收

（1）检验批质量合格的规定 检验批同时满足以下条件，则视为其质量合格：主控项目和一般项目的质量经抽样检验合格；具有完整的施工操作依据、质量检查记录。其中，主控项目是指建筑工程中对安全、卫生、环境保护和公众利益起决定性作用的检验项目，如混凝土结构工程中的"纵向受力钢筋连接方式应符合设计要求"；一般项目是指主控项目以外的其他项目，如"施工缝的位置应在混凝土的浇筑前按设计要求和施工技术方案确定，施工缝的处理应按施工技术方案执行"。

（2）检验批质量验收的规定 检验批质量验收的规定主要有：

1）资料检查。对于质量控制资料的检查属于对过程控制的确认，而且资料完整又是检验批质量合格的前提。监理工程师应当检查的资料主要包括图样会审、设计变更、洽商记录，建筑材料、成品、半成品、建筑构配件、器具和设备的质量证明书及进场检（试）验报告，工程测量、放线记录，按专业质量验收规范规定的抽样检验报告，隐蔽工程检查记录，施工过程记录和施工过程检查记录，质量管理资料和施工单位操作依据等。

2）主控项目和一般项目的检验。检验批的质量合格主要取决于主控项目和一般项目的检验结果。主控项目对检验批的质量起着决定性作用，必须全部符合相应专业工程验收规范的规定；一般项目的检验应按专业规范的要求处理。

3）检验批的抽样方案。抽样方案的合理性对于检验批的质量验收有着直接的影响，而且在制订检验批的抽样方案时，应当考虑合理分配生产方风险（或错判概率 α）与使用方风险（或漏判概率 β）。在一般情况下，合格质量水平的主控项目的 α、β 均不宜超过 5%，一般项目的 α 不宜超过 5%，β 不宜超过 10%。同时，应根据检验项目的特点，监理工程师可在以下抽样方案中选择检验批质量验收的抽样方案：计量、计数或计量 – 计数抽样方案；一次、两次或多次抽样方案；根据生产连续性、生产控制稳定性，采用调整型抽样方案；当重要的检验项目采用简易快速检验方法时，可选用全数检验方案；经实践检验行之有效的抽样方案，如分层抽样。

4）检验批的质量验收记录。检验批的质量验收记录由施工项目专业质量检查员填写，由监理工程师（建设单位项目专业技术负责人）组织项目专业质量检查员等进行验收，并按表记录。

2. 分项工程的质量验收

（1）分项工程质量合格的规定 分项工程所含的检验批均符合质量合格的规定；分项工程所含的检验批的质量验收记录应完整。

（2）分项工程质量验收记录 分项工程质量应由监理工程师（建设单位项目专业技术负责人）组织项目专业技术负责人等进行验收，并按表记录。

3. 分部工程的质量验收

（1）分部工程质量合格的规定 分部工程质量合格的规定如下：

1）分部工程所含的分项工程的质量均验收合格。

2）质量控制资料完整。

3）地基与基础、主体结构和设备安装等分部工程有关安全及功能的检验和抽样检测结果符合有关规定。

4）观感质量验收符合要求。

（2）分部工程质量验收记录 分部工程质量应由总监理工程师（建设单位项目负责人）组织施工单位项目经理、有关勘察、设计单位项目负责人进行验收，并按表记录。

4. 单位工程的质量验收

（1）单位工程质量合格的规定 单位工程质量合格的规定如下：

1）单位工程所含的分部工程的质量均验收合格。

2）质量控制资料完整。

3）单位工程所含分部工程有关安全、功能的检验资料完整。

4) 主要功能项目的抽查结果符合有关专业质量验收规范的规定。

5) 观感质量验收符合要求。

（2）单位工程质量验收记录 验收记录由施工单位填写，验收结论由监理（建设）单位提出。综合验收结论由参加验收各方共同商定、建设单位填写，并对工程质量符合设计、规范及总体质量水平做出评价。

4.2.4.3 工程施工质量不符合要求时的处理

对于施工质量验收不合格，并经过相应处理后的部分，应按以下原则进行处理：

1) 经返工重做或更换器具、设备的检验批，应重新进行验收。

2) 经具有相应资质的检测单位鉴定达到设计要求的检验批，应予以验收。

3) 经具有相应资质的检测单位鉴定达不到设计要求，但经原设计单位核算认可能够满足结构安全和使用功能的检验批，应予以验收。

4) 经返修或加固的分项、分部工程，虽然外形尺寸发生改变，但仍能满足安全使用要求，可按技术处理方案和协商文件进行验收。

5) 通过返修或加固仍不能满足安全使用要求的分部工程、单位工程，严禁验收。

4.2.4.4 建筑工程施工质量验收的程序和组织

1. 检验批及分项工程的验收程序与组织

检验批及分项工程应由监理工程师（建设单位项目专业技术负责人）组织施工单位项目专业质量（技术）负责人等进行验收。

施工单位应在验收前填写"检验批和分项工程的验收记录"（监理日记、结论不得填写），并由项目专业质量检验员、项目专业技术负责人分别在相关栏目中签字，然后在监理工程师组织下按规定的程序进行验收，并在验收合格后签字。

2. 分部工程的验收程序与组织

分部工程应由总监理工程师（建设单位项目负责人）组织施工单位负责人以及质量技术负责人等进行验收。鉴于地基基础、主体结构的重要性，要求相关勘察、设计单位的项目负责人参加相关部分的验收。

3. 单位工程的验收程序与组织

（1）竣工预验收 当单位工程达到竣工验收条件后，施工单位应在自查、自评的基础上，填写工程竣工报验单，并将全部竣工资料报送项目监理机构，申请竣工验收。总监理工程师应组织各专业人员对竣工资料和各专业工程的质量情况进行全面检查。对于检查中发现的问题，应督促施工单位及时整改；对需要进行功能试验的项目，应督促施工单位及时进行试验，并对重要项目进行监督、检查，必要时可约请建设单位、设计单位参验。监理工程师应认真审查试验报告单，并督促施工单位做好成品保护、现场清理。经项目监理机构对于竣工资料及实物的全面检查、验收合格后，由总监理工程师签署工程竣工报验单，并向建设单位提出质量评估报告。

（2）正式验收 建设单位收到工程竣工验收报告后，应由其项目负责人组织施工、设计、监理等单位负责人进行单位工程验收。工程经验收合格后，方可交付使用。工程竣工验收应当具备以下条件：

1) 完成工程建设设计文件及合同规定的各项内容。

2) 有完整的技术档案、施工管理资料。

3）有工程使用的主要建筑材料、建筑构配件和设备的进场试验报告。

4）有勘察、设计、施工、监理等单位分别签署的质量合格文件。

5）有施工单位签署的工程保修书。

单位工程由分包单位施工时，分包单位对所承包的部分按规定的程序检查评定，总承包单位应派人参加。分包工程完成后，应将有关的工程资料交总包单位。

4.2.5 工程质量问题和质量事故的处理

根据有关规定，凡是工程质量不合格，必须进行返修、加固或报废处理，由此造成直接经济损失低于5000元的，属于质量问题；直接经济损失在5000元（含5000元）以上的，属于质量事故。

1. 工程质量问题的处理程序

当发生工程质量问题时，监理工程师应当按以下程序进行处理：

1）判定质量问题的严重程度。对于可以通过返修或返工弥补的，可签发"监理通知"，责成施工单位写出质量问题调查报告、提出处理方案，并填写"监理通知回复单"。监理工程师审核后，必要时经建设单位、设计单位认可后，做出批复。处理的结果应当重新进行检验。

2）对于需要加固补强的质量问题，以及存在的质量问题影响下道工序、分项工程质量的情况，监理工程师应当签发"工程暂停令"，责令施工单位停止存在质量问题部位或与其有关联部位以及下道工序的施工。必要时监理工程师应要求施工单位采取防护措施，并提交质量问题调查报告，由设计单位提出处理方案，并在征得建设单位同意后，批复施工单位处理。处理的结果应当重新进行检验。

3）施工单位接到"监理通知"后，应在监理工程师的组织参与下，尽快进行质量问题调查，并在明确问题的范围、程度、性质、影响及原因的基础上编写调查报告。调查报告应当全面、详细、客观准确，并包括以下主要内容：① 与质量问题相关的工程情况；② 发生质量问题的时间、地点、部位、性质、现状及发展变化情况等；③ 调查中的有关数据和资料；④ 原因分析与判断；⑤ 是否需要采取临时防护措施；⑥ 质量问题处理补救的建议方案；⑦ 涉及的有关人员、责任及预防类似质量问题的措施等。

4）监理工程师审核、分析质量问题调查报告，判断、确认质量问题产生的原因。

5）在分析原因的基础上，认真审核签认质量问题处理方案。

6）指令施工单位按既定的处理方案实施处理并进行跟踪检查。

7）监理工程师在质量问题处理完毕后，组织有关人员对于处理结果进行严格的检查、鉴定和验收，并写出质量问题处理报告，报建设单位、监理单位存档。

一般来讲，质量问题处理报告应包括以下主要内容：① 基本处理过程的描述；② 调查与核查的情况，包括调查的有关数据、资料；③ 原因分析结果；④ 处理的依据；⑤ 审核认可的质量问题处理方案；⑥ 实施处理中的有关原始数据、验收记录、资料；⑦ 对处理结果的检查、鉴定和验收结论；⑧ 质量问题处理结论。

2. 工程质量事故的处理程序

鉴于工程质量事故的复杂性、严重性、可变性、多发性，当发生工程质量事故时，监理工程师应当根据质量事故的实况资料、合同文件、技术档案以及相关的建设法规，按照以下的程序进行处理：

1）工程质量事故发生后，总监理工程师应签发"工程暂停令"，要求施工单位停止进行质量缺陷部位及关联部位、下道工序的施工，并要求其采取必要的措施，防止事故扩大、保护现场。同时，要求质量事故发生单位于 24 小时内提交书面报告，迅速地按类别、等级向相应的主管部门上报。

2）监理工程师在事故调查组展开工作后，应积极、客观地提供相应的证据。如果监理工程师没有责任，可应邀参加调查组；如果监理工程师有责任，则应回避，并积极配合调查组的工作。

3）监理工程师接到质量事故调查组提出的技术处理意见后，应组织相关单位研究，责成其完成技术处理方案后，予以审核签认。为了确保质量事故技术处理方案的可靠、可行、保证结构安全与使用功能，方案通常由原设计单位提出，并征求建设单位意见；其他单位提出时，应经原设计单位同意签认。

4）技术处理方案核签后，监理工程师应要求施工单位制定详细的施工方案，并在必要时编制监理实施细则，对质量事故技术处理的施工质量通过旁站等形式实施监理，并会同设计、建设单位共同检查认可。

5）施工单位完工自检并报验结果后，监理工程师应组织有关各方进行检查验收，必要时应进行处理结果鉴定。同时，监理工程师应要求事故单位编写质量事故处理报告，并审核签认，将有关技术资料归档。

4.3 工程建设进度控制

4.3.1 工程进度控制概述

工程进度控制是针对工程项目建设各阶段的工作内容、工作顺序、持续时间及其相互搭接关系等，按照满足目标工期、资源优化配置的原则编制计划并付诸实施，然后在计划实施过程中经常检查实际进度是否按计划进行，一旦发现偏差出现，则在分析偏差产生原因的基础上采取有效措施排除障碍或调整、修改原进度计划后再付诸实施，如此循环，直至工程项目竣工验收、交付使用的过程。进度控制的最终目的是确保工程项目按预定的时间动用或提前交付使用。

4.3.1.1 影响工程进度的因素分析

由于工程建设项目具有规模大、工程结构与工艺技术复杂、建设周期长、关联单位多等技术经济特点，故工程进度要受到许多因素的影响，如人为因素，技术因素，设备、材料及构配件因素，机具因素，资金因素，水文、地质与气象因素，其他自然与社会环境等方面的因素。其中，人为因素是最大的干扰因素。

从影响因素产生的根源来看，有的来源于建设单位及其上级主管部门，有的来源于勘察设计、施工及材料、设备供应单位，有的来源于政府、建设主管部门、有关协作单位和社会，有的来源于各种自然条件，也有的来源于建设监理单位本身。其中，常见的影响因素包括建设单位因素，勘察设计因素，施工技术因素，自然环境因素，社会环境因素，组织管理因素，材料、设备因素，资金因素等。

按照干扰因素的责任以及处理方式进行分类，可将影响进度的因素分为工期延误和工程延期两大类。

1. 工期延误

工期延误是指由于承包单位自身的原因造成的工期延长。其一切损失由承包单位承担，包括承包商在监理工程师的同意下采取加快工程进度的任何措施所增加的各种费用。同时，由于工期延误确实造成工期延长时，承包单位还要向建设单位支付误期损失赔偿费。

2. 工程延期

工程延期是指由于非承包单位原因造成的工期延长。例如，工程量增加、未按时向承包单位提供设计图样、恶劣的气候条件、业主的干扰和阻碍等。经过监理工程师批准的工程延期时间属于合同工期的一部分，即工程竣工时间等于标书中规定的时间加上监理工程师批准的工程延期时间。

监理工程师对于工程中出现的工期延长是否批准为工程延期，对承包单位、建设单位都十分重要。因此，监理工程师应按照相关的合同条件，公正地区分工程延误与工程延期，合理地批准工程延期的时间。

4.3.1.2 工程进度控制的主要任务

监理工程师应当借助组织、技术、经济、合同等措施，通过设计前准备、设计、施工阶段完成进度控制的任务。

1. 设计前准备阶段进度控制的主要任务

1）收集有关工程建设信息，协助建设单位确定工期总目标。

2）编制项目建设总进度计划。

3）编制设计准备阶段详细工作计划，并控制该计划的执行。

4）进行环境和施工现场条件的调研、分析等。

2. 设计阶段进度控制的主要任务

1）编制或审核设计阶段工作进度计划，并控制其执行。

2）编制或审核详细的出图计划，并控制其执行等。

3. 施工阶段进度控制的主要任务

1）审核施工总进度计划，并控制其执行。

2）审核单位工程施工进度计划，并控制其执行。

3）审核工程年、季、月实施计划，并控制其执行等。

4.3.1.3 工程进度控制的计划系统

为了确保工程建设进度控制目标的顺利实现，参与工程建设的有关单位都要编制进度计划，并且控制这些进度计划的实施。

1. 建设单位的进度计划体系

建设单位编制（也可委托监理单位编制）的进度计划包括工程建设前期工作计划、工程建设总进度计划和工程建设年度计划。

（1）**工程建设前期工作计划** 工程建设前期工作计划是指在预测的基础上，对工程项目可行性研究、项目评估及初步设计等工作的进度安排。通过这个计划，使建设前期的各项工作相互衔接，时间得到控制。

（2）**工程建设总进度计划** 工程建设总进度计划是指初步设计完成后，对工程项目从开始建设（设计、施工准备）至竣工投产全过程的统一部署。其目的在于安排各单项工程和单位工程的建设进度，合理分配年度投资，组织各方面的协作，保证初步设计确定的各项建设任务的完成。工程建设总进度计划对于保证项目建设的连续性，增加建设工作的预见性，确保项目按期完成，具有重要作用。它主要由文字和表格两大部分组成：前者包括工程概况和特点、编制的原则和依据、资金的来源与分期安排、资源进场时间与外部协作条件、存在的问题与拟采取的措施等；后者包括工程项目一览表、工程项目总进度计划、投资的计划年度分配表、工程项目进度平衡表等。

（3）工程建设年度计划　工程建设年度计划是依据工程建设总进度计划而编制的。它既要满足工程项目总进度的要求，又要与当年可能获得的资金、设备、材料、施工力量相适应。同时，应根据分批配套投产或交付使用的要求，合理安排各年度建设的工程项目。工程建设年度计划主要由文字和表格两大部分组成：前者包括编制的原则和依据，本年度计划投资额与拟完成的实物工程量，建设条件的落实情况与外部协作条件的安排，存在的问题与拟采取的措施等；后者包括年度计划项目表、年度竣工投产交付使用计划表、年度建设资金及设备平衡表等。

2. 监理单位的进度计划体系

监理单位除对前述几种计划进行监控外，还应编制以下几种计划，以便更有效地进行监控。

（1）总进度计划　在实施建设全过程控制的情况下，监理单位应根据可行性研究报告、工程项目前期工作计划、工程建设总进度计划等，编制监理总进度计划。总进度计划应阐明工程项目前期准备、设计、施工、动用前准备、项目动用等阶段的进度安排。

（2）总进度分解计划　为了使总进度计划更具可操作性，应将其按工程进展和实施时间进行分解。其中，按工程进展分解的计划包括设计准备阶段进度计划、设计阶段进度计划、施工阶段进度计划、动用前准备阶段进度计划等；按实施时间分解的计划包括年度进度计划、季度进度计划、月度进度计划等。

（3）各子项目进度计划　对于有些大型工程项目，可划分为工程性质明显不同的子项目，此时应分别制定各子项目的进度计划，但要保持各子项目进度之间的有序衔接。

（4）进度控制工作制度　进度控制工作制度的主要内容包括工作流程图、进度控制措施等。

（5）进度目标实现风险分析　进度目标实现风险分析的根本任务是确定影响进度目标不能实现的潜在因素，并对其影响程度进行评价和预测，采取最佳对策组合以确保进度目标的实现。

（6）进度控制方法规划　进度控制的方法很多，不同工程项目的控制方法也不同。监理工程师在规划进度控制方法时，应结合工程项目的具体情况，采用切实可行的方法与措施。

3. 设计单位的进度计划体系

（1）设计总进度计划　它主要用以安排自设计准备到施工图设计完成的设计全过程中各个具体阶段的开始、完成时间。

（2）阶段性设计进度计划　它主要用以控制设计准备、初步设计（扩大初步设计）、施工图设计等阶段的设计进度及时间要求。

（3）专业性设计进度计划　它主要用以控制建筑、结构、机电等各专业的设计进度及时间要求。

4. 施工单位的进度计划体系

（1）施工准备工作计划　为了统筹安排施工力量、施工现场，并给工程施工创造必要的技术、物资条件，施工准备工作计划一般包括技术准备、物资准备、劳动组织准备、施工现场准备、施工场外准备等内容，并尽可能地落实时间、人员。

（2）施工总进度计划　施工总进度计划是根据施工方案、施工顺序，对于各个单位工程做出的时间方面的总体安排。通过它还可以明确现场劳动力、材料、成品、半成品、施工机械的需要数量与调配情况，以及现场临时设施的数量、水电供应量与能源、交通的需要量等。

（3）单位工程进度计划　单位工程进度计划是在既定施工方案、工期与各种资源供应条件的基础上，遵循合理的施工顺序对于单位工程内部各个施工过程作出的时间、空间方面的安排。借助单位工程进度计划可以确定施工作业所必需的劳动力、施工机具与材料供应计划。

（4）分部分项工程进度计划　分部分项工程进度计划是针对工程量较大、施工技术比较复杂的分部分项工程，依据具体的施工方案，对其各施工过程所做出的时间安排，如大型基础土方工程、大体积混凝土工程、大面积预制构件吊装工程等。

当然，如果按实施的时间分解，施工单位的进度计划体系还应包括年度施工计划、季度施工计划、月（旬）作业计划等。

4.3.2　工程进度实施中的监测与调整

在项目实施过程中，由于受到某些编制者事先难以准确预料的因素干扰，往往造成实际进度与计划进度产生偏差。而且如果偏差得不到及时纠正，必将影响进度总目标的实现。因此，在项目进度计划的执行过程中，必须采用准确的监测手段不断发现问题，并采用行之有效的进度调整方法及时纠正偏差。

4.3.2.1　进度监测与调整的系统过程

1. 进度监测的系统过程

在项目实施过程中，监理工程师要定期监测进度计划的执行情况，具体如图4-4所示。其中，主要的工作包括：

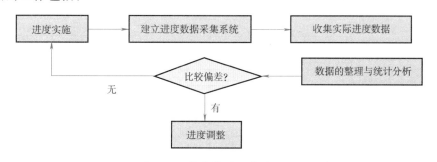

图4-4　进度监测系统过程

（1）进度计划执行中的跟踪检查　跟踪检查的主要工作是定期收集反映实际工程进度的有关数据，并且确保数据的完整、准确，为科学的决策奠定基础。因此，监理工程师必须认真做好以下工作：① 定期收集进度报表资料，进度报表必须由施工单位按照规定的时间、内容认真填写后，报送监理工程师；② 监理人员常驻现场，检查进度计划的实际执行情况；③ 定期召开现场会议，了解实际进度情况、协调有关方面的进度。

（2）整理、统计和分析收集的数据 收集的数据要进行整理、统计和分析后，形成与计划有可比性的数据，如累计完成工程量、累计完成的百分比等。

（3）实际进度与计划进度对比 实际进度与计划进度对比是将实际进度的数据与计划进度的数据进行比较。通常可以利用表格和图形等方法，从而得出实际进度比计划进度拖后、超前或是一致的结论。

2. 进度调整的系统过程

在项目进度监测过程中，一旦发现实际进度与计划进度不符，即出现进度偏差时，监理工程师应认真分析偏差产生的原因及对后续工作和总工期的影响，并采取合理的调整措施，确保进度总目标的实现。其具体过程如下：

1）分析进度产生偏差的原因。为了调整进度，监理工程师应深入现场进行调查，分析产生偏差的原因。

2）分析偏差对后续工作和总工期的影响。在查明产生偏差的原因之后，要分析偏差对后续工作和总工期的影响，确定是否需要进行调整。

3）确定影响后续工作和总工期的限制条件。在分析偏差对后续工作和总工期的影响并需要采取一定的调整措施后，应当确定进度可调整的范围。它通常与签订的承包合同有关，需认真分析，防止承包单位提出索赔。

4）采取进度调整措施。采取进度调整措施时，应以后续工作及总工期的限制条件为依据，并保证进度控制目标的实现。

5）实施调整后的进度计划。在工程继续实施中，需要执行调整后的进度计划。监理工程师应及时协调有关单位的关系，并采取相应的措施。

4.3.2.2 实际进度与计划进度的比较方法

1. 横道图比较法

横道图比较法是将在项目实施中检查实际进度所收集的数据，经过整理后直接用横道线平行绘制于原计划的横道线处并进行直观比较的方法。例如，某基础工程施工的实际进度与计划进度比较如图 4-5 所示，其中虚线表示计划进度，实线表示实际进度。

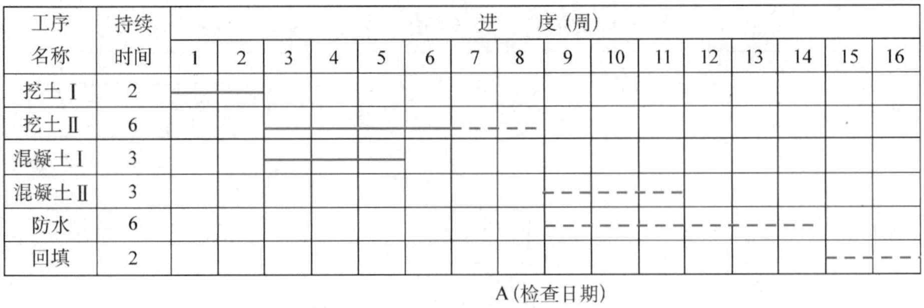

工序名称	持续时间	进 度（周）															
		1	2	3	4	5	6	7	8	9	10	11	12	13	14	15	16
挖土Ⅰ	2																
挖土Ⅱ	6																
混凝土Ⅰ	3																
混凝土Ⅱ	3																
防水	6																
回填	2																

A（检查日期）

图 4-5 某基础工程施工的实际进度与计划进度比较

从图 4-5 中可以发现，在第 7 周末进行施工进度检查时，第一项（挖土Ⅰ）、第三项（混凝土Ⅰ）工序已经完成，第二项（挖土Ⅱ）按计划应完成83%，但实际只完成了67%，已经拖后了16%。于是，得到了实际进度与计划进度之间的偏差，并为采取调整措施、纠正偏差提供方向。

图4-5的方法是一种最简单的方法，它仅适合于各项工作匀速进行的情况，即每项工作在单位时间内完成的任务量相等。完成的任务量可以实物工程量、劳动消耗量和工作量三种形式表示，并常以实际完成任务量的累计百分比与计划应完成量的累计百分比进行比较。

根据工程项目中各项工作的实际进展是否匀速，横道图比较法也不尽相同。

（1）匀速进展横道图比较法　匀速进展是指在工程项目中，每项工作的实施进度都是均匀的，即在单位时间内完成的任务量相等。此时，每项工作累计完成的任务量与时间呈现图4-6所示的线性关系。

在各项工作匀速进展情况下，其横道图比较法的工作步骤如下：

第一步，编制横道图进度计划。

第二步，在进度计划上标注检查日期。

第三步，将检查收集的实际进度数据，按比例用涂黑的粗线标于进度线的下方，如图4-7所示。

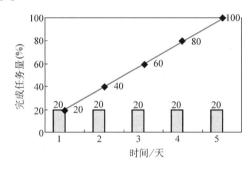 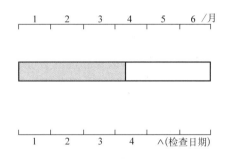

图4-6　匀速进展时间与实际完成任务量的关系　　　图4-7　匀速进展横道图的比较

第四步，对比分析实际进度与计划进度，如果涂黑粗线的右端落在检查日期的右侧，则实际进度超前，否则属于拖后。在图4-7中，第4个时间段的实际进度比计划滞后。

（2）非匀速进展横道图比较法　非匀速进展是指在工程项目中，每项工作的实施进度是不均匀的，即在单位时间内完成的任务量不相等。此时，每项工作累计完成的任务量与时间将呈现出非线性关系。

下面结合［例4-1］介绍在各项工作匀速进展情况下，其横道图比较法的工作步骤。

［例4-1］　某工程项目的绑扎钢筋工序按计划需9天完成，每天计划完成的任务量如图4-8所示。

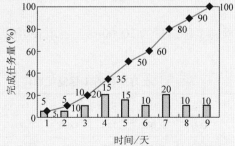

图4-8　非匀速进展时间与实际完成任务量的关系

解 在绑扎钢筋工序非匀速进展情况下,其横道图比较法的工作步骤如下:

第一步,编制横道图进度计划,并标注检查日期。

第二步,在横道线的上方标注每天计划累计完成任务量的百分比。

第三步,在横道线的下方标出从第 1 天开始,到检查日期为止的每天实际累计完成任务量的百分比,如图 4-9 所示。

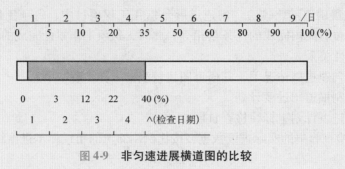

图 4-9 非匀速进展横道图的比较

第四步,按比例用涂黑的粗线标注工作的实际进度(图 4-9 表明,该工序的实际开始时间比计划时间推迟一段,但开始后的工作是连续的)。

第五步,对比分析实际进度与计划(图 4-9 表明,第 1 天末该工序的实际进度比计划进度拖后 2% ,但以后各天依次超前 2% 、2% 、5%)。

横道图比较法具有记录与比较简单、形象直观、容易掌握、应用方便等优点,并被广泛应用于简单进度监测活动之中。但是它所表明的工作之间逻辑关系不明显,关键工作与关键线路难以确定,在某些工作进度发生偏差的情况下,无法确定其对后续工作与整个工期的影响以及必要的调整方法。

2. S 形曲线比较法

对于一般项目而言,其资源投入量与完成的任务量在开始、结束阶段较少,中间阶段较高,即呈现"中间高、两头低"的态势。于是,其累加以后则呈 S 形变化,故名"S 形曲线比较法"。

S 形曲线比较法是以横坐标表示时间、以纵坐标表示累计完成的任务量,绘制出一条按计划时间排列的累计完成任务量的 S 形曲线,然后将项目实施过程中各个检查时间实际完成任务量的 S 形曲线也绘制于同一坐标系中,并通过实际进度与计划进度的对比分析而发现偏差的方法。

(1) S 形曲线的绘制方法 下面结合〔例 4-2〕介绍 S 形曲线的绘制方法。

〔例 4-2〕 某土方工程的工程总量为 10000m³,要求在 10 天内完成,其每天计划完成的工程量见表 4-1。

表 4-1 土方工程的工程量汇总

时间/天	1	2	3	4	5	6	7	8	9	10
每日计划量/m³	200	600	1000	1400	1800	1800	1400	1000	600	200
累计计划量/m³	200	800	1800	3200	5000	6800	8200	9200	9800	10000

解　就本例而言，S 形曲线的绘制步骤如下：

第一步，确定单位时间计划完成的任务量（见表 4-1）。

第二步，确定不同时间累计完成的计划任务量（见表 4-1）。

第三步，根据累计完成的计划任务量绘制 S 形曲线（见图 4-10）。

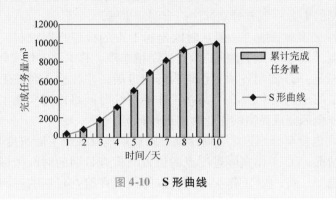

图 4-10　S 形曲线

（2）实际进度与计划进度的比较　在项目实施过程中，将根据规定检查日期收集到的实际累计完成任务量绘制出的 S 形曲线，与计划进度 S 形曲线绘制在同一张图上（见图 4-11）。通过实际进度 S 形曲线与计划进度 S 形曲线的比较，可以获得如下信息：

1）工程项目实际进度与计划进度的比较。如果工程实际进展点落在计划 S 形曲线的左侧，则表明实际进度比计划进度超前，如图 4-11 中的 a 点；如果工程实际进展点落在计划 S 形曲线的右侧，则表明实际进度拖后，如图 4-11 中的 b 点；如果工程实际进展点正好落在计划 S 形曲线上，则实际进度与计划进度一致。

2）工程项目实际进度超前或拖后的时间。例如，图 4-11 中 ΔT_a 表示 T_a 时刻实际进度超前的时间，ΔT_b 表示 T_b 时刻实际进度拖后的时间。

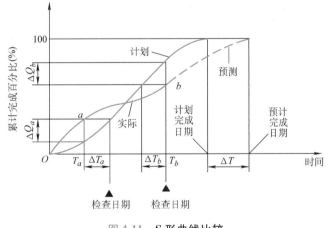

图 4-11　S 形曲线比较

3）工程项目实际超额或拖欠的任务量。例如，ΔQ_a 表示 T_a 时刻实际进度超前完成的任务量，ΔQ_b 表示 T_b 时刻实际进度拖后的拖欠任务量。

4）后期工程进度预测。如果后期工程按原进度计划进行，则可做出后期工程计划 S 形曲线。例如，根据图 4-11 中的虚线可以确定工期拖延的预测值 ΔT。

5）形成香蕉形曲线。利用最早时间（ES）、最迟时间（LS）所对应的两条 S 形曲线可以形成香蕉形曲线，并据此在进度优化的基础上，合理安排施工进度。

3. 前锋线比较法

前锋线是指在原时标网络计划的基础上，从检查时刻的时标点出发，用点画线依次将各项工作的实际进展位置点连接而成的折线。前锋线比较法就是通过工程项目实际进度前锋线与原进度计划中各工作箭线交点的位置，比较工程实际进度与计划进度的偏差，进而判定该偏差对后续工作及总工期影响程度的方法。

一般来讲，前锋线比较法的工作步骤如下：

（1）绘制时标网络图　工程实际进度前锋线是以时标网络图为基础的，为了清晰起见，通常在时标网络图的上方、下方分别标注一个时间坐标。

（2）绘制实际进度前锋线　一般从时间坐标上方的检查日期画起，依次连接相邻工作箭线的实际进度点，最后与下方坐标的检查日期相连接。其中，工作实际进展位置点可以采用两种方法进行标定：① 假定各项工作均为匀速进展，并按检查时该工作已完成任务量占计划完成总任务量的比例标定；② 当某些工作的持续时间难以按实物工程量估算时，可按检查时刻到该工作全部完成尚需的作业时间进行标定。

（3）比较实际进度与计划进度　前锋线可以直观地反映出实际进度与计划进度的关系，并可归纳为三种情况：① 工作实际进度点的位置与检查日期的时间坐标相同，则该工作的实际进度与计划进度一致；② 工作实际进度点的位置在检查日期的时间坐标的右侧，则该工作的实际进度超前，超前时间为两者之差；③ 工作实际进度点的位置在检查日期的时间坐标的左侧，则该工作的实际进度拖后，拖后时间仍为两者之差。

（4）预测进度偏差对后续工作及总工期的影响　根据工作的自由时差、总时差可以预测某项进度偏差对于后续工作及总工期的影响。一般来说，当偏差小于该工作的自由时差时，对工作计划无影响；当偏差大于自由时差、小于总时差时，对后续工作的最早开工时间有影响、对总工期无影响；当偏差大于总时差时，对后续工作及总工期都有影响。

因此，前锋线比较法既适用于工作实际进度与计划进度的局部比较，还可用于分析、预测工程项目的总体进度情况。但是，上述比较是以匀速进展为背景的；对于非匀速进展情况，则要复杂得多。

[例4-3]　某工程项目的时标网络计划如图4-12所示。该计划执行到第6周末时检查发现，工作A和B已经全部完成，工作D、E分别完成计划的20%、50%，工作C尚需3周完成。试用前锋线比较法分析其实际进度与计划进度。

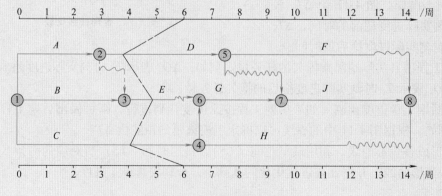

图4-12　某工程前锋线比较

解 根据第6周末实际进度的检查结果绘制前锋线（见图4-12）。通过比较分析可以发现：

1）工作 D 的实际进度拖后 2 周，将使其后续工作 F 的最早开始时间推迟 2 周，并使总工期延长 1 周。

2）工作 E 的实际进度拖后 1 周，但不影响其后续工作与总工期。

3）工作 C 的实际进度拖后 2 周，将使其后续工作 G、H、J 的最早开始时间推迟 2 周，并由于工作 G、J 开始时间的推迟，使总工期延长 2 周。

4）如果不采取措施加快进度，该工程项目的总工期将推迟 2 周。

4.3.2.3 进度计划实施中的调整方法

当实际进度偏差影响到后续工作及总工期时，监理工程师需要采取相应的方法进行进度计划调整。

1. 改变某些工作间的逻辑关系

当实际进度偏差影响到总工期，并且有关工作的逻辑关系允许改变时，监理工程师可以通过改变关键线路和非关键线路上有关工作之间的逻辑关系，达到缩短工期的目的。例如，将依次进行的工作改为平行作业、搭接作业以及分段组织的流水作业等。

2. 缩短某些工作的持续时间

对于关键线路、超过计划工期非关键线路上的有关工作，在其持续时间可以被压缩时，监理工程师通过增加资源投入、提高劳动生产率等措施缩短某些工作的持续时间，进而保证项目按计划工期完工。

缩短某些工作的持续时间、调整进度计划可以在网络图上直接进行，其方法因限制条件以及对其后续工作影响程度的不同而有所区别。

（1）网络计划中某项工作进度拖延的时间超过自由时差但未超过总时差 鉴于此时仅对后续工作的最早开工时间有影响、对总工期并无影响，仅需要确定其后续工作允许拖延的时间，并以此作为进度控制的限定条件。但是，确定该限定条件常较为复杂，尤其是在后续工作由多个平行作业的承包单位负责实施的情况下，如果后续工作不能按照原来的计划展开，可能导致合同无法正常履行，并导致遭受损失一方提出索赔要求。因此，监理工程师应努力寻求合理的调整方案，并将进度拖延对于后续工作的影响降低到最低限度。

（2）网络计划中某项工作进度拖延的时间超过总时差 鉴于此时对于后续工作及总工期都有影响，监理工程师必须根据不同情况对于进度计划做出调整：

1）项目总工期不允许拖延，则运用工期优化的原理和方法，通过压缩关键线路上后续工作的持续时间来调整进度计划。

2）项目总工期允许拖延，则需以实际数据替代计划数据，并重新绘制检查日期之后的网络计划。

3）项目总工期允许有限时间的拖延，且实际进度拖延的时间超过限制时，需要以总工期为限额，对于检查日期之后尚未实施的网络计划进行优化，即通过压缩关键线路上后续工作持续时间的方法使总工期满足规定的要求。

当然，在上述过程中，不能忽略后续工作的限制条件，尤其是对于作为独立合同标段的后续工作。监理工程师应当充分考虑可能的协调、合同、索赔等因素，运用上述方法妥善地处理后续工作对于进度拖延的限制。

（3）网络计划中某项工作进度超前　从某种意义上讲，计划工期是综合考虑各方面因素后确定的合理工期，保证工程建设按期完成是监理工程师实施进度控制的目的。如果实施过程中发生进度拖延或提前，都可能导致其他目标的失控。例如，由于某项工作的提前导致资源需求量发生变化，将破坏原有总进度计划中的人力、物资等合理安排，并影响资金计划的使用与安排，尤其是在多个承包单位从事平行施工作业时表现得更为明显。

因此，工程建设过程中如果出现进度提前的情况，监理工程师必须综合分析进度超前的原因及其对后续工作的影响，通过与承包单位协商，提出合理的进度调整方案，以确保工期总目标的顺利实现。

4.3.3　设计阶段的进度控制

设计进度对于工程施工、设备与材料供应乃至整个工程建设进度具有重要影响，监理单位如果承担了设计阶段的监理任务，必须采取有效措施对工程项目的设计进度进行控制，以确保项目建设总进度目标的实现。

4.3.3.1　影响设计进度的因素

工程设计工作属于多专业配合的智力劳动，影响其进度的因素很多，并可归纳为以下几个主要方面。

1. 建设意图及要求改变的影响

工程设计是按照建设单位的意图、要求而进行的。如果建设意图及要求发生改变，必然引起设计变更，进而影响设计进度。

2. 设计审批时间的影响

工程设计是分阶段进行的。如果前一阶段（如初步设计）的设计文件不能顺利得到有关方面的批准，必然影响到下一阶段（如施工图设计）的设计进度，进而影响整体设计进度。

3. 各专业协调配合的影响

工程设计作为一个多专业、多方面协调、配合的系统工程，必然受到建设单位、设计单位、监理单位、政府审批部门等各单位，以及建筑、结构、电气、设备等各专业之间协作关系的直接影响。

4. 工程变更的影响

在建设过程中，发生工程变更是比较普遍的。尤其是当工程采用CM法实行分段设计、分段施工时，如果发生工程变更情况必将影响设计工作的进度。

5. 材料代用、设备选用失误的影响

材料代用或设备选用的失误将会导致原有工程设计失效并需重新设计，进而影响设计工作的进度。

4.3.3.2　设计进度控制的计划体系

根据设计进度目标体系，设计进度控制计划应当包括设计总进度控制计划、阶段性设计进度计划、设计进度作业计划。

1. 设计总进度控制计划

设计总进度控制计划主要用来控制自设计准备开始至施工图设计完成的总设计时间，从而确保设计进度总目标的实现。其具体形式见表 4-2。

表 4-2　设计总进度控制计划

项　　目	进　度/月									
	1	2	3	4	5	6	7	8	9	10
设计准备										
方案设计										
初步设计										
技术设计										
施工图设计										

2. 阶段性设计进度计划

阶段性设计进度计划包括设计准备工作进度计划、初步设计（技术设计）工作进度计划和施工图设计进度计划。它们可用于控制各阶段的设计进度，从而实现阶段性和总的设计进度控制目标。

3. 设计进度作业计划

根据施工图设计工作进度计划、单项工程建筑设计工日定额及所投入的设计人员数等编制的设计进度作业计划，可用于控制各专业的设计进度，并作为设计人员承包设计任务的依据。设计进度作业计划可以用横道图、网络图等来表达。

4.3.3.3　设计进度控制的工作程序

监理单位接受委托进行工程设计监理时，应在项目监理机构中落实专门负责设计进度控制的人员，并按合同要求对设计工作进度进行严格的、动态的监控。设计阶段进度控制的主要任务是进行出图控制，即通过采取有效措施使工程设计人员如期、优质地完成初步设计、技术设计、施工图设计等各阶段的设计工作，并提交相应的设计图样及说明书。

因此，监理工程师在设计工作开始之前，应审查设计单位编制的进度计划的合理性和可行性；在设计过程中，应定期检查设计工作的实际完成情况，并与计划进度进行比较分析；如果进度发现偏差，应在分析原因的基础上提出具体措施，如增加设计人员的数量、增加设计时间等，以加快设计工作进度；必要时，应对原进度计划进行调整或修订。

监理工程师在三阶段设计过程中的设计进度控制流程如图 4-13 所示。

4.3.4　施工阶段的进度控制

4.3.4.1　施工进度控制的目标体系

工程建设施工阶段进度控制的最终目标是保证工程项目按期建成交付使用。因此，为了有效地控制施工进度，需要对施工进度总目标从不同角度进行层层分解，形成施工进度控制目标体系，为实施进度控制提供更具可操作性的依据。

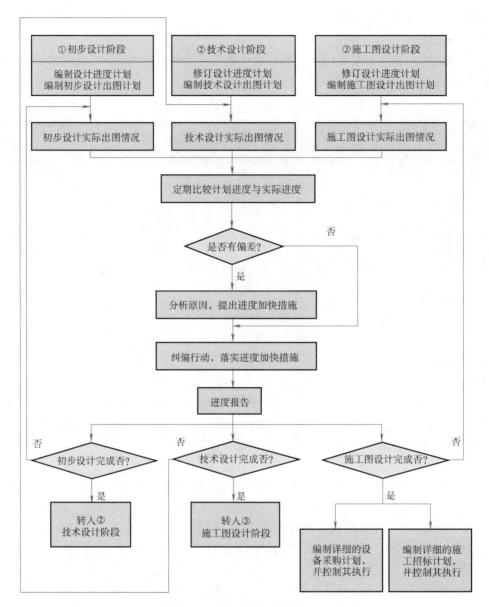

图 4-13 设计进度控制流程

工程建设施工阶段进度控制的目标体系如图 4-14 所示。

从图 4-14 中可以看出，施工进度控制需要项目建设工期的总目标，还需要各单项工程交工动用的分目标以及按承包单位、施工阶段和不同计划期等划分的分目标。各个目标之间是相互联系的，共同构成工程施工进度控制目标体系。其中，下级目标受上级目标的制约，下级目标保证上级目标，最终保证施工进度总目标的实现。

1. 按项目组成分解，确定各单项工程开工及交工动用日期

各单项工程的进度目标虽在工程建设总进度计划、工程建设年度计划中均有体现，但在施工阶段应进一步明确各单位工程的开工和交工动用日期，以确保施工总进度目标的实现。

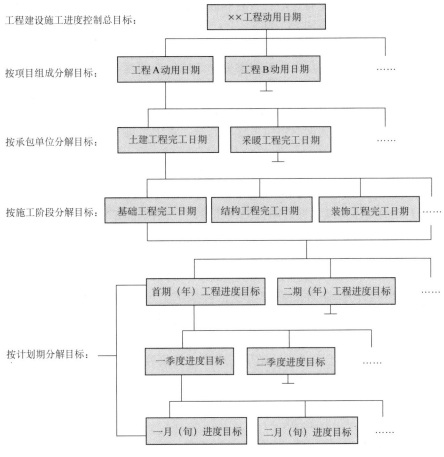

图4-14 施工阶段进度控制目标体系

2. 按承包单位分解，明确分工条件和承包责任

在一个单项工程由多个承包单位负责施工时，应按承包单位将单项工程的进度目标进行分解，确定出各分包单位的进度目标，列入分包合同，以便落实分包责任，并根据各专业工程交叉施工方案和前后施工条件，明确不同承包单位工作面交接的条件和时间。

3. 按施工阶段分解，划定进度控制分界点

根据工程项目的特点，应将其施工内容分成几个阶段，如土建工程可分为基础、结构和内外装修等阶段。每一阶段的起止时间都要有明确的标志，特别是不同单位承包的不同施工段之间更要明确划定时间分界点，以此作为形象进度的控制标志，从而使单项工程动用目标具体化。

4. 按计划期分解，组织综合施工

将工程项目的施工进度控制目标按年度、季度、月（或旬）进行分解后，用实物工程量、货币工作量及形象进度表示，有利于监理工程师明确对各承包单位的进度控制要求，并据此监督、检查其实施情况。划分的计划期越短、进度目标越细，进度跟踪就越及时，发生进度偏差时也就更能有效地采取措施予以纠正。

4.3.4.2 施工进度控制目标的确定

为了提高进度计划的预见性和进度控制的主动性，在确定施工进度控制目标时，必须全面细致地分析与工程项目进度有关的各种有利因素和不利因素，制定出科学、合理的进度控制目标。否则，进度控制也就失去了意义。

确定施工进度控制目标的主要依据有工程建设总进度目标对施工工期的要求、工期定额、类似工程项目的实际进度、工程难易程度和工作条件的落实情况等。

在确定施工进度分解目标时，还要考虑以下情况：

1）对于大型工程项目，应根据尽早提供可动用单元的原则，处理好前期动用与后期建设、每期工程中主体工程与辅助及附属工程的关系，集中力量分期分批建设，以便尽早投入使用，尽快产生投资效益。

2）合理安排土建与机电安装的综合施工。要按照各自的特点，合理安排土建施工与设备基础、设备安装的先后顺序及搭接、交叉或平行作业，明确设备安装对土建工程的要求。

3）结合工程的具体特点，参考同类工程建设的经验确定施工进度目标。避免按主观愿望盲目确定进度目标，造成实施过程中的进度失控。

4）做好资金供应能力、施工力量配备、物资（材料、构配件、设备）供应能力与施工进度需要的平衡工作，确保工程进度目标的实现。

5）全面考虑外部协作条件的配合情况，包括施工过程中及项目竣工动用所需的水、电、气、通信、道路及其他社会服务项目的满足程度和满足时间，使之与有关项目的进度目标相协调。

6）考虑工程项目所在地区地形、地质、水文、气象等方面的限制条件。

4.3.4.3 施工进度控制的工作内容

监理工程师对工程项目的施工进度控制包括从审核承包单位提交的施工进度计划开始，直至工程项目保修期满为止的全部活动。

1. 编制施工阶段进度控制工作细则

施工进度控制工作细则是在建设工程监理规划的指导下，由负责进度控制的监理人员编制的更具实施性、操作性的监理业务文件。其主要内容包括：

1）施工进度控制目标分解图。

2）施工进度控制的主要工作内容和深度。

3）施工进度控制人员的具体分工。

4）与施工进度控制有关各项工作的时间安排及工作流程。

5）施工进度控制的方法（包括进度检查日期、数据收集方式、进度报表格式、统计分析方法等）。

6）施工进度控制的具体措施（包括组织措施、技术措施、经济措施和合同措施）。

7）施工进度控制目标实现的风险分析。

8）尚待解决的有关问题。

2. 编制或审核施工进度计划

施工总进度计划应当明确分期分批的项目组成，各批工程项目的开工、竣工顺序及时间安排，全场性准备工程，尤其是首批准备工程的内容与进度安排等。

对于大型工程项目，如果单项工程多、施工工期长，且采取分期分批分包又没有一个负责全部工程的总承包单位时，监理工程师应当负责编制施工总进度计划；或者当工程项目由若干个承包单位平行承包时，监理工程师也有必要编制施工总进度计划。当工程项目有总承包单位时，监理工程师对总承包单位提交的施工总进度计划进行审核即可。

监理工程师审核施工进度计划的内容主要有：

1）施工进度安排是否符合工程项目建设总进度计划中总目标和分目标的要求，是否符合施工合同中的开、竣工日期的规定。

2）施工总进度计划中的项目是否有遗漏，分期施工是否满足分批动用的需要和配套动用的要求。

3）施工顺序的安排是否符合施工程序的要求。

4）劳动力、材料、构配件、机具和设备的供应计划是否能保证进度计划的实现，供应是否均衡，需求高峰期是否有足够能力实现计划供应。

5）建设单位的资金供应能力是否能满足进度需要。

6）施工进度的安排是否与设计单位的图样供应进度一致。

7）建设单位应提供的场地条件及原材料和设备，特别是国外设备的到货与进度计划是否衔接。

8）总分包单位分别编制的各项单位工程施工进度计划之间是否协调，专业分工与计划衔接是否明确合理。

9）施工进度安排是否合理，是否有造成建设单位违约并导致索赔的可能等。

如果监理工程师在审查施工进度计划的过程中发现问题，应及时向承包单位提出书面修改意见（又称整改通知书），其中重大问题应及时向建设单位汇报。

3. 按年、季、月编制工程综合计划

在按计划期编制的进度计划中，监理工程师应着重解决各承包单位施工进度计划之间、施工进度计划与资源（包括资金、设备、机具、材料及劳动力）保障计划之间的综合平衡与相互衔接问题。同时，根据上期计划的完成情况对本期计划作必要的调整，并将其作为承包单位近期执行的指令性计划。

4. 下达工程开工令

从发布工程开工令之日算起，加上合同工期后即为工程的竣工日期。如果工程开工令的发布拖延，将推迟竣工时间，甚至可能引起承包商的索赔。因此，监理工程师应根据承包单位和建设单位有关工程开工的准备情况，选择合适的时机及时发布工程开工令。

监理工程师为了检查双方的准备情况，通常组织召开由建设单位、承包单位参加的第一次工地会议。此前，建设单位应按照合同规定，做好征地拆迁工作，及时提供施工用地，完成法律及财务方面的手续，以便能及时向承包单位支付工程预付款；承包单位应当将开工所需要的人力、材料及设备准备好，同时还要按合同规定为监理工程师提供各种条件。

5. 协助承包单位实施进度计划

监理工程师要随时了解施工进度计划执行过程中所存在的问题，并帮助承包单位予以解决，特别是承包单位无力解决的内外关系协调问题。

6. 监督施工进度计划的实施

作为监控施工进度的经常性工作，监理工程师不仅要及时检查承包单位报送的施工进度报表和分析资料，还要进行必要的现场实地检查、核实所报送的已完项目时间及工程量，杜绝虚报现象。

在对工程实际进度资料进行整理的基础上，监理工程师应将其与进度计划相比较，以判定实际进度是否出现偏差。如果出现进度偏差，监理工程师应进一步分析此偏差对进度控制目标的影响程度及其产生的原因，以便研究对策，并提出纠偏措施。必要时还应对后期工程进度计划作适当的调整。

7. 组织现场协调会

监理工程师应每月、每周定期组织召开不同层次的现场协调会，以解决工程施工过程中的相互协调配合问题。例如，各承包单位之间的进度协调问题，工作面的交接和阶段成品的保护责任，现场与公用设施利用中的矛盾问题，某一方断水、停电、堵路、开挖要求对其他方面影响的协调问题，资源保障问题，外协条件的配合问题等。

在平行、交叉施工单位多，工序交接频繁且工期紧迫的情况下，现场协调会甚至需要每日召开。而且要在会上通报、检查当天的工程进度，确定薄弱环节，部署当天工作，以便为次日正常施工创造条件。对于某些未曾预料的突发变故或问题，监理工程师还可以通过发布紧急协调指令，督促有关单位采取应急措施维护工程施工的正常秩序。

8. 签发工程进度款支付凭证

监理工程师应对承包单位申报的已完分项工程量按约定的时间、方式等进行核实，在其质量通过检查验收后，签发工程进度款支付凭证。

9. 审批工程拖延

造成工程进度拖延的原因，主要有两个方面：一是由于承包单位自身的原因；二是由于承包单位以外的原因。前者所造成的进度拖延，称为工程延误；而后者所造成的进度拖延，称为工程延期。

（1）工程延误　当出现工期延误时，监理工程师有权要求承包单位采取有效措施加快施工进度。如果经过一段时间后，实际进度没有明显改进，仍然滞后于计划进度，而且将影响工程按期竣工时，监理工程师应要求承包单位修改进度计划，并提交监理工程师重新确认。但是，监理工程师对修改后的施工进度计划的确认，并不是对工程延期的批准，他只是要求承包单位在合理状态下施工。因此，监理工程师对进度计划的确认，并不能解除承包单位应负的责任，承包单位需要承担赶工的全部额外开支和误期损失赔偿。

（2）工程延期　如果由于承包单位以外的原因造成工期拖延，承包单位有权提出延长工期的申请。监理工程师应根据合同规定，审批工程延期时间。经监理工程师核实批准的工程延期时间，应纳入合同工期，作为合同工期的一部分，即新的合同工期应等于原定的合同工期加上监理工程师批准的工程延期时间。监理工程师对施工进度的拖延是否批准为工程延期，对承包单位和建设单位都很重要。如果承包单位的工程延期获得监理工程师的批准，不仅无须赔偿由于工期延长而支付的误期损失费，还要由建设单位承担由于工期延长所增加的费用。因此，监理工程师应按照合同的有关规定，科学、公正地区分工期延误与工程延期，并合理地批准工程延期时间。

10. 向建设单位提供进度报告

监理工程师应随时整理进度资料，做好工程记录，并定期向建设单位提交工程进度报告。

11. 督促承包单位整理技术资料

监理工程师要根据工程进展情况，督促承包单位及时整理有关技术资料。

12. 签署工程竣工报验单，提交质量评估报告

当工程达到竣工验收条件后，承包单位应在自行预验的基础上提交工程竣工报验单，申请竣工验收。监理工程师应在对竣工资料及工程实体进行全面检查，验收合格后，签署工程竣工报验单，并向建设单位提交质量评估报告。

13. 处理争议和索赔

在工程结算过程中，监理工程师要处理有关争议和索赔问题。

14. 整理工程进度资料

在工程完工以后，监理工程师应将工程进度资料收集起来，进行归类、编目和建档，以便为今后其他类似工程项目的进度控制提供参考。

15. 工程移交

监理工程师应督促承包单位办理工程移交手续，颁发工程移交证书。在工程移交后的保修期内，还要分析、处理验收后质量问题的原因及责任等争议，并督促责任单位及时修理。当保修期结束且无争议时，工程项目进度控制的任务方告完成。

4.3.4.4 施工进度计划实施中的检查与调整

编制、实施施工进度计划是承包单位的责任，监理工程师审查施工进度计划的主要目的在于防止计划不当并为承包单位实现预定进度目标提供帮助。因此，项目监理机构对于施工进度计划的审查或批准，并不解除承包单位对施工进度计划的任何责任和义务。

施工进度计划经监理工程师批准、确认后，即成为合同文件的一部分并可付诸实施，同时也是项目监理机构将来处理承包单位提出的工程延期或费用索赔的重要依据。承包单位在执行施工进度计划的过程中，应接受监理工程师的监督与检查；监理工程师应定期向建设单位报告工程进展状况。

1. 施工进度的动态检查

（1）施工进度的检查方式 在项目施工过程中，监理工程师可以通过以下方式获得工程项目的实际进展情况：

1）定期地、经常地收集由承包单位提交的有关进度报表资料。这些报表资料既是监理工程师实施进度控制的依据，也是其签发工程进度款的依据。进度报表的格式通常由监理单位提供给施工承包单位，施工承包单位按时、准确填写，并提交给监理工程师核查。

2）由驻地监理人员现场跟踪检查工程项目的实际进展情况。为了避免施工承包单位超报已完工程量，监理人员应经常进行现场实地检查和监督。至于检查的时间间隔，应根据工程项目的类型、规模、监理范围及施工现场的条件等因素确定：可以是每月或每半月，也可以每旬或每周；在某一阶段出现不利情况时，甚至需要每天检查一次。

3）现场工作会议。监理工程师可以定期或不定期地组织现场施工负责人召开现场会议，了解工程项目实际进展情况。监理工程师可以通过这种面对面的交谈，了解施工过程中的潜在问题，以便及时采取相应的措施加以预防。

（2）施工进度的检查方法 施工进度检查的主要方法是对比法，即将实际进度数据与计划进度数据进行比较，从中发现是否出现进度偏差以及进度偏差的大小。通过检查分析，如果进度偏差比较小，则应在分析其产生原因的基础上采取有效措施，解决矛盾、排除障碍，继续执行原进度计划；如果经过努力，确实不能按原计划实现时，则考虑对原计划进行必要的调整，即适当延长工期或改变施工速度。计划的调整一般是不可避免的，但应当慎重，并尽量减少对计划的调整。

2. 施工进度计划的调整

当原有进度计划不能适应实际情况时，为了确保进度控制目标的实现或确定新的控制目标，应当对原有进度计划进行调整，以形成新的进度计划，并作为新的进度控制依据。施工进度计划的调整方法主要有以下两种，应根据工程的具体情况选用：

（1）压缩关键工作的持续时间　其特点是不改变工作之间的先后顺序关系，而是通过缩短网络计划中关键线路上某些工作的持续时间来缩短工期。这种方法通常需要采取一定的措施来达到目的，主要包括：① 组织措施，包括增加工作面，组织更多的施工队伍，增加每天的施工时间，增加劳动力和施工机械的数量等；② 技术措施，包括改进施工工艺和施工技术，缩短工艺之间的间歇时间，采用更先进的施工方法或施工机械等；③ 经济措施，包括实行包干奖励，提高奖金数额，对所采取的技术措施给予相应的经济补偿等；④ 其他配套措施，如改善外部配合条件，改善劳动条件，实施强有力的调度等。

（2）组织搭接作业或平行作业　其特点是不改变工作的持续时间，而只改变工作的开始时间和完成时间。鉴于大型工程项目的单位工程较多、相互间的制约比较小、可调整的幅度比较大，多采用平行作业的方法来调整施工进度计划；对于单位工程项目，由于受工作之间工艺关系的限制，可调整的幅度比较小，通常采用搭接作业的方法来调整施工进度计划。但是采用搭接作业或平行作业，工程项目在单位时间内的资源需求量均会有所增加。当然，对于工期拖延得太长，单独采用某种方法进行调整的幅度又受到限制时，可以同时利用上述两种方法对于同一施工进度计划进行调整，以满足工期目标的要求。

4.3.4.5　物资供应计划的检查与调整

1. 物资供应计划实施中的检查

通过定期或临时检查等形式检查物资供应计划的实施情况，可以达到如下目的：发现实际物资供应偏离计划的情况，以便实施有效的调整和控制；发现计划脱离实际的情况，据此修订计划的偏离部分，使之更切合实际情况；反馈计划执行的结果，并作为下期决策和调整供应计划的依据。

由于物资供应计划在执行过程中发生变化的可能性始终存在，且难以预估。因此，必须加强跟踪检查，以保证物资可靠、经济、及时地供应到现场。对于重要设备，要定期实地检查。

2. 物资供应计划的调整

如果物资供应执行过程中的某一环节出现拖延现象时，应当及时进行调整。其调整方法与施工进度计划的调整类似，一般有如下两种处理措施：

1）这种拖延不致影响施工进度计划的执行，可加快进货过程的有关环节，减少此拖延对供货过程本身的影响。

2）这种拖延影响施工进度计划的执行，则根据受到影响的施工活动是否处在关键线路上或是否影响到分包合同的执行等分析这种拖延是否允许。若允许，则可采用上述调整方式；若不允许，则必须采取加快供应速度，尽可能避免此拖延对施工进度的影响或将此拖延对施工进度的影响降低到最低限度。

4.4 工程建设投资控制

4.4.1 工程建设投资控制概述

工程建设总投资一般是指进行某项工程建设花费的全部费用。对于生产性工程建设总投资而言，工程建设总投资通常包括建设投资和铺底流动资金；对于非生产性工程建设总投资而言，则只包括建设投资。其中，建设投资由设备工器具购置费、建筑安装工程费、工程建设其他费用、预备费（包括基本预备费、涨价预备费）、建设期利息以及固定资产投资方向调节税（目前暂不征收）组成。

建设投资分为静态投资和动态投资两部分，而且只有这两部分才能共同构成完整的建设投资。静态投资部分由设备工器具购置费、建筑安装工程费、工程建设其他费用、基本预备费组成；动态投资部分是指在建设期间内，由于利息、固定资产投资方向调节税和国家新批准的税费、汇率、利率变动，以及价格变化而引起的建设投资增加额，它主要包括涨价预备费、建设期利息、固定资产投资方向调节税。

4.4.1.1 工程建设投资的特点

工程建设投资的特点与建设工程的技术经济特点密切相关，并可归纳为以下几个方面：

（1）工程建设投资数额巨大 工程建设投资动辄上千万、数十亿元，并对国家、地区或行业的重大经济利益，乃至对国计民生产生重大影响。

（2）工程建设投资差异明显 由于各项工程的用途、功能、规模、结构、空间分割、设备配置、内外装饰，以及所处地区的水文、地质、人工、材料、机械消耗等差异，导致工程建设投资的差异十分明显。

（3）工程建设投资需单独计算 由于各项工程的实物形态、地区费用构成等差异，导致工程建设投资差异明显。因此，工程建设只能通过特殊的程序（依次编制投资估算、设计概算、施工图预算、合同价、竣工决算等），就每个项目单独计算其投资。

（4）工程建设投资确定依据复杂 工程建设投资确定的依据众多、关系复杂，如图4-15所示。而且在不同建设阶段的不同依据之间，互为基础、互为指导、互相影响。

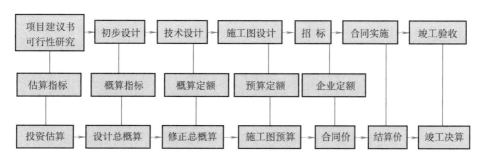

图4-15 工程建设投资确定依据

（5）工程建设投资确定层次繁多 由于工程单件性的特点，导致确定工程建设投资时，需要依次分别计算分项工程、分部工程、单位工程、单项工程的投资，最后才能汇集形成工程建设投资。

（6）工程建设投资需动态跟踪调整　由于工程的建设周期较长、不确定性因素较多，容易引发投资的波动。因此，在整个建设期间内，工程建设投资需要进行动态跟踪、调整，直至竣工决算以后才能真正形成工程建设投资。

4.4.1.2　我国项目监理机构在投资控制中的主要任务

工程建设投资控制就是在投资决策、设计、发包、施工各个阶段，把工程建设投资的发生控制在批准的投资限额以内，随时纠正发生的偏差，以保证项目投资管理目标的实现，进而通过动态的、全过程的主动控制，合理地使用人力、物力、财力，取得较好的投资效益和社会效益。

从某种意义上讲，我国项目监理机构在实施全过程投资控制中的主要任务可以归纳为以下四个阶段：

1）在建设前期阶段，首先进行工程建设的机会研究、初步可行性研究和编制项目建议书，然后进行可行性研究，对拟建项目进行市场调查和预测，编制投资估算，进行环境影响评价、财务评价、国民经济评价和社会评价。

2）在设计阶段，协助建设单位提出设计要求，组织设计方案竞赛或设计招标，商签勘察设计合同并组织实施，用技术经济方法组织评选设计方案，审查设计概预算。

3）在施工招标阶段，准备与发送招标文件，编制工程量清单和招标工程标底，协助评审投标书，提出评标意见，协助建设单位与承包单位签订承包合同。

4）在施工阶段，依据施工合同有关条款、施工图样等，对工程项目造价目标进行风险分析，并制定防范性对策；审查承建单位编制的施工组织设计、施工技术方案和施工进度计划，提出改进意见；审查工程变更，并在实施前与有关方面协商确定工程变更价款；检查工程进度、质量，进行工程计量，签署工程款支付凭证；收集、整理有关的施工、监理资料，为处理索赔提供证据；审查竣工结算，提出竣工验收报告等。

当然，根据我国工程建设监理的现状，我国监理单位目前主要是承担施工阶段的监理任务，这与国际惯例确实存在相当的差距。

4.4.1.3　工程建设投资确定的依据

应当承认，确定工程建设投资所依据的基础资料很多，如建设工程定额、工程技术文件、要素市场价格信息、建设工程环境条件及企业定额等。但是最关键、最重要的仍属工程量清单。

1. 工程量清单概述

（1）工程量清单的概念　工程量清单是指由工程建设招标人发出的，将招标工程的全部项目，按照统一的项目划分与编码、工程量计算规则、计量单位计算出的工程数量列出的表格。它以拟建工程为描述对象，内容涉及清单项目的性质、数量等，并以表格为主要表现形式。工程量清单可以由具备编制招标文件能力的招标人编制，也可以由其委托的有资质的招标代理机构或工程造价咨询单位编制。工程量清单是招标文件的重要组成部分，一旦中标并签订合同后，又将成为合同的组成部分。

（2）工程量清单的作用　工程量清单作为信息的重要载体，既可以为潜在的投标者提供全面、必要的信息，还具有以下作用：

1）为投标者提供客观、公正、公平的竞争环境。工程量清单中统一的工程量可以避免计算不准确、项目不一致等人为因素影响，为投标人创造出比较公平、充分的竞争环境。

2）是投标计价和评标、定标的基础。招标人提供的工程量清单将为投标、评标过程等奠定具有可比性的共同基础。

3）为支付工程进度款、办理工程结算提供依据。根据工程合同的规定，利用监理工程师计量后的工程量以及工程量清单中的单价，可以便捷地结算有关工程款项。

4）为处理工程变更与索赔提供依据。利用工程量清单中与变更、索赔相同或相似的项目及其单价，可以科学、公正地确定和控制相关费用。

5）为可能的标底编制提供依据。

（3）工程量清单的内容　我国现行的工程量清单在某些方面与国外是有所区别的。就比较普遍的国际工程的工程量清单而言，它通常由以下两大部分组成：

1）工程量清单说明。工程量清单说明，也称工程量清单序言，主要通过说明工程量清单的编制依据、重要作用、计量方法等提示投标人重视并合理使用工程量清单。例如，工程量清单中的工程量是招标人估算得出的，仅为投标报价的依据，将来结算时应以监理工程师核准的实际完成的工程数量为依据。

2）工程量清单表。工程量清单表可以载明清单的项目、工程数量以及投标人所填报的单价、合价等，是工程量清单最重要组成部分。它可以包括一般项目表、单位工程工程量清单表、计日工表及工程量清单汇总表等。其中，表4-3所列的单位工程工程量又是工程量清单的重点。

表4-3　单位工程工程量清单

编　码	项目名称	计量单位	工程数量	单价/（元/m³）	金　额/元
201	开挖表土、废弃不用	m³	5000	20	100000
	…	…	…	…	
	…	…	…	…	

（4）建设工程工程量清单计价规范　目前，我国已颁布、实验适用于我国建设工程工程量清单计价活动的《建设工程工程量清单计价规范》。它追求计价活动的客观、公正、公平，并要求全部使用国有资金投资或国有资金投资为主的大中型建设工程必须执行此规范。

2013版《建设工程工程量清单计价规范》在2008版的基础上，对体系做了较大调整，形成了1本清单计价规范，9本国家计算规范的格局，具体内容是：

1）《建设工程工程量清单计价规范》（GB 50500—2013）。

2）《房屋建筑与装饰工程工程量计算规范》（GB 50854—2013）。

3）《仿古建筑工程工程量计算规范》（GB 50855—2013）。

4）《通用安装工程工程量计算规范》（GB 50856—2013）。

5）《市政工程工程量计算规范》（GB 50857—2013）。

6）《园林绿化工程工程量计算规范》（GB 50858—2013）。

7）《矿山工程工程量计算规范》（GB 50859—2013）。

8）《构筑物工程工程量计算规范》（GB 50860—2013）。

9）《城市轨道交通工程工程量计算规范》（GB 50861—2013）。

10)《爆破工程工程量计算规范》（GB 50862—2013）。

《建设工程工程量清单计价规范》是统一工程量清单编制、规范工程量清单计价的国家标准；是调节建设工程招标投标中使用清单计价的招标人、投标人双方利益的规范性文件；是我国在招标投标中实行工程量清单计价的基础；是参与招标投标各方进行工程量清单计价应遵守的准则；是各级建设行政主管部门对工程造价计价活动进行监督管理的重要依据。

《建设工程工程量清单计价规范》内容包括：总则、术语、一般规定、工程量清单编制、招标控制价、投标报价、合同价款约定、工程计量、合同价款调整、合同价款中期支付、合同解除的价款结算与支付、合同价款争议的解决、工程造价鉴定、工程计价资料与档案、工程计价表格及11个附录。

应当承认，尽管我国目前存在着规费变化频繁难以控制、企业定额等基础资料不健全、投标人企业缺乏自主报价能力等问题，但是《建设工程工程量清单计价规范》仍给我国的投资管理带来诸多变化，并产生深远影响。例如，清单项目的工程量以实体工程量为准，并以完成后的净值计算；投标人填写单价、合价时，应考虑施工中的各种损耗和需要增加的工程量等，迫切需要有关单位迅速提高适应能力。

2. 工程量清单的编制

由具备编制招标文件能力的招标人，或受其委托具有相应资质的中介机构编制的工程量清单由分部分项工程量清单、措施项目清单、其他项目清单组成。

分部分项工程量清单应包括项目编码、项目名称、项目特征、计量单位和工程量。其中，分部分项工程量清单应根据相关工程现行国家计量规范规定的项目编码、项目名称、项目特征、计量单位和工程量计算规则进行编制。

措施项目清单分为通用项目、建筑工程、装饰装修工程、安装工程、市政工程五部分，并根据拟建工程的具体情况加以调整。其中，通用项目包括环境保护，文明施工，安全施工，临时设施，夜间施工，二次搬运，大型机械设备进出场及安拆，混凝土、钢筋混凝土模板及支架，脚手架，已完工程及设备保护，施工排水、降水共11项。

其他项目清单通常包括预留金、材料购置费、总承包服务费、零星工作项目费等，并可根据拟建工程的具体情况进行调整、补充。

3. 工程量清单计价

由投标人编制的工程量清单计价表应采用综合单价的形式进行计价。其中，分部分项工程量清单的综合单价应根据综合单价的组成，按照设计文件或相关工程现行国家计量规范的工程内容确定；措施项目清单的金额应根据拟建工程的施工方案、施工组织设计，参照综合单价的组成确定；其他项目清单的金额，招标人部分的金额按估算金额确定，投标人部分的总承包服务费根据招标人要求的费用确定，零星工作项目费按零星工作项目计价表确定。

4.4.2 工程建设投资的构成

根据我国工程建设投资构成的现行规定，生产性建设项目的工程建设总投资主要由建设投资、流动资产投资构成，其具体情况见表4-4。

表4-4 我国生产性工程建设总投资的构成

建设投资	设备及工器具购置费	设备购置费
		工器具及生产家具购置费
	建筑安装工程费	建筑工程费
		安装工程费
	工程建设其他费用	土地使用权取得费用
		与项目建设有关的其他费用
		与企业未来生产经营有关的其他费用
	预备费	基本预备费
		涨价预备费
	建设期间的贷款利息	—
流动资产投资	流动资金	铺底流动资金

4.4.2.1 设备及工器具购置费

在生产性建设项目中，设备及工器具购置费与资本的有机构成密切相关，其占项目投资的比例越大，生产技术的进步和资本有机构成的程度也越高。

1. 设备购置费

设备购置费是指为工程建设购置或自制的达到固定资产标准的设备、工具、器具的费用。其中，固定资产标准要求使用年限在一年以上，单位价值在规定限额以上。例如，财政部1992年规定，大、中、小型工业企业固定资产的限额标准分别是2000元、1500元、1000元以上。

设备购置费由设备原价或进口设备抵岸价以及设备运杂费组成。

（1）**国产标准设备原价** 通常采用设备制造厂的交货价、出厂价；如由设备成套公司供应时，则采用订货合同价。而且，一般按带有备件的出厂价计算。

（2）**国产非标准设备原价** 它有成本计算估价法、系列设备插入估价法、分部组合估价法等多种不同的计算方法，具体计算时，应按接近实际、方便准确的原则进行选择。

（3）**进口设备抵岸价** 尽管它与交货方式密切相关，但采用装运港船上交货价（FOB）时，进口设备抵岸价的仍可概括为货价、国外运费、国外运输保险费、银行财务费、外贸手续费、进口关税、增值税、消费税以及海关监管手续费等内容。

（4）**设备运杂费** 它是指设备原价中未包括的包装和包装材料费、运费和装卸费、采购及仓库保管费、供销部门手续费。在实际工作中，为了简化计算通常按经验或规定的运杂费率，利用下式进行计算

$$设备运杂费 = 设备原价 \times 设备运杂费率 \tag{4-1}$$

2. 工器具及生产家具购置费

工器具及生产家具购置费是指新建项目或扩建项目必须购置的不够固定资产标准的设备、仪器、工卡模具、器具、生产家具和备品备件的费用。其一般计算公式为

$$工器具及生产家具购置费 = 设备购置费 \times 定额费率 \tag{4-2}$$

4.4.2.2 建筑安装工程费用项目的组成与计算

根据《建筑安装工程费用项目组成》（建标〔2013〕44号）的有关规定，现行建筑安

装工程费用的组成如图 4-16 所示。

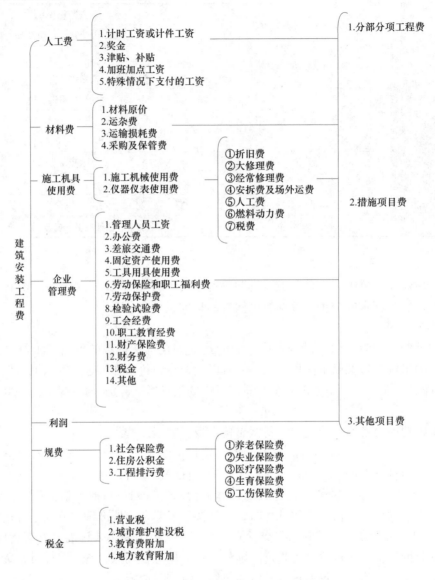

图 4-16 建筑安装工程费用的组成

1. 按费用构成要素划分的建筑安装工程费用

（1）人工费

1）组成：计时工资或计件工资；奖金；津贴补贴；加班加点工资；特殊情况下支付的工资。

2）计算

$$单位工程量的人工费 = \sum（工日消耗量 \times 日工资单价） \tag{4-3}$$

式中，日工资单价应按考虑日工资总额（人工费组成）的 5 项因素。

（2）材料费

1）组成：材料原价；运杂费；运输损耗费；采购及保管费。

2）计算

$$单位工程量的材料费 = \sum(材料消耗量 \times 材料单价) \tag{4-4}$$

$$材料单价 = [(材料原价 + 运杂费) \times (1 + 运输损耗率)] \times (1 + 采购保管费率) \tag{4-5}$$

（3）施工机具使用费

1）组成：折旧费；大修理费；经常修理费；安拆费及场外运费；人工费；燃料动力费；税费。

2）计算

$$单位工程量的施工机械使用费 = \sum(施工机械台班消耗量 \times 机械台班单价) \tag{4-6}$$

$$租赁设备的施工机械使用费 = \sum(施工机械台班消耗量 \times 机械台班租赁单价) \tag{4-7}$$

（4）企业管理费

1）组成：管理人员工资；办公费；差旅交通费；固定资产使用费；工具用具使用费；劳动保险和职工福利费；劳动保护费；检验试验费；工会经费；职工教育经费；财产保险费；财务费；税金；其他。

2）计算（投标报价）。以分部分项工程费/人工费和机械费合计/人工费为计算基础，乘以相应的费率。

（5）利润

1）施工企业（利润率）根据自身需求，并结合市场实际自主确定。

2）工程造价管理机构（确定计价定额中的利润）

计算基数：定额人工费；定额人工费 + 定额机械费。

费率：根据历年工程造价积累的资料，并结合建筑市场实际确定（税前建筑安装工程费的 5% ~ 7%）。

（6）规费

1）含义：按省级政府有关规定，企业必须缴纳或计取的费用。

2）规费的组成：社会保险费（包括养老/失业/医疗/生育和工伤保险费，共五险）；住房公积金；工程排污费。

3）计算

$$社会保险费和住房公积金 = \sum(工程定额人工费 \times 社会保险费和住房公积金费率) \tag{4-8}$$

（7）税金

1）含义：按国家税法有关规定，应计入建筑安装工程造价内的营业税、城市维护建设税、教育费附加及地方教育附加。

2）计算公式

$$税金 = 税前造价 \times 综合税率(\%) \tag{4-9}$$

2. 按造价形成划分的建筑安装工程费用

按造价形成划分的建筑安装工程费用包括分部分项工程费、措施项目费、其他项目费、规费、税金，共 5 个组成部分。其中，分部分项工程费、措施项目费、其他项目费中，则包含人工费、材料费、施工机具使用费、企业管理费和利润。

（1）分部分项工程费

1）组成。根据房屋建筑与装饰工程、城市轨道交通等9个专业工程，分别确定分部分项工程及数量。

2）计算

$$分部分项工程费 = \sum（分部分项工程量 \times 综合单价）\tag{4-10}$$

式中：综合单价包括人工费、材料费、施工机具使用费、企业管理费、利润和一定范围的风险费用（下同）。

（2）措施项目费

1）组成：安全文明施工费；夜间施工增加费；二次搬运费；冬雨期施工增加费；已完工程及设备保护费；工程定位复测费；特殊地区施工增加费；大型机械设备进出场及安拆费；脚手架工程费。

2）计算。国家计量规范规定应予计量的措施项目，应按下式采用综合单价法计算

$$措施项目费 = \sum（措施项目工程量 \times 综合单价）\tag{4-11}$$

不宜计量的措施项目，可按参数法计算总额，如

$$安全文明施工费 = 计算基数 \times 费率\tag{4-12}$$

式中的计算基数，可以采用定额基价、定额人工费或定额人工费 + 定额机械费；费率根据当地建设行政主管部门的规定确定。

当然，夜间施工增加费、二次搬运费、冬雨期施工增加费和已完工程及设备保护费，计费基数为定额人工费或定额人工费 + 定额机械费；费率由工程造价管理机构根据有关情况，综合分析后确定。

（3）其他项目费

1）暂列金额。暂列金额是建设单位在工程量清单中暂定并包括在工程合同价款中的一笔款项。它主要用于：施工合同签订时尚未确定或者不可预见的所需材料、工程设备、服务的采购；施工中可能发生的工程变更、合同约定调整因素出现时的工程价款调整以及发生的索赔、现场签证确认等的费用。

2）计日工。计日工是在施工过程中，施工企业完成建设单位提出的施工图纸以外的零星项目或工作所需的费用。招标投标时，由投标人估算暂定数量、填报单价；施工过程中，由建设单位和施工企业按签证计价。

3）总承包服务费。总承包服务费是指总承包人为配合招标人要求提供的相应服务，并需收取的费用。招标投标时，建设单位根据市场行情，编制招标控制价，施工企业自主报价；施工过程中，按签约合同价执行。

（4）规费 与按费用构成要素划分相同。

（5）税金 与按费用构成要素划分相同。

4.4.2.3 工程建设其他费用

工程建设其他费用是指整个建设期间，除设备工器具购置费、建筑安装工程费以外的，为保证工程建设顺利完成和交付使用后能够正常发挥效用而发生的一切费用。

1. 土地使用费

由于工程项目固定性的客观存在，使其必然占用一定数量的土地。根据我国土地制度规

定，城市土地归国家所有、农村土地归农民集体所有。因此，土地使用费实质就是建设单位为获得相应的土地使用权而支付的费用。

根据土地所有权性质的不同，建设单位发生的土地使用费的情况也有所区别。其中，征用农村土地时，应考虑土地补偿费、安置补助费、土地投资补偿费（地上附着物与青苗补偿费）、土地管理费、耕地占用税等；取得（城市）国有土地使用权时，一般考虑土地使用权出让金、城市基础设施配套费、拆迁补偿与安置补助费等。

2. 与项目建设有关的其他费用

为了确保建设阶段有关建设活动的顺利进行，与项目建设有关的工程建设其他费用通常包括建设单位管理费、勘察设计费、研究试验费、临时设施费、工程监理费、工程保险费、供电贴费、施工机构迁移费、引进技术和进口设备其他费（如技术引进费、分期或延期付款利息、担保费）9 项内容。

3. 与未来企业生产经营有关的其他费用

为了使项目顺利地由建设阶段转入到使用阶段，与未来企业生产经营有关的工程建设其他费用应当包括联合试运转费、生产准备费、办公和生活家具购置费等。

当然，在工程建设实践中，还应进一步考虑工程承包费（总包管理费）、政府有关部门规定的政策性收费（如自来水增容费、城市规划管理费、人防工程建设费、卫生防疫监督费等）等工程建设其他费用。

4.4.2.4　预备费

1. 基本预备费

基本预备费，又称不可预见费，是指在项目实施中可能发生的难以预料的支出和需要预留的费用，并主要用于设计变更及施工中可能增加工程量的费用。

基本预备费的计算公式如下

$$基本预备费 =（设备工器具购置费 + 建筑安装工程费 +$$
$$工程建设其他费）\times 基本预备费费率 \tag{4-13}$$

2. 涨价预备费

涨价预备费是指在建设期内，由于价格的变化引起的项目投资增加，并需要事先预留的费用。其计算公式如下

$$涨价预备费 = \sum_{t=1}^{n} 第 t 年的建筑安装工程费、设备工器具购置费之和 \times$$
$$[（1 + 建设期间的价格上涨指数）^t - 1] \tag{4-14}$$

4.4.2.5　建设期利息

建设期间的贷款利息，简称建设期利息。为了简化计算，在可行性研究（编制投资估算）阶段，通常将借款发生时间假定在每年的年中。于是，其计算公式如下

$$各年应计利息 =（年初借款本息累计 + 本年借款额 \times \frac{1}{2}）\times 年利率 \tag{4-15}$$

[例 4-4]　某项目的建设期为 3 年，共贷款 1500 万元，贷款年利率为 6%。其中，第一年、第二年、第三年分别贷款 600 万元、500 万元、400 万元。试计算建设期利息。

解　建设期间各年的贷款利息分别是：

$$第一年应计利息 = \frac{1}{2} \times 600\ 万元 \times 6\% = 18\ 万元$$

$$第二年应计利息 = \left(600 + 18 + \frac{1}{2} \times 500\right)万元 \times 6\% = 52.08\ 万元$$

$$第三年应计利息 = \left[(600 + 500) + (18 + 52.08) + \frac{1}{2} \times 400\right]万元 = 82.20\ 万元$$

于是，建设期利息总和为152.28万元。

4.4.2.6 流动资金

对于生产性建设项目而言，为了保证生产和经营活动的正常进行，应当将流动资金列入工程建设总投资中，而且可以按流动资金的30%考虑铺底流动资金。

4.4.3 工程的投资决策

4.4.3.1 可行性研究

1. 可行性研究的概念

可行性研究是为了取得最佳经济效果，对建设项目的技术先进性、经济合理性进行全面系统的分析和科学论证，以便投资者做出投资决策的一种方法。

具体地说，可行性研究就是在对某工程项目做出是否投资的决策之前，先对与该项目有关的技术、经济、社会、环境等所有方面进行调查研究，对项目各种可能的拟建方案认真地进行技术经济分析论证，研究拟建项目在技术上的先进性、经济上的合理性和建设上的可能性，对项目建成投产后的经济效益、社会效益、环境效益等进行科学的预测和评价，据此提出该项目是否应该投资建设，以及选定最佳投资建设方案等结论性意见，为项目投资决策部门提供决策的依据。

可行性研究通常可由浅入深地划分为机会研究、初步可行性研究、可行性研究三个阶段。而且，随着研究阶段的不断深入，其基础数据估算的精度在不断提高，同时所需的费用、时间也在不断增加。

2. 可行性研究报告的内容

一般工业项目的可行性研究报告，应当包括以下主要内容：

1）总论，主要说明项目提出的背景、概况以及存在的问题与建议等。

2）市场调查与需求预测，主要包括产品供需预测、产品目标市场分析、价格现状与预测、市场竞争力分析、市场风险等。

3）资源条件评价，主要包括资源可利用量、资源品质情况、资源赋存条件、资源开发价值等。

4）建设规模与产品方案，主要包括建设规模（方案比选、推荐方案）、产品方案（方案的构成、比选及推荐理由）。

5）场址选择，主要包括场址所在位置现状、场址建设条件、场址条件比选。

6）技术方案、设备方案和工程方案。

7）主要原材料、燃料供应。

8）总图、运输与公用辅助工程，主要包括总图布置、场内外运输、公用辅助工程等。

9）节能措施。

10）节水措施。

11）环境影响评价，主要包括场址环境条件、项目建设和生产对环境的影响、环境保护措施方案、环境保护投资、环境影响评价等。

12）劳动安全卫生与消防，主要包括危害因素和危害程度、安全措施方案、消防设施等。

13）组织机构与人力资源配置。

14）项目实施进度，主要包括建设工期、项目实施进度安排等。

15）投资估算，主要包括投资估算依据、建设投资估算、流动资金估算等。

16）融资方案，主要包括资本金筹措、债务资金筹措、融资方案分析等。

17）财务评价，主要包括新设项目法人项目财务评价、既有项目法人项目财务评价、不确定性分析、财务评价结论等。

18）国民经济评价，主要包括影子价格及通用参数选取、效益费用范围调整、效益费用数值调整、国民经济效益费用流量表、国民经济评价指标、国民经济评价结论等。

19）社会评价，主要包括项目对社会的影响分析、项目与所在地互适性分析、社会风险分析、社会评价结论等。

20）风险分析，主要包括项目主要风险因素识别、风险程度分析、防范和降低风险对策等。

21）研究结论与建议，主要包括推荐方案的总体描述、推荐方案的优缺点描述、主要对比方案、结论与建议等。

3. 可行性研究报告的深度要求

一般来讲，编制完成的可行性研究报告应达到以下深度要求：① 报告内容齐全、结论明确、论据充分，可以满足决策者确定方案、项目决策的要求；② 报告已经选用的主要设备的规格、参数，能够满足预订货的要求；③ 报告中重大的技术、经济方案，进行过两个以上方案的比选；④ 报告所确定的主要工程技术数据，可以满足初步设计的要求；⑤ 报告中提出的融资方案，能够满足金融机构信贷决策的要求；⑥ 报告应反映可行性研究过程中出现的某些方案的重大分歧及未被采纳的理由，以供投资者权衡利弊；⑦ 报告应当附有评估、决策（审批）所必需的合同、协议、意向书、政府批件等。

4.4.3.2　投资估算

1. 投资估算的概念

投资估算是在研究并基本确定项目的建设规模、产品方案、技术方案、设备方案和工程方案、实施进度等以后，估算项目所需要的资金总额及其建设期内分年的资金使用计划。

投资估算是可行性研究报告的重要组成部分，其准确性直接影响到项目的建设规模、工程设计方案、投资经济效果，并直接影响到工程项目的投资决策。

2. 投资估算的内容

投资估算的内容包括该项目从筹建、设计、施工直至竣工投产所需要的全部费用。就其费用构成而言，包括建筑安装工程费、设备工器具购置费、工程建设其他费以及预备费、建设期利息、铺底流动资金等所有内容；就其项目构成而言，包括每个单项工程、单位工程、甚至分部分项工程的所有内容。

3. 投资估算的编制

投资估算的编制方法很多，如生产能力指数法、资金周转率法、比例估算法、综合指标投资估算法等。但各种方法的适用条件和范围不同，精度也各不相同。在实际估算过程中应根据项目的性质，占有的技术经济资料、数据的具体情况，选用适宜的估算方法。

（1）生产能力指数法　生产能力指数法，又称生产规模指数估算法，是利用已经建成的类似项目的投资额，估算拟建投资额的方法。其估算数学公式为

$$x = y \left(\frac{C_2}{C_1} \right)^n C_f \tag{4-16}$$

式中，x 为拟建项目投资额；y 为已知同类型项目的投资额；C_2 为拟建项目的生产能力；C_1 为已知同类型项目的生产能力；C_f 为价格调整系数；n 为生产能力指数。

通常要求 C_1 与 C_2 的比值不能超过 50 倍，并以 10 倍以内效果较好。

（2）综合指标投资估算法　综合指标投资估算法又称单位面积综合指标估算法、概算指标估算法，它适用于单项工程的投资估算，并可包括土建、给排水、采暖、通风、空调、电气、动力、管道等所需费用。综合指标投资估算法的计算公式为

单项工程投资额 = 建筑面积 × 单位面积造价 × 价格浮动指数 ±
结构和建筑标准部分的价差 　　　　　　　　　（4-17）

（3）流动资金估算　流动资金是指生产经营性项目投产后，为进行正常生产运营，用于购买原材料、燃料、支付工资以及其他经营费用所需的周转资金。实际工作中，建设项目流动资产投资的估算常用简易估算法，即按项目销售收入、固定资产价值、经营成本等的某个百分数计算。

4.4.3.3　项目财务评价

1. 项目评价

项目评价是通过对于推荐方案的环境影响评价、财务评价、国民经济评价、社会评价及风险分析，判别项目的环境可行性、经济可行性、社会可行性以及抗风险能力。从某种意义上讲，项目评价是可行性研究的核心内容之一，而财务评价又被所属企业所关注。

（1）财务评价　财务评价是项目经济评价的基础。它是从企业角度，在国家现行财税制度和市场价格体系的基础上，分析预测项目的财务效益与费用，计算财务评价指标，考察拟建项目的盈利能力、偿债能力，据以判断该项目的财务可行性。

（2）国民经济评价　国民经济评价是在财务评价的基础上进行的高层次经济评价。它是从国家和社会角度，按照经济资源合理配置的原则，利用影子价格、影子工资、影子汇率、社会折现率等国民经济评价参数，考察项目所消耗的社会资源和对社会的贡献，进而评价项目的经济合理性。

（3）财务评价与国民经济评价的关系　建设项目的财务评价和国民经济评价之间既有联系，也有区别。两者的相同之处表现在：① 评价目的相同，它们都要寻求以最小的投入获得最大的产出；② 评价的基础相同，它们都是在完成市场需求预测、工程技术方案、资金筹措等基础上进行评价；③ 计算期相同，它们都要通过计算包括项目的建设期、生产期全过程的费用和效益来评价项目方案的优劣，从而得出项目方案是否可行的结论。两者的区别见表4-5。

表 4-5　财务评价与国民经济评价的区别

项　　目	财 务 评 价	国民经济评价
评价角度	从企业角度分析评价项目对企业的财务盈利水平和利润率	从国家和社会角度评价项目对国家经济发展和社会福利的贡献
费用和收益的范围	根据企业直接发生的财务收支，计算项目的费用和收益，即只考虑项目的直接货币效益	考虑项目的直接经济效果和间接效果，项目对全社会的全面费用与收益状况
费用和收益的划分	根据项目的实际收支来确定	税金、国内借款利息、政府补贴等视为国民经济内部转移支付，不列入项目的费用与收益状况
采用的价格	采用现行的市场实际价格	采用影子价格
采用的贴现率	采用因行业而异的基准收益率	采用国家统一测定的社会贴现率
采用的汇率	采用官方汇率	采用国家统一测定的影子汇率
采用的工资	采用当地通常的工资水平	采用影子工资

2. 财务评价的内容

进行项目财务评价时，一般应当包括以下内容：

1）盈利能力分析，即通过静态或动态评价指标，测算项目的财务盈利能力和盈利水平。

2）偿债能力分析，即分析测算项目偿还贷款的能力。

3）不确定性分析，即分析项目在计算期内不确定性因素可能对项目产生的影响方向、影响程度，进而预测项目可能承担的风险的大小。

3. 财务评价的指标体系

任何一项评价指标都会存在一定的局限性，为了全面、真实、客观地反映项目的经济效果，需要建立一整套财务评价的指标体系。根据建设项目财务评价指标体系是否充分地考虑资金时间价值，可分为静态评价指标和动态评价指标。

（1）静态评价指标　没有充分地考虑资金时间价值的静态评价指标比较适合于技术经济数据不完备、不准确的方案初选阶段，以及对于寿命周期较短的方案进行评价。常用的静态评价指标包括投资利润率、静态投资回收期（P_t）、借款偿还期、利息备付率、偿债备付率等。其中，前两项反映项目的盈利能力；后三项反映项目的偿债能力。

（2）动态评价指标　充分考虑资金时间价值的动态评价指标比较适合于方案最后决策前的详细可行性研究阶段，以及对于寿命周期较长的方案进行评价。常用的动态评价指标包括财务净现值（FNPV）、财务净现值指数（FNPVR）、财务内部收益率（FIRR）、动态投资回收期（P_t'）等，它们基本都是反映项目的盈利能力。

4.4.3.4　不确定性分析

1. 不确定性分析的概念

不确定性分析，也称投资风险分析，它是通过分析测算不确定性因素、随机因素对建设项目预期经济效果的影响程度，以及对建设项目带来的风险大小，分析评价建设项目的抗风险能力。

由于可行性研究使用了大量预测或估算的数据，并且是面向未来做出的投资决策，故此具有一定的不确定性。为了尽量避免投资决策出现失误，应当适时地进行不确定性分析。

2. 投资风险影响因素

影响投资风险的不确定性因素和随机因素，主要包括：

（1）建设项目投入物或产出物的价格 它常因通货膨胀等原因的影响而产生波动，而且其确切波动量往往难以预料。另外，汇率的变动也将对项目的投资额和收益产生影响。

（2）评价建设项目时所用的投入物和产出物的数量和质量 它们是根据现有的技术水平估算和制定的，由于科学技术的突变发展，仍有可能会发生技术、工艺等方面的技术性更改，致使原估计值产生较大偏差。

（3）评价建设项目时所用的额定生产能力 它若在实际生产中发生波动，将会影响建设项目的生产成本和销售收入。

（4）固定资产投资和流动资金需要量的评估 在实际工作中往往出现低估固定资产投资和流动资金的需要量，这将使项目建设阶段和试运转阶段比预期计划拖长，并会影响项目的投资额、生产成本和销售收益。

（5）国内外市场供需状况和竞争因素的变化 它将影响项目产品的渗透程度和市场占有率，从而影响项目产品的销售量和销售收入。

（6）国内外政治经济形势和政策的变动 它会影响技术发展方向的变化、资源的开发和利用，也会影响到原材料、能源等的供应。

总之，投资项目有关因素的不确定性是客观存在的，有些因素的不确定性可能会超出事先的预想，从而给投资者带来较大的风险。

3. 不确定性分析的方法

（1）盈亏平衡分析 盈亏平衡分析研究建设项目投产后，以利润为零时产量的收入与费用支出的平衡为基础，测算项目的生产负荷状况，分析项目适应市场变化的能力，度量项目抗风险的能力。当然，项目的盈亏平衡点越低，说明项目适应市场变化的能力越强，抗风险的能力越大，亏损的风险性越小。

（2）敏感性分析 敏感性是指项目经济评价指标对其相关不确定性因素变动的反映。如不确定性因素的较小变动将导致项目经济评价指标有较大的变动，则项目方案对该不确定性因素敏感性强。敏感性分析就是预测和分析项目不确定性因素发生变动时，导致项目经济评价指标发生变动的灵敏程度，从中找出敏感因素，并确定其影响程度、影响方向，进而制定控制负影响敏感因素的对策，确保项目经济评价与决策的总体安全性。

（3）概率分析 概率分析是利用概率理论定量地研究不确定因素发生不同幅度变动的概率分布及其对项目经济效益的影响，以判定项目方案可能发生的风险程度的一种不确定性分析方法。

4.4.4 工程设计阶段的投资控制

4.4.4.1 推行限额设计

1. 限额设计的概念

限额设计就是按照批准的投资估算控制初步设计，按照批准的初步设计总概算控制施工图设计，同时各专业在保证达到使用功能的前提下，按分解的投资限额控制设计，严格控制技术设计和施工图设计的不合理变更，保证总投资限额不被突破。限额设计的控制对象是影响工程设计静态投资的项目。

限额设计包含了尊重科学、实事求是，精心设计、保证设计科学性等内容。例如，各专业在保证使用功能的前提下，按分配的投资限额控制设计，严格控制扩大初步设计、施工图设计过程中的不合理变更，以保证总投资限额不被突破。其中，投资目标的确定与分解、工程量控制是实现限额设计的有效途径和方法。

2. 限额设计的控制方式

（1）限额设计的纵向控制 按照设计工作的先后顺序，限额设计的纵向控制依次包括：

1）初步设计要重视方案选择，按照审定的可行性研究阶段的投资估算进一步落实投资的可能性。

2）施工图预算应严格控制在批准的概算以内。

3）加强设计变更的管理工作。

4）在限额设计中要树立动态管理的观念。

（2）限额设计的横向控制 按照设计过程中相关各方，尤其是设计单位内部的责、权、利关系，限额设计的横向控制主要包括：

1）建立设计单位内部限额设计责任制。

2）实行限额设计的节奖超罚制度等。

4.4.4.2 设计概算的编制与审查

1. 设计概算的概念

设计概算是设计单位在初步设计阶段，根据设计要求概略地计算拟建项目在建设过程中将要发生的全部费用。它是设计文件的重要组成部分，并对设计方案比选、控制建设投资等具有重要的基础作用。

设计概算分为三级概算，即单位工程概算、单项工程综合概算及建设项目总概算。它们的相互关系如图4-17所示。

单位工程概算是确定单项工程中的各单位工程所需建设费用的文件。它可分为建筑单位工程概算、设备及安装单位工程概算两大类：前者包括一般土建工程概算、给排水工程概算、采暖工程概算、通风工程概算、电气照明工程概算、工业管道工程概算、特殊构筑物工程概算等；后者包括机械设备及安装工程概算、电气设备及安装工程概算、器具工具及生产家具购置费概算等。

单项工程综合概算是确定一个单项工程所需建设费用的文件，是根据单项工程内各单位工程概算汇总编制而成的。

建设项目总概算是确定整个建设项目从筹建到竣工验收所需全部费用的文件，它是由各个单项工程综合概算以及工程建设其他费用和预备费用概算汇总编制而成的。

2. 设计概算的编制

设计概算编制是从最基本的单位工程概算开始，经过逐级汇总而形成的。

（1）单位工程概算的编制 单位工程概算具有不同的编制方法，而且每种方法的特点及适用条件也不尽相同。建筑工程、设备及安装工程概算的编制方法分别见表4-6、表4-7。

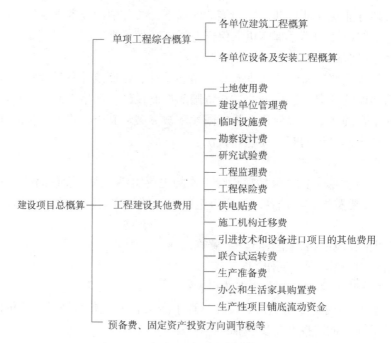

图 4-17　建设项目总概算组成内容

（2）单项工程综合概算的编制　单项工程综合概算书一般由编制说明和综合概算表两大部分组成。而且，它是由包含的各个单位工程概算综合、汇总而得来的。

表 4-6　建筑工程概算编制方法汇总

编制方法	概要说明	适用条件	备注
扩大单价法	扩大单价×工程量	初步设计达到一定深度、建筑结构比较明确	
概算指标法	概算指标×建筑面积	初步设计深度不够、比较简单的工程	当概算指标的结构特征或时间与设计对象略有差异时，需要调整
类似工程预算法	利用类似预算编制的概算指标×建筑面积	设计对象与概算指标不同，与已建或在建工程类似	

表 4-7　设备及安装工程概算编制方法汇总

设备购置概算	设备安装工程概算			
	编制方法	概要说明	适用条件	备注
设备原价＋设备运杂费	预算单价法	利用预算定额	初步设计有详细设备清单	
	扩大单价法	利用概算定额	设备清单不完备，仅有设备重量等	
	概算指标法	设备安装费率等概算指标	无法采用扩大单价法、概算指标法时	每吨设备安装费、每平方米建筑面积安装费等

（3）建设项目总概算的编制　建设项目总概算书一般包括编制说明和总概算表，有的还列出单项工程综合概算表及单位工程概算表等。它是由包含的各个单项工程综合概算综合、汇总而得来的。

3. 设计概算的审查

审查设计概算，有利于提高文件的编制质量，并为项目投资控制奠定坚实的基础。因此，在实际工作中，监理工程师通常采用集中会审的方式审查设计概算。

（1）编制依据的审查　设计概算编制依据审查的重点包括：编制依据的合法性，即是否符合有关的编制规定，并经有关部门批准；编制依据的时效性，如是否依然适用，是否需要调整；编制依据的适用范围，即是否符合行业、地区的有关规定等。

（2）单位工程概算的审查　与编制工作相对应，审查单位工程概算也应从建筑工程、设备及安装工程方面入手。对于建筑工程概算，主要审查其工程量、采用的定额或指标、材料预算价格和各项费用等；对于设备购置概算，主要审查其国产标准设备与非标准设备的原价、设备运杂费、进口设备费用的构成及水平等；对于设备安装工程概算，主要审查其编制方法和编制依据。例如，当采用预算单价或扩大综合单价计算安装费时，要审查采用的各种单价是否合适，计算的安装工程量是否符合要求、准确无误；再如，审查计算安装费的设备数量及种类是否符合设计要求，避免列入某些不需要安装的设备等。

（3）综合概算和总概算的审查　综合概算和总概算的审查主要是控制其逐级综合、汇总过程的正确性。例如，是否符合国家的方针、政策，概算文件的组成是否完整，总图设计和工艺流程是否合理，审查项目的"三废"治理情况等。

4.4.4.3　施工图预算的编制与审查

1. 施工图预算的概念

施工图预算，也称设计预算，是以施工图设计、预算定额、单位估价表、施工组织设计及各种取费标准等为依据，对于工程造价的预先测算。它通常以单位工程作为编制对象，反映相应的建筑安装工程费用，并对工程招标投标、工程价款结算等具有重要作用。

施工图预算一般可分为建筑工程预算、设备安装工程预算两大类。前者可能包括一般土建工程预算、卫生工程预算、电气照明工程预算、特殊构筑物工程预算及工业管道工程预算等；后者可能包括机械设备安装工程预算、电气设备安装工程预算等。

2. 施工图预算的编制

（1）施工图预算的编制依据　为了科学、快速地编制施工图预算，必须全面收集与工程建设相关的各种资料。它们主要包括施工图及说明、施工组织设计或施工方案、预算定额及取费标准、材料预算价格预算工作手册、工程合同或协议等。

（2）编制施工图预算的单价法　单价法是根据地区单位估价表中的工程综合单价（即预算定额基价），乘以相应工程分项的工程量，相加后得到单位工程的人工费、材料费和机械使用费之和，然后加上措施费、间接费、利润和税金，即可得到该单位工程的施工图预算（造价）。单价法编制施工图预算的基本步骤如下：① 准备资料，熟悉设计图样；② 划分工程分项并计算其工程量；③ 套用预算综合单价（预算定额基价）；④ 进行工料分析；⑤ 计算其他费用、利税，并汇总造价；⑥ 复核；⑦ 编制说明、填写封面、装订成册。单价法比较简便、又为人们所熟悉，但是由于价差的存在，其编制结果误差较大。

（3）编制施工图预算的实物法　实物法是将各工程分项的实物工程量分别套取预算定额，按类相加后得出单位工程所需的各种人工、材料、施工机械台班的消耗量，然后分别乘以当时当地各种人工、材料、施工机械台班的实际单价，求得人工费、材料费和施工机械使用费，将上述费用汇总即为直接工程费，最后加上措施费、间接费、利润和税金，即可得到该单位工程的施工图预算（造价）。实物法编制施工图预算的基本步骤如下：① 准备包括当时当地各种人工、材料、施工机械台班实际单价在内的各种资料，熟悉设计图样；② 划分工程分项并计算其工程量；③ 套用预算定额中的人工、材料、机械台班消耗数量；④ 统计汇总单位工程所需的各类人工工日、材料量及机械台班的消耗量；⑤ 根据当时当地各种人工、材料、施工机械台班的实际单价，汇总人工费、材料费和机械使用费；⑥ 计算其他各项费用、利润、税金，汇总造价；⑦ 复核；⑧ 编制说明、填写封面、装订成册。由于实物法比较好地反映了市场趋向，故其结果比较准确，但编制工作相对较为烦琐。

3. 施工图预算的审查

（1）施工图预算审查的步骤　审查施工图预算时，通常按以下步骤开展工作：① 做好审查前的施工图样、预算定额等准备；② 选择合适的审查方法，按相应的内容进行审查；③ 综合整理审查资料，并与编制单位交换意见，定案后编制调整预算。

（2）施工图预算审查的内容　与编制工作相对应，施工图预算审查的主要内容还是应该放在工程量的计算是否准确，预算定额的套用是否正确，各项取费标准是否符合现行规定等方面。

（3）施工图预算审查的方法　审查施工图预算时可以采用的方法很多，如逐项审查法、标准预算审查法、分组计算审查法、对比审查法、筛选法审查、重点审查法、手册审查法等。在实际审查过程中，应紧密结合每种方法的特点及适用条件等，加以科学的选择、取舍。

4.4.4.4　价值工程的应用

价值工程是通过各相关领域的协作，对所研究对象的功能与成本进行系统分析，不断创新，进而提高所研究对象价值的思想方法和管理技术。

关于价值工程的详细内容，可参阅其他书籍。

4.4.5　工程招标阶段的投资控制

4.4.5.1　工程建设招标投标的价格

1. 工程建设招标投标的计价方法

根据《建筑工程施工发包与承包计价管理办法》的规定，我国工程建设招标投标价格可以采用工料单价法和综合单价法两种方法。其中，工料单价可以按照类似编制施工图预算的单价法或实物法确定；综合单价可以按照预算定额、招标文件或者投标人的习惯进行计算。

一般来讲，综合单价法较工料单价法接近市场行情，更有利于造价控制，因此在建设实践中更为常用。

2. 工程建设招标投标的价格形式

（1）标底价格　标底价格是由招标单位或具有编制标底价格资格和能力的单位，根据设计图样和有关规定计算出来的，是招标工程的预期价格。标底是招标者对拟招标工程所需费用的自我测算和控制，并可作为评标定标的参考。

（2）投标报价　投标报价是投标人根据招标文件、企业定额、投标策略等要求，对于投标工程做出的自主报价。编制投标报价以及投标书的过程中，应当紧密结合招标文件的要求，追求"能够最大限度地满足招标文件中规定的各种综合评价标准"或"能够满足招标文件的实质性要求"。投标书（投标报价）可以由投标人编制，也可以委托咨询机构代为编制。

（3）评标定价　在招标投标过程中，招标文件（含可能设置的标底）是发包人的定价意图，投标书（含投标报价）是投标人的定价意图，中标价则是双方均可接受的价格，并应成为合同的重要组成部分。评标委员会在选择中标人时，通常遵循"最大限度地满足招标文件中规定的各种综合评价标准""能够满足招标文件的实质性要求，并且经评审的投标价格最低"原则。前者属于综合评分法，后者属于最低标价法。

当然，我国的《招标投标法》及配套法规不允许投标人以低于成本的报价竞标。

4.4.5.2　建设工程标底价格的编制

1. 标底价格的编制原则

有关人员应当严格按照国家的政策、规定，科学、公正地编制工程标底，并且应当遵循以下原则：

1）根据国家公布的统一工程项目划分、统一计量单位、统一计算规则以及施工图样、招标文件，并参照国家制定的基础定额和国家、行业、地方规定的技术标准规范，以及要素市场价格确定工程量和编制标底。

2）力求与市场的实际变化吻合，并有利于竞争和保证工程质量。

3）标底价格应由成本、利润、税金等组成，一般应控制在批准的总概算或修正概算的限额以内。

4）标底价格应考虑各种价格变动因素，包括不可预见费、措施费、现场因素费用、保险费以及采用固定价格工程的风险金等，工程要求优良的还应增加相应的费用。

5）一项工程只能编制一个标底。

6）招标人不得以各种借口任意压低标底价格。

7）标底价格编制完毕后，直至开标前应当严格保密。

2. 标底价格的编制步骤

招标人或其委托的咨询机构在编制标底时，通常要经历以下步骤：

1）准备工作，包括熟悉招标文件、工程图样、现场勘察、市场调查等。

2）收集相关资料。

3）计算标底价格。依次包括计算或复核整个工程的人工、材料、机械台班需要量，并确定相应的费用，确定措施费用及特殊费用，测算风险系数，考虑利润、税金等因素后确定投标价格。

4）审核标底价格。

3. 标底文件的内容

完整的标底文件应当包括以下内容：① 编制标底的综合说明；② 标底价格；③ 主要人工、材料、机械设备用量表；④ 标底附件及表格等。

4.4.5.3 工程建设承包合同价格的分类

工程建设承包合同根据计价方式的不同，可以划分总价合同、单价合同、成本加酬金合同三大类型。对于监理工程师来说，把握各类合同的计价方法、优缺点和适用条件，对于协助建设单位签订合同以及未来的履行合同等均具有非常重要的意义。

1. 总价合同

总价合同是指支付给承包方的款项在合同中是一个"规定的金额"，即总价。它是以工程量清单、设计图样和工程说明书为依据，由承包方与发包方协商确定的。

总价合同按其履行过程中是否允许调值又可分为以下两种不同形式：

（1）不可调值总价合同 该合同的价格计算是以工程量清单、设计图样及规定、规范为基础，承发包双方就承包项目协商一个固定的总价，并由承包方一笔包死，不能变化。它只有在设计和工程范围有所变更的情况下，才能随之作相应的变更。采用这种合同时，承包方要承担实物工程量、工程单价、地质条件、气候和其他一切客观因素造成亏损的风险。在合同执行过程中，承发包双方均不能因工程量、设备、材料价格、工资等变动和地质条件恶劣、气候恶劣等理由，提出对合同总价调值的要求，因此承包方要在投标时对一切费用的上升可能做出估计并包含在投标报价之中。由于承包方要为许多不可预见的因素付出代价，并加大不可预见费用，可能使这种合同的报价较高。不可调值总价合同适用于工期较短（一般不超过一年），对最终产品的要求又非常明确的工程项目，即项目的内涵清楚、设计图样完整齐全、工作范围及工程量计算依据确切。

（2）可调值总价合同 该合同的总价也是以工程量清单、设计图样及规定、规范为基础，但它是按"时价"计算的，是一种相对固定的价格。在合同执行过程中，由于通货膨胀而使所用的工料成本增加时，允许利用调值条款对合同总价进行相应的调值。其有关调值的特定条款，往往是在合同特别说明书（亦称特别条款）中列明，调值工作必须按照这些特定的调值条款进行。它与不可调值总价合同的区别在于，对合同实施中出现的风险进行了分摊，发包方承担了通货膨胀这一不可预测费用因素的风险，而承包方只承担了实施中实物工程量、工期等因素的风险。可调值总价合同适用于工程内容和技术经济指标规定比较明确且工期较长（一年以上）的项目。

2. 单价合同

当施工图不完整或准备发包的工程项目内容、技术经济指标尚不能明确、具体地予以规定时，往往要采用单价合同形式。这样可以避免凭运气而使发包方或承包方中的任何一方承担过大的风险。

（1）估算工程量单价合同 该合同形式要求承包商在报价时，按照招标文件中提供的估计工程量，填报发包分项工程单价。最后结算的工程总价应按承包方实际完成工作量乘以分项工程单价计算。这种合同的工程量是统一计算出来的，承包方只需经过复核并填上适当的单价，承担的风险较小；发包方只需审核单价是否合理。因此，对于双方都方便。但在合同实施过程中，需要建立、健全有关的档案资料，并及时确认承包方实际完成的工程量。估算工程量单价合同一般适用于工程性质比较清楚（具备初步设计图样），但工程量计算不十分准确的情况。目前国际上采用这种合同形式的比较多。

（2）纯单价合同 采用该合同形式时，发包方只向承包方给出发包工程的有关分部分项工程以及工程范围，不需对工程量作任何规定。承包方在投标时只需要对这种给定范围的分部分项工程报价，工程量则按实际完成的数量结算。因此，发包方必须对工程的划分做出明确的规定，以使承包方能够合理地定价。纯单价合同形式主要适用于没有施工图样、工程量不明，却急需开工的紧迫工程。

3. 成本加酬金合同

该合同形式主要适用于工程内容及其技术经济指标尚未全面确定，投标报价的依据尚不充分的情况下，发包方因工期要求紧迫，必须发包的工程；或者发包方与承包方之间具有高度的信任，承包方在某些方面具有独特的技术、特长和经验的工程。

成本加酬金合同的重要特征是承包方因施工成本实报实销而对降低成本不感兴趣，发包方对工程总价难以实施有效的控制。因此，采用这种合同形式时，有关条款必须非常严格。

成本加酬金合同可有以下几种具体形式：

（1）成本加规定百分比酬金合同　发包方对承包方支付的实际直接成本全部据实补偿，并按其固定百分比付给承包方一笔酬金（利润）。

（2）成本加固定金额酬金合同　发包方对承包方支付的实际直接成本全部据实补偿，并按固定的金额付给承包方一笔酬金（利润）。

（3）成本加奖罚合同　首先确定一个目标成本，据此确定酬金的数额。当实际成本低于目标成本时，承包方可以获得实际成本、酬金，以及根据成本降低额算得到的奖金；当实际成本高于目标成本时，承包方仅能得到成本和酬金的补偿，并处以一笔罚金。

（4）最高限额成本加固定最大酬金合同　确定最高限额成本、报价成本、最低成本，并据此支付工程款项。当实际成本低于最低成本时，承包方可以得到成本费用、酬金，以及与发包方分享节约额。如果实际工程成本在最低成本和报价成本之间，承包方只能得到成本、酬金；如果实际工程成本在报价成本与最高限额成本之间，则承包方只能获得全部成本的补偿；当实际工程成本超过最高限额成本时，其超过的部分得不到支付。

4.4.6　工程施工阶段的投资控制

4.4.6.1　施工阶段投资控制的目标

投资总目标是由若干具体的、更具可操作性的分目标组成的。因此，监理工程师必须编制资金使用计划，合理、细致地确定建设项目投资控制的目标值，包括建设项目的总目标值、分目标值、各个详细目标值等。

1. 按投资构成分解的资金使用计划

工程建设投资主要由建筑安装工程费、设备工器具购置费、工程建设其他费等构成。但是建筑安装工程费、设备工器具购置费在性质上存在较大的差异。因此，按投资构成分解的资金使用计划主要是将建筑工程费、安装工程费、设备及器具购置费等进行详细的分解。

2. 按子项目分解的资金使用计划

大、中型建设项目通常由多个单项工程、单位工程组成以及最基本的分部分项工程组成。因此，按子项目分解的资金使用计划就是将项目投资分解到各个单项工程、单位工程，乃至分部分项工程。在分解工作完成后，应适当地考虑不可预见费等因素，编制工程分项的投资支出预算，即按子项目划分的资金使用计划。

3. 按时间进度分解的资金使用计划

建设项目的投资通常是分阶段、分期发生的，其资金应用得是否合理与资金的时间安排密切相关。因此，编制按时间进度分解的资金使用计划，通常可利用进度控制中的网络图进一步扩充而得。

具体地说，就是在绘制网络图时，一方面确定完成某项施工活动所花的时间，另一方面也要确定完成这一工作的合适的支出预算，进而反映不同阶段的投资控制目标。

当然，按时间进度分解的资金使用计划，可以与按子项目分解的资金使用计划结合起来，在其综合计划表中，横向按时间划分，纵向则按子项目划分。

4.4.6.2 工程计量

只有经监理工程师计量确认，发包方才有可能向承包单位支付相应的款项。因此，工程计量是控制投资支出的关键环节，也是约束承包单位履行合同义务、强化合同管理的重要手段。

1. 工程计量的程序

根据我国《建设工程施工合同（示范文本）》的有关规定，工程计量的一般程序如下：承包人应按专用条款约定的时间，向监理工程师提交已完工程量的报告；监理工程师接到报告后7天内按设计图样核实已完工程量，并在计量前24小时通知承包人，承包人为计量提供便利条件并派人参加。承包人收到通知后不参加计量，计量结果有效，作为工程价款支付的依据；监理工程师收到承包人报告后7天内未进行计量，从第8天起，承包人报告中开列的工程量即视为已被确认，作为工程价款支付的依据。监理工程师不按约定时间通知承包人，使承包人不能参加计量，计量结果无效。对承包人超出设计图样范围和因承包人原因造成返工的工程量，监理工程师不予计量。

2. 工程计量的依据

工程计量的依据一般包括质量合格证书、工程量清单前言和技术规范中的"计量支付"条款、设计图样等。

（1）**质量合格证书** 对于承包商已完成的工程，并不是全部进行计量，而只是质量达到合同标准的已完工程才予以计量。所以工程计量必须经过监理工程师检验，工程质量达到合同规定的标准和有关质量要求后，由监理工程师签发中间交工证书（质量合格证书），有了质量合格证书的工程才予以计量。

（2）**工程量清单前言和技术规范** 工程量清单前言和技术规范的"计量支付"条款规定了清单中每一项工程的计量方法，同时还规定了按规定的计量方法确定的单价所包括的工作内容和范围。因此，工程量清单前言和技术规范是确定计量方法的依据。

（3）**设计图样** 单价合同以实际完成的工程量进行结算，但经监理工程师计量的工程数量，并不一定是承包商实际施工的数量。监理工程师对承包商超出设计图样要求增加的工程量和自身的原因造成返工的工程量，不予计量。

3. 工程计量的方法

工程计量有许多方法可供选用，而且不同的方法各有相应的适用条件与特点。监理工程师通常会根据需计量项目的具体情况，从以下计量方法中选择适当的方法：

1）均摊法。对清单中某些项目稳定发生的合同价款，按合同工期平均计量，如保养测量设备、维护工地清洁等。

2）凭据法。按照承包商提供的确凿的凭据进行计量支付，如提供建筑工程险保险费、提供第三方责任险保险费、提供履约保证金等。

3）估价法。针对正在进行之中的工作，按合同文件的规定，根据监理工程师估算的已完成的价值考虑支付。

4）断面法。主要用于取土坑或填筑路堤土方的计量。

5）图样法。针对工程量清单中的许多项目，按照设计图样所示的尺寸进行计量。

6）分解计量法。将一个较大的项目，根据工序或部位分解为若干子项，并对已完成的各子项进行计量。

4.4.6.3　工程变更价款的确定

由于勘察设计工作深度、发生不可预见的事件等原因，在工程项目实施过程中经常出现工程量变化、施工进度变化，以及发包方与承包方在执行合同中的争执等问题，并有可能使项目投资超出预定的控制目标。因此，项目监理机构及监理工程师必须通过收集相关资料、审查变更要求、评估变更费用与工期、签发变更指令等环节加强对工程变更的管理。

1. 我国现行工程变更价款的确定方法

根据《建设工程施工合同（示范文本）》的有关规定，承包人在工程变更确定后 14 天内，提出变更工程价款的报告，经监理工程师确认后调整合同价款。

确定变更合同价款按下列方法进行：

1）合同中已有适用于变更工程的价格，按合同已有的价格变更合同价款。

2）合同中只有类似于变更情况的价格，可以参照类似价格变更合同价款。

3）合同中没有适用或类似于变更工程的价格，由承包人提出适当的变更价格，经工程师确认后执行。

从某种意义上讲，工程量清单及其项目、单价的完备程度，对于工程变更具有重要影响。

2. FIDIC 合同条件下工程变更的估价

除非合同另有规定，当发生工程变更时，如果监理工程师认为适当，应以合同中规定的费率及价格进行估价；如合同中未包括适用于该变更工程的费率或价格，则应在合理的范围内使用合同中类似的费率和价格作为估价的基础；若合同中没有与变更项目相同或类似的项目，在监理工程师与业主和承包商适当协商后，由监理工程师和承包商商定一个合适的费率或价格作为结算的依据；当双方意见不一致时，监理工程师有权单方面确认其认为合适的费率或价格（但是费率或价格确定的不合理，很可能导致承包商提出费用索赔）。

为了支付的方便，在费率和价格未取得一致意见前，监理工程师应确定暂行费率或价格，以便有可能作为暂付款包含在期中付款证书中。

4.4.6.4　索赔费用的计算

索赔是合同履行过程中，当事人一方因为非自身原因受到损失时，要求对方补偿损失的权利。由于工程建设过程，尤其是施工阶段的复杂性、多变性，在合同履行过程中，索赔几乎是不可避免的。而且由于索赔的种类很多，又可能导致投资目标的失控。因此，监理工程师必须通过完善建设档案管理、熟练运用合同条款、合理计算索赔费用与工期等，加强索赔管理，努力实现控制目标。

1. 索赔费用的组成

与建筑安装工程费用的内容相似，索赔费用的主要组成也包括直接费、间接费、利润及税金等。但是承包商仅可就其工程成本增加的部分进行索赔，而且这些内容在不同的索赔背景下也不尽相同。例如：

（1）人工费　它包括完成合同之外的额外工作所花费的人工费用，由于非承包商责任的工效降低所增加的人工费用，法定的人工费增长以及非承包商责任造成的工程延误导致的人员窝工费和工资上涨费等。

（2）材料费　它包括由于索赔事件使材料实际用量超过计划用量而增加的材料费，由于客观原因使材料价格大幅度上涨，由于非承包商责任造成工程延误导致的材料价格上涨和超期存储费用等。

（3）施工机械使用费　它包括由于完成额外工作增加的机械使用费，非承包商责任工效降低增加的机械使用费，由于业主或监理工程师原因导致机械停工的窝工费。其中，如系租赁设备，台班窝工费一般按实际台班租金加上每台班分摊的机械调进调出费用计算；如系承包商自有设备，台班窝工费一般按台班折旧费计算。

（4）分包费用　它是指应列入总承包商索赔款总额以内的分包商的索赔费，一般包括人工、材料、机械使用费的索赔。

（5）工地管理费　它是指承包商完成额外工程、索赔事项工作以及工期延长期间的工地管理费，包括管理人员工资、办公费等。

（6）利息　利息的索赔通常发生于下列情况：拖期付款的利息，由于工程变更和工程延误增加投资的利息，索赔款的利息，错误扣款的利息。这些利息的具体利率在索赔实践中可采用不同的计算标准。例如，按当时的银行贷款利率，按当时的银行透支利率，按合同双方协议的利率，按中央银行贴现率加三个百分点等。

（7）总部管理费　它主要指的是工程延误期间所增加的管理费。

（8）利润　一般来说，由于工程范围的变更和施工条件变化引起的索赔，承包商是可以列入利润的。但对于工程延误的索赔，由于利润通常是包括在每项实施的工程内容的价格之内的，而延误工期并未影响削减某些项目的实施、导致利润减少。因此，一般的监理工程师很难同意在延误的费用索赔中加入利润损失。

2. 索赔费用的计算方法

（1）实际费用法　该方法是工程索赔计算时最常用的一种方法。其计算原则是，以承包商为某项索赔工作所支付的实际开支为依据，向业主要求超额部分的费用补偿。对于单项索赔的费用计算而言，实际费用法仅限于该项工程施工中所发生的额外人工费、材料费、机械使用费及相应的管理费。

（2）总费用法　该方法又称总成本法，是当发生多次索赔事件以后，重新计算该工程的实际总费用，并将其减去投标报价时的估算总费用后，作为索赔金额。适合于综合索赔的实际费用法的计算公式如下

$$索赔金额 = 实际总费用 - 投标报价时估算总费用 \qquad (4\text{-}18)$$

（3）修正的总费用法　作为对总费用法的改进，它是在总费用计算的原则上，去掉一些不合理的因素，使其更加合理。具体修正的内容如下：① 将计算索赔款的时段局限于受到外界影响的时间，而不是整个施工期；② 只计算受影响时段内的某项工作所受影响的损失，而不是计算该时段内所有施工工作所受的损失；③ 与该项工作无关的费用不列入总费用中；④ 对投标报价费用，按受影响时段内该项工作的实际单价进行核算，乘以实际完成的该项工作的工程量，得出调整后的报价费用。按修正后的总费用计算索赔金额的公式如下

$$\text{索赔金额} = \text{某项工作调整后的实际总费用} - \text{该项工作的报价费用} \qquad (4\text{-}19)$$

4.4.6.5 我国工程价款的结算

1. 我国现行建安工程价款的主要结算方式

按现行规定，建安工程价款结算可以根据不同情况采用多种方式：

（1）**按月结算** 实行旬末或月中预支，月终结算，竣工后清算的办法。跨年度竣工的工程，在年终进行工程盘点，办理年度结算。

（2）**竣工后一次结算** 建设项目或单项工程全部建筑安装工程建设期在 12 个月以内或工程承包合同价值在 100 万元以下的，可以采用工程价款每月月中预支，竣工后一次结算。

（3）**分段结算** 对于当年开工、当年不能竣工的单项工程或单位工程，可按照工程形象进度划分不同阶段进行结算。分段结算可以按月预支工程款。实行分段结算或竣工后一次结算的工程，当年结算的工程款应与分年度的工作量一致，年终不再另行清算。

（4）**其他结算方式** 双方可视具体情况约定采用其他结算方式。

2. 工程预付款

在工程价款采用按月结算等方式时，首先就要涉及工程预付款的计算与支付事宜。

（1）**工程预付款的概念** 工程预付款，也称预付备料款，它是按照合同约定，在正式开工之前预先支付给承包人用于施工准备及购买材料、构件等的流动资金。根据《建设工程施工合同（示范文本）》的有关规定，实行工程预付款的，双方应当在专用条款内约定发包人向承包人预付工程款的时间和数额，开工后按约定的时间和比例逐次扣回；预付工程款的时间应不迟于约定的开工日期前 7 天。

（2）**工程预付款的额度** 确定工程预付款的额度时，应以保证施工所需材料和构件的正常储备为目的，并考虑施工工期、建安工作量、主要材料和构件费用占建安工作量的比例以及材料储备周期等因素。在实际计算工程预付款的额度时，除了可以按照公式法的公式计算外，通常根据工程的特点、工期、市场行情、供求规律等，按照合同条件中约定工程价款的某一百分比进行计算。

（3）**工程预付款的扣回** 随着工程施工的不断进行、拨付的工程进度款数额不断增加，工程所需主要材料、构件的用量及经费将逐渐减少，原已支付的工程预付款应以适当的方式陆续扣回。从理论上讲，按照未完施工工程所需要主要材料和构件的费用等于工程预付款数额的基本出发点，可以推导出开始扣回工程预付款时的累计完成工程金额，即工程预付款起扣点（T）的计算公式如下

$$T = P - M/N \qquad (4\text{-}20)$$

式中，P 为承包工程合同总额；M 为工程预付款的数额；N 为材料费的比例。

实际工作中，通常是由发包人与承包人协商后，采用合同规定的等比率或等金额方式分批扣回；对于某些工期较短、造价较低的项目，可一次扣回；对于某些工期较长的跨年度工程，根据需要可以少扣或不扣。

3. 工程进度款

（1）**工程进度款的计算** 计算工程进度款主要涉及两个关键环节：一是承包单位已经完成并经监理工程师计量的当期工程数量；二是按照合同或工程量清单规定相应项目的单价。在此基础上，应支付承包单位的工程进度款 = 已计量的工程量 × 单价，最后累加各个项目的款项，即可得到当期应支付的工程进度款。其中，当采用工料单价时，可以在算出直接

工程费的基础上，进一步考虑取费；当采用综合单价时，则无须另外取费。而且，如果涉及可调整单价，还需按有关规定进行调价。

（2）工程进度款的支付 根据《建设工程施工合同（示范文本）》的有关规定，在确认计量结果后14天内，发包人应向承包人支付工程进度款；发包人不按合同约定支付工程进度款，双方又未达成延期付款协议，导致施工无法进行，承包人可停止施工，并由发包人承担违约责任。但是，在工程竣工前，承包人收取的工程预付款、工程进度款的总和一般不得超过合同总价（包括工程合同签订后，经发包人认可的增减工程款）的95%。其余5%的尾款，在竣工结算时，除保修金外一并结清。

4. 竣工结算

（1）竣工结算的程序 工程竣工验收报告经发包人认可后28天内，承包人向发包人递交竣工结算报告及完整的结算资料，双方按照合同价款及调整内容进行竣工结算。其中，专业监理工程师审核承包人报送的竣工结算报表；总监理工程师审定竣工结算报表，并在与发包人、承包人协商一致后，签发竣工结算文件和最终的工程款支付证书。发包人收到承包人递交的竣工结算、结算资料后的28天内进行核实，给予确认或提出修改意见。发包人确认竣工结算报告后通知经办银行向承包人支付竣工结算价款。承包人收到竣工结算价款后14天内将竣工工程移交发包人。

（2）竣工结算的审查 监理工程师通常从以下几个环节入手，对竣工结算进行严格的审查：

1）核对合同条款。例如，竣工工程内容是否符合合同条件要求，是否竣工验收合格，是否按合同规定的结算方法、计价定额、取费标准、主材价格和优惠条款进行结算。

2）检查隐蔽验收记录。例如，隐蔽工程施工记录、验收签证是否手续完整，工程量和竣工图是否一致。

3）落实设计变更签证。设计修改（变更）应由原设计单位出具设计变更单和修改的设计图样、校审人员签字并加盖公章，经建设单位和监理工程师审查同意、签证，重大设计变更应经原审批部门审批，否则不应列入结算。

4）按图核实工程数量。竣工结算的工程量应依据竣工图、设计变更和现场签证等进行核算，并按国家统一规定的计算规则计算工程量。

5）执行定额单价。应按合同约定或招标规定的计价定额与计价原则执行。

6）防止各种计算误差。

5. 保修金的返还

工程质量保修金可以为合同价款的3%、5%，并以专用条款中的约定为准。发包人应在质量保修期届满后的14天内，将扣除维修费用后剩余的保修金及利息返还承包人。

4.4.6.6 工程价款的动态结算

动态结算就是把通货膨胀等各种动态因素渗透到结算过程中，使结算大体能反映实际的费用消耗。常用的方法包括按实际价格结算法、竣工调价系数法、调值公式法等，但是相对更为科学、合理的方法仍是调值公式法。

1. 调值公式法的工作程序

根据国际惯例，对建设项目已经完成投资费用的结算，一般采用调值公式法，又称动态结算公式法。签约双方通常在签订的合同中就预先规定了明确的调值公式。

调值公式法的工作程序比较复杂，并包括以下主要环节：

1）确定计算物价指数的品种，即调值品种。一般地说，品种不宜太多，只宜选择那些对项目投资影响较大的因素，如设备、水泥、钢材、工资等。

2）明确物价波动的界限，即明确经过双方商定的调值因素，在物价波动到何种程度才进行调整，如 ±10% 或 ±20% 等。

3）选定考核调值因素的地点和时点。其中，地点一般选择工程所在地或指定的某地市场价格；时点则应包括基准日期（投标截止日期前第28天）的市场价格及结算日期（通常是支付前10天或若干天）的市场价格。

4）确定每个调值因素的品种系数和固定系数。品种的系数要根据该品种价格占总造价的比重而定，各个品种系数之和加上固定系数应该等于1。

2. 建筑安装工程费用的价格调值公式

建筑安装工程费用价格调值公式的基本形式为

$$P = P_0\left(a_0 + a_1\frac{A}{A_0} + a_2\frac{B}{B_0} + a_3\frac{C}{C_0} + a_4\frac{D}{D_0} + \cdots\right) \tag{4-21}$$

式中，P 为调值后合同价款或工程实际结算款；P_0 为合同价款中工程预算进度款；a_0 为固定要素，代表合同支付中不能调整的部分；a_1、a_2、a_3、a_4、$\cdots$ 为有关调值品种（如人工费用、钢材费用、水泥费用、运输费等）在合同总价中所占的比重，且 $a_0 + a_1 + a_2 + a_3 + a_4 + \cdots = 1$；$A_0$、$B_0$、$C_0$、$D_0$、$\cdots$ 为基准日期与 a_1、a_2、a_3、a_4、$\cdots$ 对应的各项费用的基础价格指数或价格；A、B、C、D、$\cdots$ 为结算日期与 a_1、a_2、a_3、a_4、$\cdots$ 对应的各项费用的现行价格指数或价格。

许多招标文件要求承包商在投标时提出各部分成本（调值品种）的比例系数，并在价格分析中予以论证。同时，也有业主在招标文件中规定一个允许范围，由投标人在此范围内选定。因此，监理工程师在编制招标文件时，尽可能确定合同价中固定部分、调值因素的比例系数和范围，以供投标人选择。

4.4.6.7 投资偏差分析

为了有效地控制投资，监理工程师必须定期地进行投资计划（目标）值与实际值的比较。当实际值偏离计划值时，监理工程师要分析产生该偏差的原因，并采取适当的纠偏措施，以利投资控制目标的实现。

1. 投资偏差的概念

在投资控制中，投资的实际值与计划值的差异叫作投资偏差，即

$$投资偏差 = 已完工程实际投资 - 已完工程计划投资 \tag{4-22}$$

其结果为正表示投资增加，结果为负表示投资节约。进度偏差对投资偏差分析的结果也有重要影响，如果不予考虑则不能正确反映投资偏差的实际情况。例如，某一阶段的投资超支，可能是进度超前所致，也可能是物价上涨所致。因此，必须引入进度偏差的概念，即

$$进度偏差 = 已完工程实际时间 - 已完工程计划时间 \tag{4-23}$$

而且，为了与投资偏差联系起来，进度偏差也可表示为

$$进度偏差 = 拟完工程计划投资 - 已完工程计划投资 \tag{4-24}$$

其结果为正值，表示工期拖延；结果为负值，表示工期提前。

2. 偏差分析的方法

进行投资偏差分析时，可以根据需要采用以下不同的方法：

（1）横道图法 横道图法是指用不同的横道标示已完工程计划投资、拟完工程计划投资和已完工程实际投资，而横道的长度与其金额成正比例。

（2）表格法 表格法是进行投资偏差分析最常用的一种方法，它具有灵活、适用性强、信息量大、便于计算机辅助投资控制等特点。

（3）曲线法 曲线法是用投资累计曲线（S形曲线）来进行投资偏差分析的一种方法。

3. 偏差原因分析

偏差分析的主要目的是发现引起投资偏差的原因，从而有针对性地采取措施，减少或避免类似情况的再次发生。一般情况下，造成投资偏差的主要原因如图4-18所示。

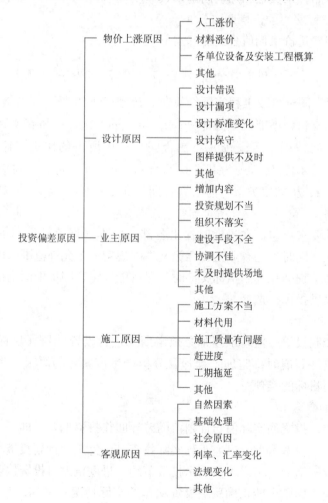

图4-18 投资偏差原因分析

4. 纠偏

纠正投资偏差，首先要确定纠偏对象。在图4-18所示的偏差原因中，客观原因等是无法避免和控制的，施工原因所导致的经济损失通常由承包商自己承担。因此，纠偏的主要对象应当是业主原因和设计原因造成的投资偏差。

在确定了纠偏的主要对象后，就需要采取有针对性的纠偏措施。

4.4.7 工程建设竣工决算

4.4.7.1 竣工决算的内容

建设项目竣工决算应包括从筹建到竣工投产全过程的全部实际支出费用，即建筑安装工程费用、设备工器具购置费用和工程建设其他费用等。

竣工决算文件主要由以下几个部分组成。

1. 竣工决算报告情况说明书

作为竣工决算报告的重要组成部分，竣工决算报告情况说明书概括地反映竣工工程建设成果和经验，也是全面考核分析工程投资与造价的书面总结。其主要内容包括：

1）对工程总的评价。它可从工程的进度、质量、安全和造价四方面进行分析说明：① 进度，主要说明开工及竣工时间、对照合理工期和要求工期是提前还是延期；② 质量，根据竣工验收委员会或质量监督部门的验收评定等级、合格率和优良品率进行说明；③ 安全，根据劳动工资和施工部门记录，对有无设备和人身事故进行说明；④ 造价，应对照概算造价，说明节约还是超支，并用金额和百分率进行分析说明。

2）各项财务和技术经济指标的分析。它包括：① 概算执行情况分析，根据实际投资完成额与概算进行对比分析；② 新增生产能力的效益分析，说明交付使用财产占总投资额的比例，固定资产占交付使用财产的比例，递延资产占投资总数的比例，分析有机构成和成果；③ 基本建设投资包干情况的分析，说明投资包干数，实际支用数和节约额，投资包干节余的有机构成和包干节余的分配情况；④ 财务分析，列出历年资金来源和资金占用情况。

3）工程建设的经验教训及有待解决的问题。

2. 竣工决算报表结构

竣工决算报表主要有：

1）建设项目竣工工程概况表。

2）建设项目竣工财务决算明细表，其中包括：① 建设项目竣工财务决算总表；② 建设项目竣工财务决算明细表；③ 交付使用规定资产明细表；④ 交付使用流动资产明细表；⑤ 交付使用无形资产明细表；⑥ 其他资产明细表；⑦ 建设项目工程造价执行情况分析表；⑧ 待摊投资明细表。

3. 工程造价比较分析

在竣工决算报告中，必须对控制工程造价所采取的措施、效果以及其动态的变化进行认真的比较分析，总结经验教训。在分析时，可将决算报表中所提供的实际数据和相关资料与批准的概算、预算指标进行对比，以确定竣工项目总造价是节约还是超支。在对比的基础上，总结先进经验，找出落后原因，提出改进措施。

4.4.7.2 竣工决算的编制

1. 竣工决算的原始资料

1）原始概预算。

2）设计图样交底或图样会审的会议记录。

3）设计变更记录。

4）施工记录或施工签证单。

5）各种验收资料。

6）停工（复工）报告。

7）竣工图。

8）材料、设备等调整差价记录。

9）其他施工中发生的费用记录。

10）各种结算材料等。

2. 编制方法

根据《基本建设财务管理若干规定》，竣工决算的编制步骤如下：

1）收集、整理、分析原始资料。

2）对照、核实工程变动情况，重新核实各单位工程、单项工程造价。首先，将竣工资料与原设计文件进行查对、核实，必要时可实地测量，确认实际变更情况；然后，根据经审定的施工单位竣工结算等原始资料，按照有关规定对原概（预）算进行增减调整，并重新核定工程造价。

3）将审定后的待摊投资、设备工器具投资、建筑安装工程投资、工程建设其他投资进行严格划分、核定后，分别计入相应的建设成本栏目内。

4）编制竣工财务决算说明书，并力求内容全面、简明扼要、文字流畅、说明问题。

5）填报竣工财务决算报表。

6）做好工程造价对比分析。

7）清理、装订竣工图。

8）按国家规定上报、审批、存档。

4.4.7.3　竣工项目保修费用的处理

建设项目竣工验收后，虽然通过了交工前的各种检验，但仍可能存在质量问题或隐患，直到使用过程中才能逐步暴露出来。为了使项目达到最佳使用状态，降低生产运行费用、发挥最大的经济效益，监理工程师应督促设计单位、施工单位、设备材料供应单位在保修期内认真做好回访与保修工作，以实现质量保修期间的投资控制。

由于建筑工程情况比较复杂，有些问题往往是由于多种原因造成的。因此，监理工程师在费用的处理上，必须根据造成问题的原因以及具体的返修内容，与有关单位共同协商处理办法。一般来说，根据责任单位的不同，保修费用处理可能有图4-19所示的几种情况：

1）设计原因造成的问题，应由原设计单位负责。原设计单位或建设单位委托新的设计单位修改设计方案，建设单位向施工单位提出新的委托，由施工单位进行处理或返修，其新增费用由原设计单位负责。监理工程师还应准确地确定由此给建设单位造成的其他损失，并向原设计单位提出索赔。

2）因施工承包单位的施工质量原因造成的问题，由施工承包单位负责进行保修，其费用由施工承包单位负责。由此给建设单位造成的其他损失，监理工程师应向承包商提出索赔。

3）因设备质量原因造成的问题，由设备供应单位负责进行保修，其费用由设备供应单位负责。由此给建设单位造成的其他损失，监理工程师应向设备供应单位提出索赔。

4）如因用户在使用后有新的要求或用户使用不当需进行局部处理和返修时，由用户与施工承包单位协商解决，或用户另外委托施工。费用由用户自己负责。

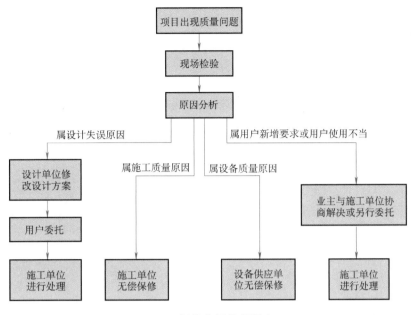

图 4-19　保修费用处理程序

—————— 思 考 题 ——————

4-1　如何理解工程建设各项目标的关系以及目标的分解？

4-2　设计阶段、施工阶段目标控制的特点有何区别？

4-3　工程质量有何特点？其主要影响因素有哪些？

4-4　监理工程师在设计阶段、施工阶段进行质量控制的主要工作分别有哪些？

4-5　简述建筑工程施工质量验收的程序以及工程质量事故的处理程序。

4-6　如何理解监理单位、施工单位的进度计划体系？

4-7　简述各种比较实际进度与计划进度方法的基本思路与特点。

4-8　简述监理工程师进行施工进度控制的主要工作。

4-9　简述构成我国工程建设投资的主要内容。

4-10　如何理解工程量清单计价规范与现行建筑安装工程费用（建标〔2013〕44 号）的关系？

4-11　我国现行工程价款的结算方式有哪些？如何在施工阶段努力实现预定的投资控制目标？

4-12　监理工程师应如何处理工程保修期间所发生的有关费用？

4-13　某工程项目的双代号网络计划如图 4-20 所示，该计划执行到第 35 天的下班时刻经检查发现，其实际进度如图 4-20 中前锋线所示。试分析实际进度对后续工作和总工期的影响，并提出相应的调整措施。

4-14　某项目的现金流量见表 4-8，若残值为 80 万元、基准收益率为 10%，则其财务净现值、财务内部收益率和动态投资回收期分别为多少？

表 4-8　某项目的现金流量　　　　　　　　　　（单位：万元）

年　份	0	1	2	3	4	5	6	7	8	9	10
现金流入量	0	350	350	350	350	350	350	350	350	350	350
现金流出量	1200	140	140	140	140	140	140	140	140	140	140

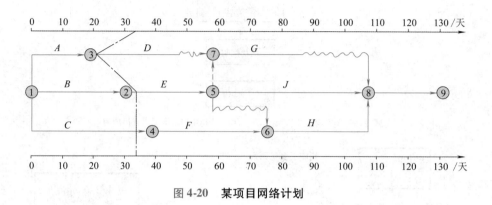

图 4-20 某项目网络计划

工程建设监理组织 第5章

现代组织理论的研究成果表明，工程监理组织机构是工程建设项目实施监理的组织保证，对整个工程项目建设的成败起着决定性作用。工程项目要在有限的时间、空间、预算范围内，将数量惊人的物资、设备、人力组织在一起，有条不紊地按计划实现工程项目目标，离开了高效率的组织保证系统是不可想象的。工程监理组织机构作为工程项目监理的骨架，担负着沟通信息、下达指令、协调矛盾、统一步调、组织运转、制定决策的重任，其地位之重要不言而喻。

监理工程师接受业主的委托，对项目建设进行监督管理。为了更好地完成任务，必须要有一个合理的组织机构，充分协调和监督管理参与建设项目的全体成员的活动，使工程项目在建设的全过程中始终处于优化管理状态之下，从而达到高效率、高效益、高效能建设的目的。

5.1 组织的基本原理

组织是管理的一项重要职能。建立精干、高效的监理组织，并使之得以有效运行，是实现监理目标的前提条件。

组织理论分为两个相互联系的分支学科，即组织结构学和组织行为学。组织结构学侧重于组织的静态研究，以建立精干、合理、高效的组织结构为目的；组织行为学侧重于组织的动态研究，以建立良好的人际关系为目的。本节重点介绍组织结构学部分。

5.1.1 组织

组织就是为了使系统达到它的特定目标，使全体参加者经分工与协作以及设置不同层次的权力和责任制度而构成的一种人的组合体。它有三层含义：

1）组织必须有目标，目标是组织存在的前提。

2）组织必须有适当的分工与合作，即组织机构与层次的适当划分是组织产生高效率的保证。

3）组织必须有不同层次的权力与责任规章制度，否则就不能实现组织活动和组织目标。

现代组织理论指出：组织是除了劳动力、劳动资料、劳动对象之外的第四大生产力要素。研究结果表明，前三大生产力要素间可以相互替代，而组织不能替代其他生产力要素，也不能被其他要素所替代。它只是使其他要素合理配合而增值的要素，也就是说组织可以提高其他要素的使用效益。随着现代社会化大生产的发展，随着其他生产要素相互依赖关系的增加和复杂程度的提高，组织在提高经济效益方面的作用也日益显著。

1. 组织与系统的关系

组织是系统的组织。系统是由相互依存的多种因素构成，并由可识别的界线与外部环境区分开来的整体。只有系统才需要组织。例如，学校、工矿、部队、政府机关、工程项目等都是系统，都需要建立组织和开展组织活动。

2. 组织与目标的关系

确定系统的目标是组织的前提条件，实现目标是组织的目的。系统目标决定组织，组织是实现系统目标的重要手段，是为实现系统目标服务的。

3. 组织与人、技术的关系

组织是掌握知识、技术、技能的群体人的组织。一个人不需要组织，而群体的人在实现共同目标时就需要组织。为了实现系统的目标，组织内的人需要掌握相关的知识、技术和技能。

4. 组织的整体活动特征

组织是具有结构性，并一体化运行的整体。组织本身也是系统，它具有明显的结构性。因此，组织必须进行分工，同时又必须进行协作，通过建立不同层次的权力责任制度来有效开展组织活动。这样才能成为一个整体，才能一体化运行。

5. 组织与信息沟通的关系

为了达到组织一体化的目的，组织内部各子系统及组织与外部环境之间必然需要信息沟通，只有建立四通八达的信息沟通网络，才能保障组织的协调运行，才能提高组织的作用和效率，才能有利于实现组织的目标。

6. 组织与外部环境的关系

组织是开放系统。组织总是处于外部环境包围之中，必然会受外部环境的影响，进行着信息和能量的交换。为了实现系统的目标，组织必然要从外部环境中提取各种有利因素并要抵御各种不利因素的影响。

5.1.2　组织结构

组织内部各构成部分和各部分间所确立的较为稳定的相互关系和联系方式，称为组织结构。有效的组织结构在于：能为组织内部所有的成员提供明确的指令，有助于组织内部之间的合作，使组织活动更具有秩序性和预见性；有助于及时总结组织活动的成功经验和失败教训，从而形成更为合理的组织结构；有助于保持组织活动的连续性；有助于正确确定组织活动的范围及工作的合理分工与协调，提高工作效率；有助于提高各组成成员的积极性、主动性，使工作效益得以最大限度发挥。

组织结构包括：职务或职权体系的描述；组织内各部门、机构和人员目标、任务、工作和职能的分工及协调活动；各项活动的方式、方法和程序。上述内容一般可通过组织结构图、组织机构和人员的任务和职能分工表、工作流程等表达出来。

1. 组织结构与职权的关系

组织结构与职权之间存在着一种直接的相互关系。因为组织结构与职位及职位间关系的确立密切相关，因而它为职权关系提供了一定的格局。职权指的是组织中成员间的关系，而不是某一个人的属性。职权关系的格局就是组织结构，但它不是组织结构含义的全部。职权的概念与合法地行使某一职位的权力是紧密相关的，而且是以下级服从上级的命令为基础的。

2. 组织结构与职责的关系

组织结构与组织中各个部门的职责和责任的分派直接有关。有了职位也就有了职权，从而也就有了职责。组织结构为责任的分配和确定奠定了基础，而管理是以机构和人员职责的分派和确定为基础的，利用组织结构可以评价成员的功过，从而使各项活动有效开展。

3. 组织结构图

描述组织结构的典型办法是通过绘制能表明组织的正式职权和联系网络的关系图来进行的。组织结构图是组织结构简化了的抽象模型。但是它不能准确地、完整地表述组织结构的全部内容，如它不能说明一个上级对其下级所具有的职权的程度，以及平级职位之间相互作用的横向关系。尽管如此，它仍不失为一种表示组织结构的好方法。

5.1.3　组织设计

一些国外项目管理学家曾经指出："组织设计是管理当局为实现组织目标而建立信息沟通、权力和责任的正式系统""所设计出的组织结构是为了实现预期目标而用来连接组织中的技术、任务和人员的分工和协作的手段""组织设计是通过把任务、权力组合成结构以实现协调、努力的过程"。简而言之，组织设计就是组织活动和组织结构的设计过程。它包括以下几个要点：① 组织设计是管理者在系统中建立最有效相互关系的一种合理化的、有意识的过程；② 这个过程既要考虑系统的外部要素，又要考虑系统的内部要素；③ 组织设计的结果是建立管理制度和职权指挥系统，形成集权、分权等人与人互相影响的机制，开发最有效的工作手段。

有效的组织设计在提高组织活动效能方面起着重大的作用。

1. 组织构成因素

组织一般由管理层次、管理跨度、管理部门、管理职责四大因素构成。各因素是密切相关、相互制约的。在组织结构设计时，必须考虑各因素间的平衡与衔接。

（1）合理的管理层次　管理层次是指从最高管理者到实际工作人员等级层次的数量。管理层次通常分为决策层、协调层、执行层、操作层。决策层的任务是确定管理组织的目标和大政方针，它必须精干、高效；协调层主要是参谋、咨询职能，其人员应有较高的业务工作能力；执行层是直接调动和组织人力、财力、物力等具体活动内容的，其人员应有实干精神并能坚决贯彻管理指令；操作层是从事操作和完成具体任务的，其人员应有熟练的作业技能。这三个层次的职能和要求不同，标志着不同的职责和权限，同时也反映出组织系统中的人数变化规律。它有如一个三角形，从上至下权责递减，人数递增。管理层次缺乏将使组织运行陷于无序的状态；管理层次也不宜过多，否则是一种浪费，也会使信息传递慢、指令走样、协调困难。

（2）合理的管理跨度　管理跨度是指一名上级管理人员所直接管理的下级人数。这是由于每一个人的能力和精力都是有限度的，所以一名上级领导者能够直接、有效地指挥下级的数目是有一定限度的。管理跨度大小取决于需要协调的工作量，式（5-1）说明了下级数目按算术级数增长的话，其直接领导者需要协调的关系数目则按几何级数增长。

$$m = n(2^{n-1} + n - 1) \tag{5-1}$$

式中，n 为下级数目；m 为领导者需协调的关系数目。

管理跨度的大小弹性很大，影响因素很多。它与管理人员性格、才能、个人精力、授权程度以及被管理者的素质关系很大。此外，它还与职能的难易程度、工作地点远近、工作的相似程度、工作制度和程序等客观因素有关。确定适当的管理跨度，需积累经验并在实践中进行必要的调整。

（3）合理划分部门　组织中各个部门的合理划分对发挥组织效应是十分重要的。如果部门划分不合理，会造成控制、协调的困难，也会造成人浮于事，浪费人力、物力、财力。部门的划分要根据组织目标与工作内容确定，形成既有相互分工又有相互配合的组织系统。

（4）合理确定职能　组织设计中确定各部门的职能，应使纵向的领导、检查、指挥灵活，达到指令传递快，信息反馈及时，要使横向各部门间相互联系、协调一致，使各部门能够有职有责、尽职尽责。

2. 组织设计原则

组织设计是一种把目标、责任、权力和利益进行有效组合和协调的活动。现场监理机构的组织设计关系到工程项目监理工作的成败，在现场监理组织设计中一般需考虑以下几项基本原则：

（1）目的性原则　组织设计的根本目的在于确保组织目标的实现。从"一切为了确保组织目标实现"这一根本目的出发，就会因目标而设事，因事而设人、设机构、分层次，因事而定岗定责，因责而授权。图 5-1 所示的组织设计流程就反映了这种不可违背的逻辑关系。

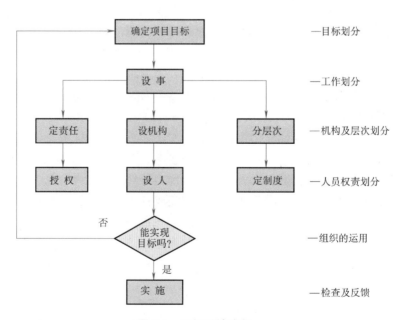

图 5-1　组织设计流程

（2）分权与集权相统一的原则　分权是指经过领导者授权，将部分权力交给下级掌握。但分权并不意味着组织的各层次以同等的比率自上而下授权。重要的是，一旦需要某一层次的管理者作决策，该管理者就应被授予相应的权力。分权的主要优点：决策权授予了解决实际问题的管理者；有助于管理人员的早期培训；有利于各级管理人员发挥才干；注重功绩表现，能激发各级管理人员的工作积极性。集权是指把权力集中于高层管理者手中。集权的主要优点：有利于组织的集中统一管理；有利于协调组织的各项活动；有利于充分发挥高层管理者的聪明才智和工作能力。集权的主要缺点：延长了组织的纵向指令和信息沟通的渠道；不利于调动基层管理者的积极性和创造性，难以培养出熟悉全面业务的管理者。集权与分权是辩证统一的关系。集权的程度应以不影响下属管理者的积极性发挥为限；分权的限度应以上级管理者不失去对下属管理者有效控制为限。集权与分权是相对的，不是一成不变的，应视具体情况和需要加以调整。在现场监理组织设计中，采取的是侧重集权形式，还是侧重分权形式，要根据工作的重要性、总监理工程师的能力、精力及监理工程师的工作经验、工作能力等综合考虑确定。

（3）专业分工与密切协作相统一的原则　分工就是按照提高监理的专业化程度和工作效率的要求，把现场监理组织的目标、任务分成各级、各部门、各成员的目标、任务，明确干什么、怎么干。在分工中应强调：

1）尽可能按照专业化的要求来设置组织机构。

2）工作上要有严密分工，每个人所承担的工作应力求达到较熟悉的程度，这样才能提高效率。

3）分工即意味着明确了职务，承担了责任，这就需要与职务和责任相等的权力，并享有相应的利益。因此，在分工时应实实在在，不能设虚职，做到有职就有责、有责就有权。

在组织中有分工还必须有协作，明确部门之间和部门内的协调关系与配合方法。在协作中应强调：

1）主动协调是至关重要的。要明确各部门之间到底是什么关系，在工作中有什么联系与衔接，找出易出矛盾之处，加以协调。

2）协调应规范化、程序化，并应有具体可行的协调配合方法。

在组织设计过程中，既要明确各部门和每个人的专业分工，又要注意各部门之间的配合和部门内部人员之间的配合，使之一体化高效地运行。

（4）管理层次与管理跨度相统一的原则　管理跨度与管理层次成反比例关系。也就是说，管理跨度如果加大，那么管理层次就可以适当减少；反之，如果缩小管理跨度，那么管理层次肯定就会增多。一般来说，应该在通盘考虑决定管理跨度的因素后，在实际运用中根据具体情况确定管理层次。

（5）权责一致的原则　权责一致的原则就是在监理组织中明确划分职责、权力范围。同等的岗位职务赋予同等的权力，做到责任和权力相一致。从组织结构的规律来看，一定的人在一定的岗位上担任一定的职务，这样就产生了与岗位职务相应的权力和责任，只有做到有职、有权、有责，才能使组织系统得以正常运行。由此可见，组织的权责是相对于一定的岗位职务来说的，不同的岗位职务应有不同的权责。权责不一致对组织的效能损害是很大的。权大于责就很容易产生瞎指挥、滥用权力的官僚主义；责大于权就会影响管理人员的积极性、主动性、创造性，使组织缺乏活力。

（6）才职相称的原则　每项工作都可以确定完成该工作所需要的知识和技能。同样，也可以对每个人通过考察其学历与经历，进行测试及面谈等，了解其知识、经验、才能、兴趣等，从而在组织设计时，做到才职相称、人尽其才、才得其用、用得其所。

（7）效率原则 现场监理组织设计必须将效率原则放在重要地位。组织结构中的每个部门、每个人为了一个统一的目标而组成最适宜的结构形式，实行最有效的内部协调，使事情办得简捷而正确，减少重复和扯皮，并且具有灵活的应变能力。一个组织办事效率高不高，是衡量这个组织结构是否合理的主要标准之一。

（8）弹性原则 组织结构既要有相对的稳定性，不要总是轻易变动，但又必须随组织内部和外部条件的变化，根据长远目标做出相应的调整与变化，使组织结构具有一定的弹性。

5.1.4 组织结构的基本形式与特点

组织结构包括纵向层次结构和横向部门结构，从组织的发展过程来看，组织结构主要有直线制、职能制、直线—职能制、矩阵制。

1. 直线制

直线制组织结构来源于军事指挥系统，一级服从一级，可确保命令源的唯一性。其最大特点是权力自上而下呈直线排列，下级只对唯一上级负责，组织结构呈金字塔形，如图5-2所示。

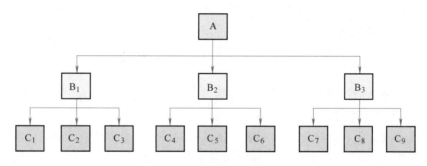

图5-2 直线制组织结构

直线制组织结构具有结构简单、职责分明、指挥灵活等优点，但也存在结构呆板、专业分工差、横向联系困难、要求主管负责人通晓各种知识和技能等缺点。当组织规模较大、业务复杂时，这种组织结构难以适应，因而直线制组织结构通常适用于小型单位的组织管理。

2. 职能制

职能制组织结构强调职能的专业化，将不同职能授权于不同专业部门，易于发挥专业人才的作用，因而有利于人才的培养和技术水平的提高。职能制组织结构适用于工作内容复杂、管理分工较细的情况。但这种组织结构容易政出多门，造成职责不清，协调困难。职能制组织结构如图5-3所示。

从图5-3可以看出，职能制组织结构的命令源不是唯一的，B_1、B_2、B_3都可以对C_1、C_2、C_3、C_4、C_5、C_6、C_7、C_8、C_9下指令，常造成混乱和矛盾。

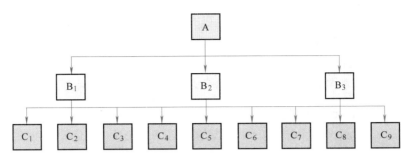

图 5-3   职能制组织结构

3. 直线—职能制

这种组织形式是在吸收直线制和职能制组织的优点、克服其缺点的基础上形成的一种综合组织结构。它的特点是：设置两套系统，一套是按命令统一原则设置的组织指挥系统，另一套是按专业化原则设置的职能系统。职能管理人员是直线指挥人员的参谋，组织结构如图 5-4 所示。由图 5-4 可知：A 是 B 的直接上级，A_C 是 A 的参谋；B 是 C 的直接上级，B_{2C} 是 B_2 的参谋……直线—职能制组织结构的优点是：集中领导，统一指挥，便于调配人力、财力、物力；职责清楚，办事效率高，组织秩序井然，整个组织有较高的稳定性。这种组织机构应注意职能部门和指挥部门之间的协调，避免越级指挥。

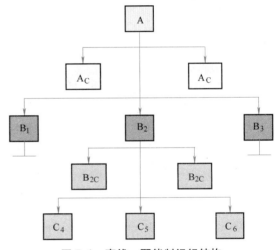

图 5-4   直线—职能制组织结构

4. 矩阵制

矩阵制组织结构，借助于数学矩阵的概念，是现代大型项目管理中应用最为广泛的新型组织结构，如图 5-5 所示。

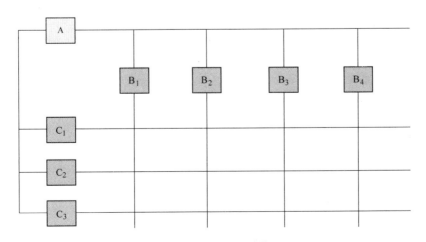

图 5-5   矩阵制组织结构

由图 5-5 可以看出，矩阵制组织结构中，既有纵向指令，又有横向指令，纵横交叉，形成矩阵状，故由此得名。矩阵制组织结构的最大优点是：A 对纵向职能系统 B、横向项目系统 C 有较灵活的指挥权，可以根据 B、C 的不同情况和要求，进行组织内的人力、材料、设备、资金等资源的调配，充分发挥特殊专业人才等稀有资源的作用。矩阵制组织结构对管理人才的素质要求较高，同时要求组织内的所有人员有较强的协调能力。

5.1.5 组织活动的基本原理

1. 要素有用性原理

一个组织系统中的基本要素有人力、财力、物力、信息、时间等，这些要素都对组织效果产生影响。有的要素影响大，有的要素影响小；有的要素起核心作用，有的要素起辅助作用；有的要素暂时不起作用，将来才起作用；有的要素在某种条件下，在某一方面，在某个地方不能发挥作用，但在另一条件下，在另一方面，在另一个地方就能发挥作用。

运用要素有用性原理，首先应看到人力、物力、财力等因素在组织活动过程中的有用性，充分发挥各要素的作用，根据各要素作用的大与小、主与次、好与坏进行合理安排、组合和使用，做到人尽其才、财尽其利、物尽其用，尽最大可能提高各要素的有用率。

2. 动态的相关性原理

组织系统处在静止状态是相对的，处在运动状态则是绝对的。组织系统内部各要素之间既相互联系、相互依存，又相互排斥，这种相互作用推动组织活动的进步与发展。这种相互作用的因子，称为相关因子。充分发挥相关因子的作用，是提高组织管理效果的有效途径。事物在组合过程中，由于相关因子的作用，可以发生质变，如一加一可以等于二，也可以大于二，还可以小于二，"三个臭皮匠，顶个诸葛亮"，这都是相关因子起了积极作用；"一个和尚挑水吃，两个和尚抬水吃，三个和尚没水吃"，就是相关因子起了内耗作用。整体效应不等于其各局部效应的简单相加，各局部效应之和与整体效应不一定相等，这就是动态相关性原理。

动态相关性原理强调组织内部各要素之间要相互配合、协调统一，以取得最佳的组织效果。

3. 主观能动性原理

人和宇宙的各种事物，运动是其共有的根本属性，它们都是客观存在的物质，不同的是人是有生命的、有思想的、有感情的、有创造力的。人的特征是：会制造工具，使用工具进行劳动；在劳动中改造世界，同时也改造自己；能继承并在劳动中运用和发展前人的知识，使人的能动性得到发挥。

人是生产力中最活跃的因素，组织管理者的重要任务就是要把人的主观能动性发挥出来。当能动性发挥出来的时候就会取得好的效果。

4. 规律效应性原理

规律就是客观事物内部的、本质的、必然的联系。组织管理者在管理过程中要掌握规律，按规律办事，把注意力放在抓事物内部的、本质的、必然的联系上，以达到预期目标，取得良好效应。规律与效应的关系非常密切，一个成功的管理者懂得只有努力揭示规律，才有取得效应的可能，而要取得好的效应，就要主动研究规律，坚决按规律办事。

5.2 工程建设监理组织的实施

工程建设监理的实行使工程项目建设形成了三大主体（业主、承建商和监理方）的结构体系。三大主体在这个体系中形成平等的关系。它们为实现工程项目的总目标"联结、联合、结合"在一起（主要通过合同形式），形成工程项目建设的组织系统。

为了有效地开展工程监理工作，控制工程项目总目标的实现，工程监理组织模式的选定是一项十分重要的工作。工程项目承发包组织模式又直接影响工程项目的目标控制，需要建立与之相适应的监理模式。

5.2.1　工程项目承发包模式与监理模式

工程项目承发包模式与监理模式对项目规划、控制、协调起着重要作用。不同的模式，有不同的合同体系，有不同的管理特点。

5.2.1.1　平行承发包模式与监理模式

1. 平行承发包模式特点

平行承发包是业主将工程项目的设计、施工以及设备和材料采购的任务经过分解，分别发包给若干个设计单位、施工单位和材料设备供应厂商，并分别与各方签订工程承包合同（或供销合同）。各单位之间的关系是平行的，如图 5-6 所示。

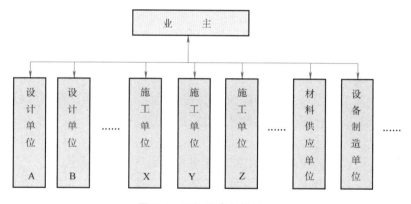

图 5-6　平行承发包模式

采用这种模式首先应合理地分解工程项目，然后分类综合，确定每个合同的发包内容，择优选择承建商。

进行任务分解与确定合同数量、内容时应考虑以下因素：

（1）**工程情况**　工程项目的性质、规模、结构等是决定合同数量和内容的重要因素。规模大、范围广、专业多的项目往往比规模小、范围窄、专业单一的项目合同数量要多。项目实施时间的长短、计划的安排也对合同数量有影响。例如，对分期建设的两个单项工程，就可以考虑分成两个合同分别发包。

（2）**市场情况**　首先，市场结构、各类承建商的专业性质及规模在不同市场的分布状况不同，项目的分解发包应力求使其与市场结构相适应。其次，合同任务和内容要对市场具有吸引力。中小合同对中小承建商有吸引力，又不妨碍大承建商参与竞争。最后，还应按市场惯例、市场范围和有关规定来决定合同内容和大小。

（3）**贷款协议要求**　对两个以上贷款人的情况，可能贷款人贷款使用范围具有不同要求，对贷款人资格有不同要求等。因此，需要在拟订合同结构时予以考虑。

2. 平行承发包模式的优缺点

（1）有利于缩短建设工期 由于设计和施工任务经过分解分别发包，设计与施工阶段有可能形成搭接关系，从而缩短整个项目工期。

（2）有利于质量控制 整个工程经过分解分别发包给多家承建商，合同约束与相互制约使每一部分能够较好地实现质量要求。如主体与装修分别由两个施工单位承包，当主体工程不合格时，装修单位是不会同意在不合格的主体上进行装修的，这相当于有了他人控制，比自己控制更有约束力。又如，道路的路基由一个施工单位承包，路面却由另一施工单位承包，当路基的密实度、标高达不到要求时，负责路面施工的单位可拒绝施工。由于各承包商之间存在着如此的质量监督关系和作用，会迫使各承包单位注意质量。

（3）有利于业主择优选择承建商 在多数国家的建筑市场上，专业性质强、规模小的承建商均占较大的比例。这种模式的合同内容比较单一、合同价值小、风险小，使他们有可能参与竞争。因此，无论大承建商还是小承建商都有机会竞争。业主可以在一个很大的范围内进行选择，为提高择优性创造了条件。

（4）有利于繁荣建筑市场 这种平行承发包模式给各种承建商提供了承包机会，可促进建筑市场发展和繁荣。

（5）合同数量多，会造成合同管理困难 合同乙方多，使项目系统内结合部位数量增加，组织协调工作量大。因此，应加强合同管理的力度，加强部门之间的横向协调工作，沟通各种渠道，使工程有条不紊地进行。

（6）投资控制难度大 一是总合同价不易短期确定，影响投资控制实施；二是工程招标任务量大，需控制多项合同价格，增加了投资控制难度。

3. 监理模式

与平行承发包模式相适应的监理组织模式可以有以下几种形式：

（1）业主委托一家监理单位监理 如图5-7所示，这种监理组织模式要求监理单位有较强的合同管理与组织协调能力，并应做好全面规划工作。监理单位的项目监理组织可以组建多个监理分支机构对各承建商分别实施监理。项目总监应做好总体协调工作，加强横向联系，保证监理工作一体化运行。

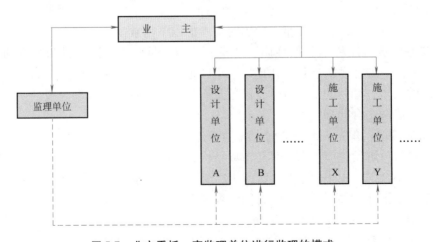

图5-7 业主委托一家监理单位进行监理的模式

（2）业主委托多家监理单位监理 如图5-8所示，这种模式业主分别委托几家监理单位针对不同的承包商实施监理。由于业主分别与监理单位签订监理合同，所以应做好各监理单位的协调工作。采用这种模式，监理单位对象单一，便于管理。但工程项目监理工作被肢解，不利于总体规划与协调控制。

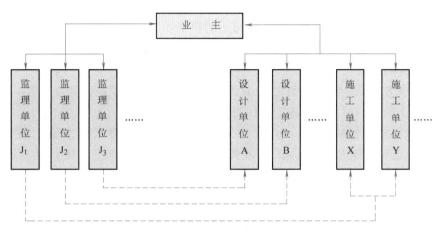

图5-8 业主委托多家监理单位进行监理的模式

5.2.1.2 设计或施工总分包模式与监理模式

1. 设计或施工总分包模式特点

设计或施工总分包就是将全部设计或施工任务发包给一个设计单位或一个施工单位作为总包单位，总包单位可以将其任务的一部分再分包给其他承包单位，形成一个设计主合同或一个施工主合同及若干分包合同的结构模式，如图5-9所示。

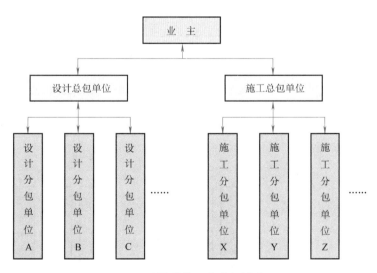

图5-9 设计或施工总分包模式

2. 设计或施工总分包模式的优缺点

（1）设计或施工总分包模式有利于项目的组织管理 首先由于业主只与一个设计总包

单位或一个施工总包单位签订合同，承包合同数量比平行承发包模式要少得多，有利于合同管理。其次，由于合同数量的减少，也使业主方协调工作量减少，可发挥监理与总包单位多层次协调的积极性。

（2）有利于投资控制 总包合同价格可以较早确定，有利于监理工程师进行投资控制。

（3）有利于质量控制 由于总包与分包方建立了内部的责、权、利关系，有分包方的自控，有总包方的监督，有监理的检查认可，对质量控制有利。

（4）有利于工期控制 总包单位具有控制的积极性，分包单位之间也有相互督促作用，有利于进度目标的实现。

（5）建设周期较长 由于设计图样全部完成后才能进行施工总包的招标，不仅不能将设计阶段与施工阶段衔接，而且施工招标需要的时间也比较长。

（6）总包报价可能较高 一方面，对于规模较大的建设工程来说，通常只有大型承建商才具有总包的资格和能力，竞争相对不甚激烈，可能造成报价相对较高；另一方面，对于分包出去的工程内容，总包单位都要在分包报价的基础上加收管理费再向业主报价。

采用这种模式时，切忌层层承包，否则对工程质量、工期和投资等均无好处。另外，按照国际惯例，一般规定设计总包单位（或施工总包单位）不可把总包合同规定的任务全部转包给其他设计单位（或施工单位），并且规定总包单位将部分任务转包给其他单位时，必须得到业主的认可。

3. 监理模式

对设计或施工总分包的承发包模式，业主可以委托一家监理单位进行全过程监理，也可以按设计阶段和施工阶段分别委托监理单位。总包单位对合同承担乙方的最终责任，但监理工程师必须做好对分包单位的确认工作。监理模式如图5-10、图5-11所示。

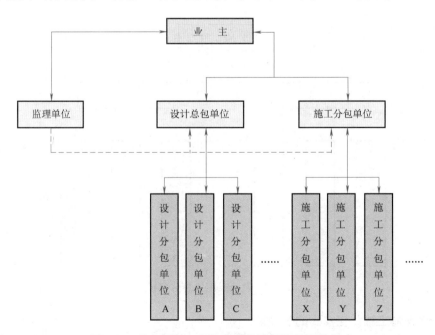

图5-10 业主委托一家监理单位进行监理的模式

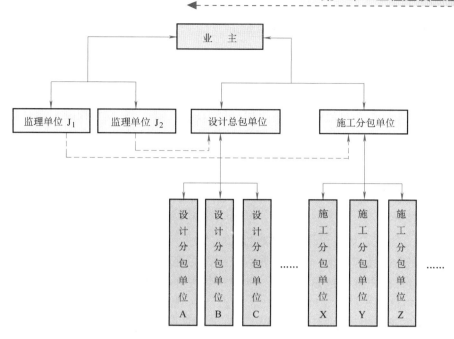

图 5-11 按阶段委托监理的模式

5.2.1.3 工程项目总承包模式与监理模式

1. 工程项目总承包模式特点

工程项目总承包是指业主将工程设计、施工、材料和设备采购等一系列工作全部发包给一家单位，由其进行实质性设计、施工和采购工作，最后向业主交出一个已达到动用条件的工程项目。按这种模式发包的工程也称"交钥匙工程"，如图 5-12 所示。

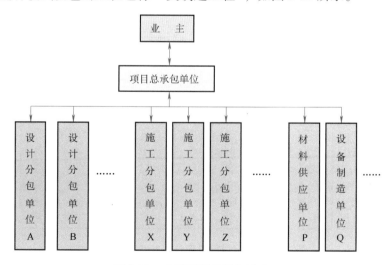

图 5-12 工程项目总承包模式

2. 工程项目总承包模式的优缺点

1）业主与承包方之间只有一个主合同，合同数量最少。

2）协调工作量较小。监理工程师主要与总承包单位进行协调。相当一部分协调工作量转移给项目总承包单位内部以及它与分包单位之间，这就使监理的协调量大为减少。但是并非难度减小，这要看具体情况。

3）设计与施工由一个单位统筹安排，使两个阶段能够有机地融合，一般都能做到设计阶段与施工阶段相互衔接，因此对进度目标控制有利。

4）通过设计与施工的统筹考虑可以提高项目的经济性，对投资控制工作有利。

5）招标发包工作难度大，合同条款不易准确确定，容易造成较多的合同纠纷。因此，虽然合同量最少，但是合同管理的难度一般较大。

6）业主择优选择承包单位的范围小。择优性差的原因主要由于承包量大，工作介入早，工程信息未知数大，承包方要承担较大的风险，目前有此能力的承包单位数量相对较少。

7）质量控制难。一是质量标准和功能要求不易做到全面、具体、准确；二是"他人控制"机制薄弱。因此，对质量控制要加强力度。

8）业主主动性受到限制，处理问题的灵活性受到影响。

9）由于这种模式承发包方风险大，所以一般投标报价较高。

项目总承包适用于简单、明确的常规工程，如一般性商业用房、标准化建筑等。对一些专业性较强的工业建筑（如钢铁、化工、水利等行业的工业建筑），由专业性的承包公司进行项目总承包也是常见的。国际上实力雄厚的科研—设计—施工一体化公司更是从一条龙服务中直接获得项目。

3. 监理模式

在工程项目总承包模式下，一般宜委托一家监理单位进行监理。在这种模式下，监理工程师须具备较全面的知识，做好合同管理工作，如图 5-13 所示。

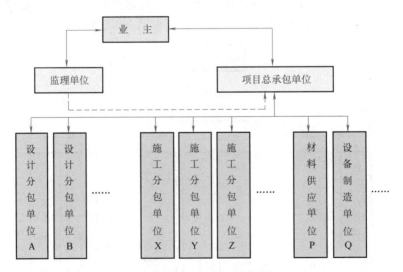

图 5-13　工程项目总承包模式下的监理模式

5.2.1.4　工程项目总承包管理模式

1. 工程项目总承包管理模式的特点

工程项目总承包管理是指业主将工程建设任务发包给专门从事项目组织管理的单位，再由它分包给若干设计、施工和材料设备供应单位，并在实施中进行项目管理。

项目总承包管理与项目总承包的不同之处在于：前者不直接进行设计与施工，没有自己的设计和施工力量，而是将承接的设计与施工任务全部分包出去，他们专心致力于工程建设管理；后者有自己的设计、施工实体，是设计、施工、材料和设备采购的主要力量。

工程项目总承包管理模式如图5-14所示。

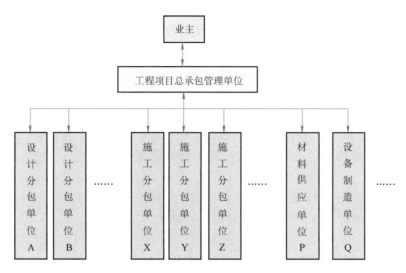

图5-14　工程项目总承包管理模式

2. 工程项目总承包管理模式的优缺点

1）这种模式与项目总承包类似，合同管理、组织协调比较有利，进度和投资控制也有利。由于总承包管理单位与设计、施工单位是总承包与分包关系，后者才是项目实施的基本力量，所以监理工程师对分包的确认工作就成了十分关键的问题。

2）项目总承包管理单位自身经济实力一般比较弱，而承担的风险相对较大，因此工程项目采用这种承发包模式应持慎重态度。

3. 监理模式

采用工程项目总承包管理模式的总承包单位一般属管理型的"智力密集型"企业，并且主要的工作是项目管理，由于业主与总承包方签订一份总承包合同，因此业主宜委托一家监理单位进行监理。虽然总承包单位和监理单位均是进行工程项目管理，但两者的性质、立场、内容等均有较大的区别，不可互为取代。

5.2.1.5　设计和（或）施工联合体承包模式

1. 设计和（或）施工联合体承包模式的特点

设计和（或）施工联合体承包模式是指业主与一个由若干个设计和（或）若干个施工单位组成的联合体签约，将工程项目设计和（或）施工任务发包给这个联合体，如图5-15所示。联合体共同推选出项目负责人，全面负责工程项目的建设工作。联合体各成员单位经过协商，决定各自投入项目建设的人力、物力和财力等，由联合体共同使用，统一调度，有盈利大家分享，有亏损大家分担，盈亏的分配按照各成员单位所投入的人力、物力、财力占工程合同价的百分比计算。若某个成员单位不幸破产，其他成员单位可共同协商补充相应的人力、物力和财力，以保证工程建设的正常进行，而业主不承担由此造成的任何损失。因此，联合体不仅要和业主签订工程承包合同，在联合体内部也要签订内部合同，以明确彼此的经济关系和责任等。

2. 设计和（或）施工联合体承包模式的优缺点

1）适用范围广，联合体成员可发挥各自优势，增强承包能力。

2）合同数量少，便于管理。设计和（或）施工联合体模式，业主只和联合体签订一份工程承包合同，联合体内部建立各自的责、权、利关系，相互制约。

3）有利于进度和质量的控制，组织协调工作量较少。由于联合体按优化组合原则形成，所以对进度和质量方面自行控制能力较强。

4）联合体的资源比较丰富，集中了各成员单位的人力、物力和财力，实力较强，风险由各成员单位共同承担，有利于工程项目目标的实现。

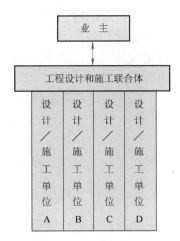

图 5-15　设计和（或）施工联合体承包模式

3. 监理模式

一般联合体对外有一明确的代表，业主与这个代表签订承包合同，这个代表即为联合体内部的负责人，负责承包合同的履行。业主宜委托一家监理单位进行监理，监理工作的合同管理比较简单。但监理工程师在协助业主选择联合体时，应综合考虑联合体内各成员的技术、管理、经验、财务及信誉等，同时应加强联合体内部的相互协调。

5.2.2　工程项目实施建设监理程序

1. 确定项目总监理工程师，成立项目监理机构

监理单位承接监理任务后，应根据工程项目的规模、性质和业主对监理的要求等，委派素质高、能力强、经验丰富的人员担任项目的总监理工程师，代表监理单位全面负责该项目的监理工作。总监理工程师对内向监理单位负责，对外直接向业主负责。

一般情况下，监理单位在承接项目监理任务时，在参与项目监理的投标、拟订监理方案（大纲）及与业主签订监理委托合同时，即应选派合适的人员主持这些工作。在监理任务确定并签订监理委托合同后，该主持人即可作为该项目的总监理工程师。这样，项目的总监理工程师在承接任务阶段即已介入，从而更能了解业主的建设意图和对监理工作的要求，并与后续工作能更好地衔接。

监理机构的人员构成是监理投标书中的重要内容，是业主在评标过程中认可的，总监理工程师在组建项目监理机构时，应根据监理大纲内容和签订的监理委托合同内容组建，并在监理规划和具体实施过程中进行及时的调整。

2. 进一步熟悉情况，收集有关资料，以作为开展监理工作的依据

（1）反映工程项目特征的有关资料

1）工程项目的有关批文。

2）规划部门关于规划红线范围和设计条件的批文。

3）土地管理部门关于准予用地的批文。

4）批准的工程项目可行性研究报告或设计任务书。

5）工程项目地形图。

6）工程项目勘测、设计图样及有关说明等。

（2）反映当地工程建设政策、法规的有关资料

1）关于工程建设报建程序的有关规定。

2）当地关于拆迁工作有关规定。

3）当地关于工程建设应交纳有关税、费的规定。

4）当地关于工程项目建设管理机构资质管理的有关规定。

5）当地关于工程项目建设实行建设监理的有关规定。

6）当地关于工程建设招标投标制的有关规定。

7）当地关于工程造价管理的有关规定等。

（3）反映工程所在地区技术经济状况等建设条件的资料

1）气象资料。

2）工程地质及水文地质资料。

3）可提供的交通运输（包括铁路、公路、航运、水运）运输能力、时间及价格等的资料。

4）与供水、供电、供热、供燃气、电信有关的可提供的容（用）量、价格等的资料。

5）勘测设计单位状况。

6）土建、安装施工单位状况。

7）建筑材料及构件、半成品的生产、供应情况。

8）进口设备及材料的有关到货口岸、运输方式等。

（4）类似工程项目建设情况的有关资料

1）类似工程项目投资方面的有关资料。

2）类似工程项目建设工期的有关资料。

3）类似工程项目的其他技术经济指标等。

3. 编制工程项目的监理规划

工程项目的监理规划是开展项目监理活动的纲领性文件，其内容将在第 6 章中进行介绍。

4. 制定各专业监理实施细则

在监理规划的指导下，为具体指导投资控制、质量控制、进度控制的进行，还需结合工程项目实际情况，制定相应的实施细则。有关内容将在第 6 章进行介绍。

5. 根据制定的监理细则，规范化地开展监理工作

作为一种科学的工程项目管理制度，监理工作的规范化体现在：

（1）工作的时序性　工作的时序性是指监理的各项工作都是按一定的逻辑顺序先后展开，从而使监理工作实现既定目标而不致造成工作状态的无序和混乱。

（2）职责分工的严密性　工程建设监理工作是由不同专业、不同层次的专家群体共同来完成的，他们之间严密的职责分工，是有效进行监理工作的前提和实现监理目标的重要保证。

（3）工作目标的确定性　在职责分工的基础上，每一项监理工作应达到的具体目标都应是确定的，完成的时间也应有规定，从而能通过报表资料对监理工作及其效果进行检查和考核。

6. 参与竣工验收，签署工程建设监理意见

建设工程施工完成以后，监理单位应在正式验收前组织竣工预验收。对于在预验收中发现的问题，应及时与施工单位沟通，提出整改要求。在工程预验收通过后，监理单位应参加业主组织的工程竣工验收，签署监理单位意见。

7. 向业主提交工程建设监理档案资料

建设工程监理工作完成后，监理单位向业主提交的监理档案资料应在监理委托合同文件中约定。如在合同中没有做出明确规定，监理单位一般应提交设计变更、工程变更资料，监理指令性文件，各种签证资料等档案资料。

8. 监理工作总结

监理工作完成后，项目监理机构应及时从两方面进行监理工作总结。其一，是向业主提交的监理工作总结，其主要内容包括委托监理合同履行情况概述，监理任务或监理目标完成情况的评价，由业主提供的供监理活动使用的办公用房、车辆、试验设施等的清单，表明监理工作终结的说明等。其二，是向监理单位提交的监理工作总结，其主要内容包括：① 监理工作的经验，可以是采用某种监理技术、方法的经验，也可以是采用某种经济措施、组织措施的经验，以及委托监理合同执行方面的经验或如何处理好与业主、承包单位关系的经验等；② 监理工作中存在的问题及改进的建议。

5.2.3　工程建设监理实施的基本原则

1. 公正、独立、自主的原则

监理工程师在监理过程中必须尊重科学、尊重事实，组织各方协同配合，维护有关各方的合法权益。为使这一职能顺利实施，必须坚持公正、独立、自主的原则。业主与承建商虽然都是独立的经济主体，但它们追求的经济目标有差异，各自的行为也有差别，监理工程师应在合同约定的权、责、利关系基础上，协调双方的一致性，即只有按合同的约定建成项目，业主才能实现投资的目标，承建商才能实现自己生产的产品价值，取得工程款和实现盈利。

2. 权责一致的原则

监理工程师承担的职责应与业主授予的权限相一致。也就是说，业主向监理工程师的授权，应以能保证其正常履行监理的职责为原则。

监理活动的客体是承建商的活动，但监理工程师与承建商之间并无经济合同关系。监理工程师之所以能行使监理职权，依赖于业主的授权。这种权力的授予，除体现在业主与监理单位之间签订的委托监理合同之中，而且还应作为业主与承建单位之间建设工程合同的合同条件。因此，监理工程师在明确业主提出的监理目标和监理工作内容要求后，应与业主协商，明确相应的授权，达成共识后明确反映在委托监理合同中及建设工程合同中。据此，监理工程师才能开展监理活动。

总监理工程师代表监理单位全面履行建设工程委托监理合同，承担合同中确定的监理方向业主方所承担的义务和责任。因此，在委托监理合同实施中，监理单位应给总监理工程师充分授权，体现权责一致的原则。

3. 总监理工程师负责制的原则

总监理工程师是项目监理工作的总负责人。总监理工程师负责制的内涵包括：

（1）**总监理工程师是项目监理的责任主体**　总监理工程师是实现项目监理目标的最高责任者，是监理单位向业主所负责任的直接承担者。

（2）**总监理工程师是项目监理的权力主体**　总监理工程师是工程建设监理的总设计师和总策划师，应全面领导工程项目的建设监理工作，包括组建项目监理机构，主持编制监理规划，组织实施监理活动，对监理工作总结、监督、评价等。

（3）**总监理工程师是项目监理的利益主体**　利益主体的概念主要体现在监理项目中他对国家的利益负责，对业主投资项目的效益负责，同时也对监理项目的监理效益负责，并负责项目监理机构内所有监理人员利益的分配。

要建立和健全总监理工程师负责制，就要求明确责、权、利关系，健全项目监理组织，要有科学的运行制度、现代化的管理手段，形成以总监理工程师为首的高效能的决策指挥体系。

4. 严格监理、热情服务的原则

严格监理，就是监理人员严格按照国家政策、法规、规范、标准和合同等控制项目目标，严格把关，依照既定的程序和制度，认真履行职责，建立良好的工作作风。作为监理工程师，要做到严格监理，必须提高自身素质和监理水平。

监理工程师还应为业主提供热情的服务，"应运用合理的技能，谨慎而勤奋地工作"。由于业主一般不熟悉建设工程管理与相关业务，监理工程师应按照委托监理合同的要求多方位、多层次地为业主提供良好的服务，维护业主和承建商的正当权益。

5. 综合效益的原则

工程建设监理活动既要考虑业主的经济效益，也必须考虑与社会效益和环境效益的有机统一。工程建设监理活动虽经业主的委托和授权才得以进行，但监理工程师应首先严格遵守国家的建设管理法律、法规、标准等，以高度负责的态度和责任感，既对业主负责，谋求最大的经济效益，又要对国家和社会负责，取得最佳的综合效益。只有在符合宏观经济效益、社会效益和环境效益的条件下，业主投资项目的微观经济效益才能得以实现。

6. 预防为主的原则

由于工程项目具有"一次性""单件性"等特点，所以工程项目建设过程存在很多风险，监理工程师必须具有预见性，并把重点放在"预控"上，"防患于未然"。在制定监理规划，编制监理细则和实施监理过程中，对工程项目投资控制、进度控制和质量控制中可能发生的失控问题要有预见性和超前的考虑，制定相应的对策和预控措施予以防范。此外还应考虑多个不同的措施与方案，做到"事前有预测，情况变了有对策"，避免被动，并可收到事半功倍之效。

7. 实事求是的原则

监理工作中监理工程师应尊重事实，实事求是，以理服人。监理工程师的任何指令、判断应有事实依据，有证明、检验、试验资料，这是最具有说服力的。由于经济利益或认识上的关系，监理工程师与承建商对某些问题的认识、看法可能存在分歧，这是很正常的现象。但是，监理工程师不应以权压人，而应晓之以理。"理"即具有说服力的事实依据，做到以"理"服人。

5.3 项目监理机构

监理单位与业主签订委托监理合同后，在实施建设工程监理之前，应组建项目监理机构。项目监理机构的组织结构形式和规模，应根据委托监理合同规定的服务内容、服务期限、工程类别、规模、技术复杂程度、工程环境等因素确定。

5.3.1 建立项目监理机构的步骤

监理单位在组织项目监理机构时，一般按以下步骤进行，如图5-16所示。

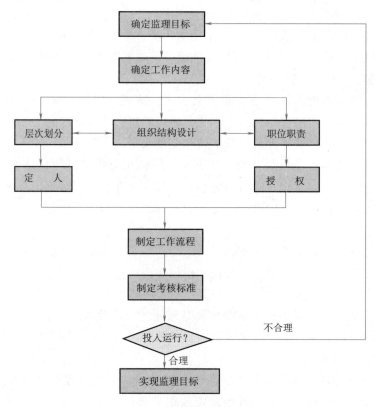

图 5-16　监理机构设置步骤

1. 确定监理目标

监理目标是项目监理组织设立的前提，应根据工程建设监理合同中确定的监理目标，明确划分为分解目标。

2. 确定工作内容

根据监理目标和监理合同中规定的监理任务，明确列出监理工作内容，并进行分类、归并及组合，这是一项重要的工作。对各项工作进行归并及组合应以便于监理目标控制为目的，并考虑监理项目的规模、性质、工期、工程复杂程度，监理单位自身技术业务水平、监理人员数量、组织管理水平等。

如果进行实施阶段全过程监理，监理工作划分可按设计阶段和施工阶段分别归并和组合，如图 5-17 所示。如果只进行施工阶段监理，可按投资、进度、质量目标进行归并和组合，如图 5-18 所示。

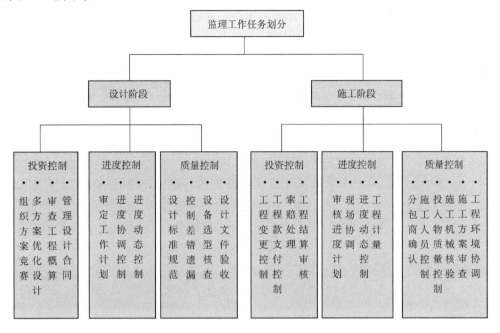

图 5-17 全过程监理工作划分

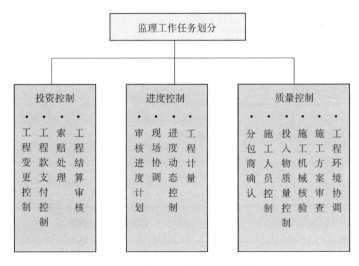

图 5-18 施工阶段监理工作划分

3. 组织结构设计

（1）确定组织结构形式 由于工程项目规模、性质、建设阶段等方面的不同，可以选择不同的监理组织结构形式以适应监理工作需要。组织结构形式的选择应考虑有利于项目的合同管理，有利于目标控制，有利于决策指挥，有利于信息沟通。

（2）合理确定管理层次与管理跨度 监理组织结构中一般应有三个层次：

1）决策层。由总监理工程师及总监代表组成。决策层要根据工程项目的监理活动特点与内容进行科学化、程序化决策。

2）中间控制层（协调层和执行层）。由专业监理工程师组成。中间控制层具体负责监理规划的落实，目标控制及合同实施管理，属于承上启下管理层次。

3）作业层（操作层）。由监理员组成。作业层具体负责监理工作的操作。

项目监理机构中管理跨度的确定应考虑监理人员的素质、管理活动的复杂性和相似性、监理业务的标准化程度、各项规章制度的建立健全情况、建设工程的集中或分散情况等，按监理工作实际需要确定。

（3）项目监理机构部门划分 项目监理机构中合理划分各职能部门，应依据监理机构目标、监理机构可利用的人力和物力资源以及合同结构情况，将投资控制、进度控制、质量控制、合同管理、组织协调等监理工作内容按不同的职能活动形成相应的管理部门。

（4）制定岗位职责及考核标准 岗位职务及职责的确定，要有明确的目的性，不可因人设事。根据责权一致的原则，进行适当授权，以承担相应的职责，并确定考核标准。表5-1为专业监理工程师岗位职责考核标准，表5-2为项目总监理工程师岗位职责考核标准。

表 5-1　专业监理工程师岗位职责考核标准

项目	职责内容	考核要求	
		标　准	完成时间
工作指标	投资控制	符合投资分解规划	月末
	进度控制	符合控制性进度计划	月末
	质量控制	符合质量评定验收标准	工程各阶段
	合同管理	按合同约定	月末
基本职责	在项目总监理工程师领导下，熟悉项目情况，清楚本专业监理的特点和要求	制定本专业监理工作计划或实施细则	实施前1个月
	负责组织本专业监理工作	监理工作有序，工程处于受控状态	每周（月）检查
	做好与有关部门之间的协调工作	保证监理工作及工作顺利进展	每周（月）检查、协调
	处理与本专业有关的重大问题并及时向总监理工程师报告	及时、如实	问题发生后10天内
	负责与本专业有关的签证、对外通知、备忘录，并及时向总监理工程师提交报告、报表等资料	及时、如实、准确	—
	负责整理本专业有关的竣工验收资料	完整、准确、及时	竣工后10天或依合同约定

表 5-2　项目总监理工程师岗位职责考核标准

项目	职责内容	考核要求	
		标　准	完成时间
工作指标	项目投资控制	符合投资分解规划	每月（季）末
	项目进度控制	符合合同工期及总控制进度计划	每月（季）末
	项目质量控制	符合质量评定验收标准	工程各阶段末

（续）

项目	职责内容	考核要求	
		标　准	完成时间
基本职责	根据业主的委托与授权，全面负责和组织项目的监理工作	协调各方面的关系；组织监理活动的实施	—
	根据监理委托合同，主持制定项目监理规划，并组织实施	对项目监理工作进行系统的策划；组建好项目监理班子	合同生效后 1 个月内
	审核各子项、各专业监理工程师编制的监理工作计划或实施细则	应符合监理规划，并具有可行性	各子项专业监理开展前 15 天
	监督和指导各子项、各专业监理工程师对投资、进度、质量进行监控，并按合同进行管理	使监理工作进入正常工作状态；使工程处于受控状态	每月末检查
	做好建设过程中有关方面的协调工作	使工程处于受控状态	每月末检查、协调
	签署监理组织对外发出的文件、报表及报告	及时、完整、准确	每月（季）末
	审核、签署项目的监理档案资料	完整、准确、真实	竣工后 15 天或依合同约定

（5）选派监理人员　根据监理工作的任务，选择适当的监理人员，包括总监理工程师、专业监理工程师和监理员，必要时可配备总监理工程师代表。监理人员的选择除应考虑个人素质外，还应考虑人员总体构成的合理性与协调性。

《建设工程监理规范》规定，总监理工程师是项目监理机构的负责人，应由注册监理工程师担任；总监理工程师代表可以由具有工程类执业资格的人员（如注册监理工程师、注册造价工程师、注册建造师、注册建筑师、注册工程师等）担任，也可由具有中级及以上专业技术职称、3 年及以上工程实践经验并经监理业务培训的人员担任。专业监理工程师具有相应监理文件的签发权，该岗位可以由具有工程类注册执业资格的人员（如注册监理工程师、注册造价工程师、注册建造师、注册建筑师、注册工程师等）担任，也可由具有中级及以上专业技术职称、2 年及以上工程实践经验的监理人员担任。建设工程涉及特殊行业（如爆破工程）的，从事此类工程的专业监理工程师还应符合国家对有关专业人员资格的规定。

4. 制定工作流程

为使监理工作科学、有序进行，应按监理工作的客观规律制定工作流程，规范化开展监理工作。

5. 制定监理信息流程

各监理部门或监理人员应当根据自己管理上的需要，确定所需信息的种类、内容、周期等，并在总监理工程师的领导下，统一制定监理信息流程图。

5.3.2　监理机构的组织形式

监理机构的组织形式应根据工程项目的特点、工程建设项目承发包模式、业主委托的任务以及监理单位自身情况等确定。

1. 直线制监理组织

这种组织形式的特点是项目监理机构中任何一个下级只接受唯一上级的命令。各级部门主管人员对所属部门的问题负责，项目监理机构中不再另设职能部门。

直线制监理组织形式适用于能划分为若干相对独立的子项目的大、中型建设工程，如图 5-19 所示。总监理工程师负责整个工程的规划、组织和指导，并负责整个工程范围内各方面的指挥、协调工作；子项目监理组分别负责各子项目的目标值控制，具体领导现场专业或专项监理组的工作。

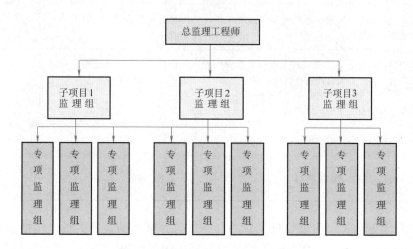

图 5-19 按子项分解的直线制监理组织形式

如果业主委托监理单位对建设工程实施全过程监理，项目监理机构的部门还可按不同的建设阶段设立直线制监理组织形式，如图 5-20 所示。

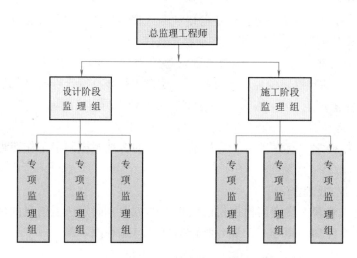

图 5-20 按建设阶段设立直线制监理组织形式

直线制监理组织形式的主要优点是组织机构简单，权力集中，命令统一，职责分明，决策迅速，隶属关系明确。其缺点是实行没有职能部门的"个人管理"，这就要求总监理工程师通晓各种业务，具备多种知识技能，成为"全能"式人物。

例如，京津塘高速公路、四川省成渝公路、江西省南九公路等的监理组织就采用这种模式，如图5-21所示。

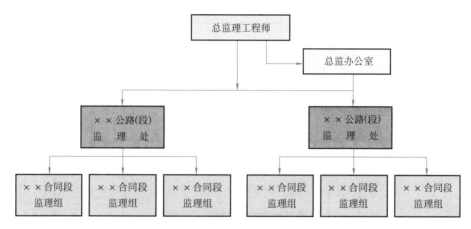

图 5-21　直线制监理组织示例

2. 职能制监理组织

职能制监理组织形式是在监理机构内设立一些职能部门，把相应的监理职责和权力交给职能部门。各职能部门在总监授权范围内有权直接指挥下级，如图5-22所示。职能制监理组织形式一般适用于大、中型建设工程。

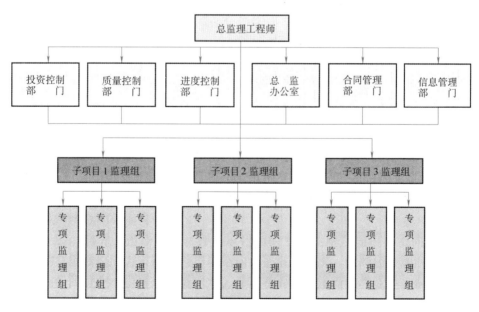

图 5-22　职能制监理组织形式

这种组织形式的主要优点是加强了项目监理目标控制的职能化分工，能够发挥职能机构的专业管理作用，提高管理效率，减轻总监理工程师负担。其缺点是多头领导，如果上级指令相互矛盾，将使下级在工作中无所适从，造成管理上的混乱。例如，公路工程若采用职能制监理组织，其形式如图 5-23 所示。

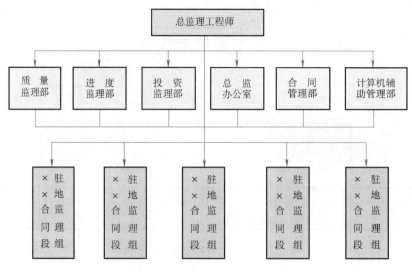

图 5-23　职能制监理组织示例

3. 直线—职能制监理组织

直线—职能制的监理组织形式是吸收了直线制组织形式和职能制组织形式的优点而构成的一种组织形式，如图 5-24 所示。

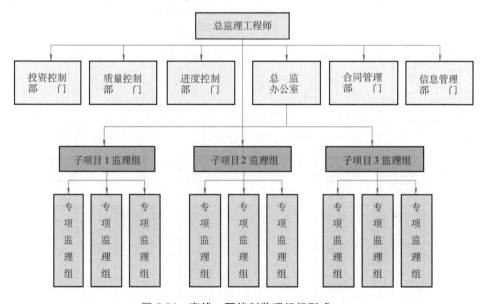

图 5-24　直线—职能制监理组织形式

这种组织形式把管理部门和人员分为两类：一类是直线指挥部门的人员，他们拥有对下级实行指挥和发布命令的权力，并对该部门的工作全面负责；另一类是职能部门和人员，他们是直线指挥人员的参谋，他们只能对下级部门进行业务指导，而不能对下级部门直接进行指挥和发布命令。

这种组织形式保持了直线制组织实行直线领导、统一指挥、职责清楚的优点，另一方面又保持了职能制组织目标管理专业化的优点；其缺点是职能部门与指挥部门易产生矛盾，信息传递路线长，不利于互通信息。

例如，我国世行贷款公路工程项目的监理组织普遍采用此种组织模式（见图5-25）。

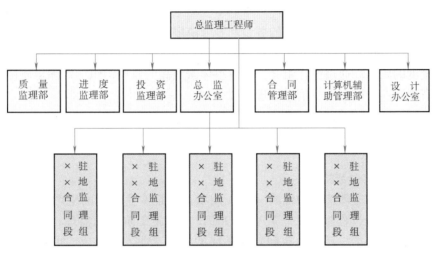

图 5-25　直线—职能制监理组织示例

4. 矩阵制监理组织形式

矩阵制监理组织形式是由纵横两套管理系统组成的矩阵组织机构。一套是纵向的职能系统，另一套是横向的子项目系统，如图5-26所示。

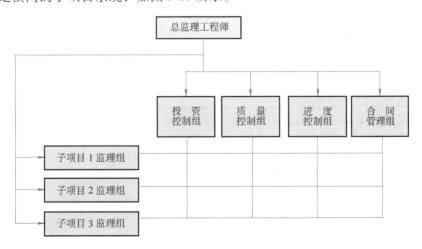

图 5-26　矩阵制监理组织形式

这种形式的优点是加强了各职能部门的横向联系，具有较大的机动性和适应性；把上下左右集权与分权实行最优的结合；有利于解决复杂难题；有利于监理人员业务能力的培养。其缺点是纵横向协调工作量较大，处理不当会造成扯皮现象，产生矛盾。

矩阵制监理组织形式是一种弹性组织结构，它能充分适应工程项目监理人才要素在时间、空间上投入不均衡性的特点。它可以保证或协调工程项目在不同阶段的监理要求，随时灵活地按时、按量、按比例投入或调出工程项目监理所需要的人力、材料和设备。因此，这种监理组织形式是我国工程建设项目监理事业发展过程中需要尝试的新形式之一。

5.3.3 监理机构的人员配备

项目监理机构中配备监理人员的数量和专业应根据监理工作的范围、内容、期限以及工程的类别、规模、技术复杂程度、工程环境等因素综合考虑，并应符合委托监理合同中对监理深度和密度的要求。通过优化组合，形成整体素质高的监理组织，以满足质量控制、进度控制、投资控制、合同管理与信息管理的要求。

5.3.3.1 项目监理组织的人员结构

项目监理机构的人员要有合理的人员结构才能适应监理工作的要求。合理的人员结构包括以下两方面的内容：

1. 要有合理的专业结构

监理机构应由与监理工程的性质（是民用项目或是专业性强的生产项目）及业主对工程监理的要求（是全过程监理或是某一阶段如设计或施工阶段的监理，是投资、质量、进度的多目标控制或是某一目标的控制）相适应的各类专业人员组成，也就是各专业人员配套应科学、合理。

2. 要有合理的技术职务、职称结构

监理工作虽是一种高智能的技术性服务，但绝非不论监理项目的要求和需要，追求监理人员的技术职务、职称越高越好。合理的技术职称结构应是高级职称、中级职称和初级职称应有与监理工作要求相称的比例。一般来说，决策阶段、设计阶段的监理，具有中级及中级以上职称的人员在整个监理人员中应占绝大多数，初级职称人员应占少数；施工阶段的监理，应有较多的初级职称人员从事实际操作，如旁站监理、填记日志、现场检查、计量等。

5.3.3.2 监理机构监理人员数量的确定

1. 影响监理机构人员数量的主要因素

（1）**工程建设强度** 工程建设强度是指单位时间（工期）内投入的工程资金的数量，它是衡量一项工程紧张程度的标准，即

$$工程建设强度＝投资/工期 \tag{5-2}$$

式中，投资为由监理单位承担的该部分工程的建设投资；工期为该部分工程的工期。一般投资费用可按工程估算、概算或合同价计算，工期是根据进度总目标及其分目标计算的。

显然，工程建设强度越大，需投入的监理人员应越多。工程建设强度是确定监理人员数量的重要因素。

（2）**工程复杂程度** 每项工程都具有不同的情况。地点、位置、气候、性质、空间范围、工程地质、施工方法、后勤供应等不同，则投入的人力也就不同。根据一般工程的情况，可将工程复杂程度按以下各项因素考虑：

1）设计活动多少。

2）工程地点位置。

3）气候条件。

4）地形条件。

5）工程地质条件。

6）施工方法。

7）工程性质。

8）工期要求。

9）材料供应。

10）工程分散程度等。

根据上述各项因素的具体情况，可将工程分为若干工程复杂程度等级。一般情况下，可将工程复杂程度划分为简单、一般、一般复杂、复杂、很复杂五级。工程复杂程度定级可采用定量办法：对构成工程复杂程度的每一因素通过专家评估，根据工程实际情况给出相应权重，将各影响因素的评分加权平均后根据其值的大小确定该工程的复杂程度等级。例如，将工程复杂程度按 10 分制计评，则平均分值 1~3 分、3~5 分、5~7 分、7~9 分者依次为简单工程、一般工程、一般复杂工程和复杂工程，9 分以上为很复杂工程。

显然，简单工程需要的项目监理人员较少，而复杂工程需要的项目监理人员较多。

（3）工程监理单位的业务水平　每个监理单位的业务水平和对某类工程的熟悉程度不完全相同，在监理人员素质、管理水平和监理的设备手段等方面也存在差异，这都会直接影响到监理效果。高水平的监理单位可以投入较少的监理人力完成一个工程建设的监理工作，而一个经验不多或管理水平不高的监理单位则需投入较多的监理人力。因此，各监理单位应当根据自己的实际情况制定监理人员需要量定额，并根据实施效果加以调整。

（4）项目监理机构的组织结构形式和任务职能分工　项目监理机构的组织结构形式关系到具体的监理人员配备，务必使项目监理机构完成预定监理目标和监理工作内容。必要时，还需要根据项目监理机构的职能分工对监理人员的配备作进一步的调整。

在某些情况下，监理的部分工作需要委托专业咨询机构或专业监测、检验机构进行。此时，项目监理机构的监理人员数量可适当减少。

2. 监理机构人员数量的确定方法

监理机构人员数量的确定方法可按如下步骤进行：

（1）项目监理机构人员需要量定额　根据监理工程师的监理工作内容和工程复杂程度等级，测定、编制监理机构监理人员需要量定额。表 5-3 就是一例，可供参考。

表 5-3　监理人员需要量定额　　　　（单位：100 万美元/年）

工程复杂程度	监理工程师	监理员	行政文秘人员
简单	0.20	0.75	0.1
一般	0.25	1.00	0.1
一般复杂	0.35	1.10	0.25
复杂	0.50	1.50	0.35
很复杂	>0.50	>1.50	>0.35

（2）确定工程建设强度 根据监理单位承担的监理工程，确定工程建设强度。例如，某工程分为两个子项目，合同总价为3900万美元，其中子项目1合同价为2100万美元，子项目2合同价为1800万美元，工期为30个月。则

$$工程建设强度 = 3900 \times 12/30 \ 万美元/年 = 1560 \ 万美元/年$$

即 15.6×100 万美元/年。

（3）确定工程复杂程度 按工程复杂程度的10个因素，根据所监理工程的实际情况分别按10分制打分。表5-4就是一例，可供参考。

表5-4 工程复杂程度等级评定表

项 次	因 素	子项目1	子项目2
1	设计活动	5	6
2	工程位置	9	5
3	气候条件	5	5
4	地形条件	7	5
5	工程地质条件	4	7
6	施工方法	4	6
7	工期要求	5	5
8	工程性质	6	6
9	材料供应	4	5
10	工程分散程度	5	5
平均分值		5.4	5.5

根据计算结果，此工程为一般复杂等级。

（4）根据工程复杂程度和工程建设强度套用定额 从定额表5-3中可查到定额系数如下：监理工程师为0.35；监理员为1.1；行政文秘为0.25。

各类监理人员数量如下：

监理工程师： $0.35 \times 15.6 = 5.46$，按6人考虑。

监理员： $1.1 \times 15.6 = 17.16$，按17人考虑。

行政文秘人员： $0.25 \times 15.6 = 3.9$，按4人考虑。

（5）根据实际情况确定监理人员数量 本建设工程的项目监理机构采用直线制组织形式，如图5-27所示。

根据项目监理机构情况决定每个部门各类监理人员如下：

监理总部（包括总监理工程师、总监理工程师代表和总监理工程师办公室）：总监理工程师1人，总监理工程师代表1人，行政文秘人员2人。

子项目1监理组：专业监理工程师2人，监理员9人，行政文秘人员1人。

子项目2监理组：专业监理工程师2人，监理员8人，行政文秘人员1人。

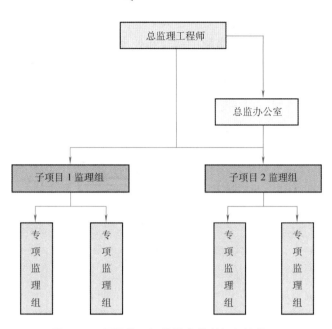

图 5-27 项目监理机构的直线制组织结构

5.3.4 项目监理组织各类人员的基本职责

1. 总监理工程师

根据项目总监理工程师负责制的原则,项目总监理工程师是他所在的监理公司在工程项目上的代表,他行使监理委托合同赋予监理单位的权力,并履行合同所规定的责任,全面负责受委托的监理工作。所以,他是工程建设监理合同的执行负责人;他对内向本公司负责,对外向项目业主负责;在项目监理组织中,他是行政领导人,管理的总决策人,主要规划和计划的主持人,处理各方关系的总协调人,并对监理机构其他工作人员负有监督检查的责任。具体如下:

1)确定项目监理机构人员及其岗位职责。

2)组织编制监理规划,审批监理实施细则。

3)根据工程进展及监理工作情况调配监理人员,检查监理人员工作。

4)组织召开监理例会。

5)组织审核分包单位资格。

6)组织审查施工组织设计、(专项)施工方案。

7)审查工程开、复工报审表,签发工程开工令、暂停令和复工令。

8)组织检查施工单位现场质量、安全生产管理体系的建立及运行情况。

9)组织审核施工单位的付款申请,签发工程款支付证书,组织审核竣工结算。

10)组织审查和处理工程变更。

11)调解建设单位与施工单位的合同争议,处理工期索赔。

12)组织验收分部工程,组织审查单位工程质量检验资料。

13)审查施工单位的竣工申请,组织工程竣工预验收,组织编写工程质量评估报告,参与工程竣工验收。

14）参与或配合工程质量安全事故的调查和处理。

15）组织编写监理月报、监理工作总结，组织整理监理文件资料。

2. 总监理工程师代表

总监理工程师代表应履行以下职责：

1）负责总监理工程师指定或交办的监理工作。

2）按总监理工程师的授权，行使总监理工程师的部分职责和权力。

总监理工程师不得将下列工作委托总监理工程师代表：

1）组织编制监理规划，审批监理实施细则。

2）根据工程进展及监理工作情况调配监理人员。

3）组织审查施工组织设计、（专项）施工方案。

4）签发工程开工令、暂停令和复工令。

5）签发工程款支付证书，组织审核竣工结算。

6）调解建设单位与施工单位的合同争议，处理工期索赔。

7）审查施工单位的竣工申请，组织工程竣工预验收，组织编写工程质量评估报告，参与工程竣工验收。

8）参与或配合工程质量安全事故的调查和处理。

3. 专业监理工程师

专业监理工程师是指专门负责质量控制、进度控制、投资控制、合同管理、信息管理等项专业工作的监理工程师。他们一般是项目监理组织中专业职能部门的负责人。专业监理工程师在项目总监理工程师的统一领导下，负责完成本专业（或本部门）工程建设监理的有关任务。

专业监理工程师的主要职责如下：

1）参与编制监理规划，负责编制监理实施细则。

2）审查施工单位提交的涉及本专业的报审文件，并向总监理工程师报告。

3）参与审核分包单位资格。

4）指导、检查监理员工作，定期向总监理工程师报告本专业监理工作实施情况。

5）检查进场的工程材料、设备、构配件的质量。

6）验收检验批、隐蔽工程、分项工程。

7）处置发现的质量问题和安全事故隐患。

8）进行工程计量。

9）参与工程变更的审查和处理。

10）组织编写监理日志，参与编写监理月报。

11）收集、汇总、参与整理监理文件资料。

12）参与工程竣工预验收和竣工验收。

4. 监理员

监理员从事直接的工程检查、计量、检测、试验、监督和跟踪等监理作业，其主要职责如下：

1）检查施工单位投入工程的人力、主要设备的使用及运行状况。

2）进行见证取样。

3）复核工程计量有关数据。

4）检查各工序的施工结果。

5）发现施工作业中的问题，及时指出并向专业监理工程师报告。

具体到某个项目监理机构，如何确定它的各类监理人员的基本职责，应当在把握基本原则的基础上，考虑所监理项目的具体情况灵活确定。

5.4 工程建设监理的组织协调

工程建设监理目标的实现需要监理工程师扎实的专业知识和对监理程序的有效执行，此外，还要求监理工程师有较强的组织协调能力。通过组织协调，使影响监理目标实现的各方主体有机配合，使监理工作实施和运行过程顺利。

5.4.1 工程建设监理组织协调概述

1. 组织协调的概念

协调就是联结、联合、调和所有的活动及力量，使各方配合得适当，其目的是促使各方协同一致，以实现预定目标。协调工作应贯穿于整个工程建设实施及其管理过程中。

工程建设系统就是一个由人员、物质、信息等构成的人为组织系统。用系统方法分析，建设工程的协调一般有三大类：一是"人员/人员界面"；二是"系统/系统界面"；三是"系统/环境界面"。

工程建设组织是由各类人员组成的工作班子，由于每个人的性格、习惯、能力、岗位、任务、作用的不同，即使只有两个人在一起工作，也有潜在的人员矛盾或危机。这种人和人之间的间隔，就是"人员/人员界面"。

工程建设系统是由若干个子项目（即子系统）组成的完整体系。由于子系统的功能、目标不同，容易产生各自为政的趋势和相互推诿的现象。这种子系统和子系统之间的间隔，就是"系统/系统界面"。

工程建设系统是一个典型的开放系统。它具有环境适应性，能主动从外部世界取得必要的能量、物质和信息。在取得的过程中，不可能没有障碍和阻力。这种系统与环境之间的间隔，就是"系统/环境界面"。

项目监理机构的协调管理就是在"人员/人员界面""系统/系统界面""系统/环境界面"之间，对所有的活动及力量进行联结、联合、调和的工作。系统方法强调，要把系统作为一个整体来研究和处理，因为总体的作用规模要比各子系统的作用规模之和大。为了顺利实现工程建设系统目标，必须重视协调管理，发挥系统整体功能。在工程建设监理中，要保证项目的参与各方围绕工程建设开展工作，使项目目标顺利实现。组织协调工作最为重要，也最为困难，是监理工作能否成功的关键，只有通过积极的组织协调才能实现整个系统全面协调控制的目的。

2. 组织协调的范围和层次

从系统方法的角度看，项目监理机构协调的范围分为系统内部的协调和系统外部的协调，系统外部协调又分为近外层协调和远外层协调（图5-28所示的层次Ⅱ和层次Ⅰ）。近外层和远外层的主要区别是，工程建设与近外层关联单位一般有合同关系，与远外层关联单位一般没有合同关系。工程建设协调的范围与层次如图5-28所示。

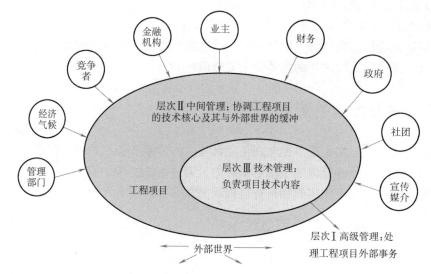

图5-28 工程项目监理协调的范围和层次

5.4.2 工程建设监理组织的内部协调

1. 总监理工程师与各专业监理工程师之间的协调

总监理工程师是组织协调工作的主要负责人，应首先抓好人际关系的协调。要采用公开的信息政策，让大家了解项目实施情况、遇到的问题或危机，经常性地指导工作，和成员一起商讨遇到的问题，多倾听他们的意见、建议、鼓励大家同舟共济。具体来说有以下几点：

（1）在人员的分工和工作安排上要量才录用 要根据每个人的专业、专长进行有机组合、安排。人员的搭配应注意能力互补、性格互补、年龄互补。此外，人员配置应尽可能少而精，防止力不胜任和忙闲不均的现象。要根据每个人的专长做到人尽其才，使之充分发挥个体优势和群体优势。

（2）在工作委任上要职责分明 对组织内的每一个岗位，都应订立明确的目标和岗位责任制，还应通过职能清理，使管理职能不重不漏，做到事事有人管，人人有专职。此外，必须同时按责、权、利一致的原则明确岗位职权和分配标准，使每个人均能在组织内部找到自己的合适位置，既无心理不平衡又无失落感。

（3）在效绩评价上要实事求是 总监理工程师应该发扬民主作风，实事求是地评价监理组人员的工作，注意从心理学、行为科学的角度激励每个成员的工作积极性，按监理规划实施任务的布置和指导，使监理组每个成员热爱自己的工作，并对工作充满信心和希望，谁都希望自己的工作做出成绩，并得到组织肯定。但工作成绩的取得，不仅需要主观努力，而且需要一定工作条件和相互配合。评价一个人的效绩应实事求是，夸大和缩小都不利于团结，更不能有意无意地将成绩归功于某个人，以免无功自傲或有功受屈。

（4）在矛盾调解上要适可而止，恰如其分 事实说明监理组织内部的矛盾是难免的，也是正常的现象，一旦出现矛盾就应进行调解。调解要恰到好处，一是要掌握大局，二是要注意方法。通常的矛盾是工作上的意见分歧，除个别情况外，一般矛盾内容是反映工程矛盾，也是建设监理内部机制运行中所呈现问题的具体化。为此，除做好协调工作外，更要考虑总结监理当中一些深层次的问题，通过改革、调整，使监理工作更趋完善。总监理工程师要多听取项目组成员的意见和建议，及时沟通思想。如果通过及时沟通、个别谈话、必要的批评还无法解决矛盾时，应采取必要的岗位变动措施。对上下级之间的矛盾要区别对待，是上级的问题，应作自我批评；是下级问题，应启发诱导；对无原则的纷争，应当批评制止。这样才能使监理组织成员始终处于团结、和谐、热情高涨的气氛之中。

2. 各监理项目组、各专业监理工程师之间的协调

一个综合建设项目中的各项目分别由不同的项目监理组（或部门）承担监理任务，并组成一个统一的工作体系。而每个单项工程都紧紧联系着建设项目的按时投产，互相之间也存在着工程衔接问题、临时工程向永久工程的过渡和转换问题，特别是还存在着总体网络图中的时差配合问题。工程项目系统是由若干子系统（项目组）组成的工作体系，每个项目组都有自己的目标和任务。如果每个项目组都从整个项目的整体利益出发，理解和履行自己的职责，那么整个系统就处于运行有序的良性状态，否则整个系统将处于无序的紊乱状态，导致功能失调，效率下降。

按照提高监理专业化程度和工作效率的要求，监理组织应进行严密的专业分工。为了提高各专业的工作效益，各专业间必须进行相互协作和配合，明确各部门之间是什么关系、工作中有什么联系与衔接，找出易出矛盾之处，加以协调。对于协调中的各项关系，应逐步走向规范化、程序化，应有具体可行的协调配合方法。

根据各项目系统内部均存在有机联系的特点，协调的主要工作是：

（1）建立联系制度　建立联系的方式很多，如采用工作例会、项目联系碰头会，并按时发会议纪要等。采用工作流程图或信息卡等方式沟通信息，这样可使局部了解全局，并在协调意见约束下，服从和适应全局需要。

（2）约定配合关系　要事先约定各项目组在工程配合中的相互关系，以及各结合部工程内部衔接的工序和协作关系，而且还要明确其中有主办、牵头和协作配合之分，事先约定防止脱节和贻误工作。对涉及专业较多的关键工序，可实行各专业监理会签制度，做到各专业会签手续齐全后，方可由专业总监或总监代表签发下道工序开工命令，以防漏检。

（3）目标分解　除项目之间的配合外，事实上每个项目所属的若干子系统和若干个单位工程，它们之间同样存在着组织关系的协调问题。因此，要以合作协议、划分协议的形式做出明文规定，明确每个子系统、每个单位工程的进度目标，分工的职责、权限，以及相互间的协作顺序。举例来讲，随着现代科技和现代建筑事业的发展，微电子技术、信息技术已渗入建筑领域，并以崭新的面貌和高新技术的格局展现在人们面前，形成了智能建筑。在智能建筑中，包括空调、给水排水、变配电、照明、电梯、消防、电话传真、广播音响、保安设施等多项单位工程，大量的子系统都处在一个中央监控系统的综合控制下，它对整个建筑物进行系统集成、集中调控，牵扯到土建、机电、安装、装修 4 类工程在时间、空间和工序上的相互配合问题，也牵扯到不同施工单位之间的相互协作问题。因此，要本着加快综合布线系统形成这一矛盾主线，本着密切协作、相互配合、服从大局的原则，做好方方面面的协调工作，在一定意义上说协调是进度目标的主要保证条件。

（4）及时解决矛盾和冲突 在工程进行的全过程中，要及时消除工作中的矛盾和冲突，消除方法应根据矛盾或冲突的具体情况灵活掌握。例如，土建和安装配合不佳导致的矛盾和冲突，应从明确配合关系入手协调；争功透过导致的矛盾和冲突，应从明确考核标准入手协调；奖罚不公导致的矛盾或冲突，应从明确奖惩原则入手协调；一方过高要求导致矛盾和冲突，应从改进思想方法和工作方法入手协调。

（5）对专业工种配合，要抓住高度环节 一个工程项目施工，往往需要土建、机电、安装、装修等专业工种交替配合进行，其复杂性和技术要求各不一样，监理工程师就存在人员配备、衔接和调度问题。如土建工程的主体阶段，主要是钢筋混凝土工程和砌筑工程；装饰阶段工种较多，新材料、新工艺和测试手段就不一样；还有设备安装工程等。交替进行有个衔接问题，配合进行有个步调问题，这些都需要抓好协调工作。监理的安排必须考虑到工程进展情况，做出合理的安排，以保证工程监理的质量和目标的实现。

总之，系统内部组织关系的协调就是以进度目标的实现为前提，以综合工程的网络图为依据，动态地协调各专业之间的配合与协作，使各方的积极性都得以充分发挥，取得协调的最佳效果。

5.4.3 项目监理组织与工程建设其他组织之间的协调

监理人员在建设中有其特殊的地位，表现为他受业主的委托，代表业主，对工程质量有否决权，对工程验收和付款有签证权、认证权，对发生在工程建设过程中的各类经济纠纷和工程工序衔接有协调权等，这样自然而然地形成了监理人员在工程建设中的核心地位。监理人员要以自己双向服务的实际行动，协调好与各有关单位的关系。

第一，摆正监理与被监理的关系，协调的基础是理解。如果协调好与各方的关系，首先有一个相互理解的问题。

第二，在协调中应坚决维护国家利益。

第三，监理人员的成绩绝不是建立在被监理单位工作失误的基础上。

第四，监理与服务相结合是搞好与被监理方人际关系的重要一环。

既然要依靠被监理者自身的努力来顺利圆满地完成建设任务，监理工程师理应认真听取被监理方的建议和意见，并通过经常互通信息，交换意见取得共识，因为无论监理工程师有多好的建议最终还是要通过被监理者去执行才能取得效益，这也是协调好监理与被监理两者之间的人际关系中十分重要的因素。

1. 与项目业主之间的协调

工程建设监理是受业主的委托而独立、公正进行的工程项目监理工作。监理实践证明，监理目标的顺利实现和与业主协调的好坏有很大的关系。

我国实行建设监理制度时间不长，工程建设各方对监理制度的认识还不够，还存在不少问题，尤其是一些业主的行为不规范。我国长期的计划经济体制使得业主合同意识较差，随意性大，主要体现在：① 沿袭计划经济时期的基建管理模式，搞"大统筹，小监理"，一个项目，往往是业主的管理人员要比监理人员多或管理层次多，对监理工作干涉多，并插手监理人员应做的具体工作；② 不把合同中规定的权力交给监理单位，致使总监理工程师有职无权，发挥不了作用；③ 不讲究科学，项目科学管理意识差，在项目目标确定上压工期、压造价，在项目进行过程中变更多或时效不按要求，给监理工作的质量、进度、投资控制带来困难。因此，与业主的协调是监理工作的重点和难点，监理工程师应从以下几方面加强与业主的协调。

（1）监理工程师首先要理解项目总目标和业主的意图 对于未能参加项目决策过程的监理工程师，必须了解项目构思的基础、起因、出发点，了解决策背景，否则可能对监理目标及完成任务有不完整的理解，会给他的工作造成很大的困难。所以，必须花大力气来研究业主的意图及项目目标。

（2）利用工作之便做好监理宣传工作，增进业主对监理工作的理解 监理工程师应主动帮助业主处理项目中的事务性工作，以自己规范化、标准化、制度化的工作去影响和促进双方工作人员的协调一致。

（3）尊重业主，尊重业主代表，让业主一起投入项目全过程 尽管有预定的目标，但项目实施必须执行业主的指令，使业主满意，对业主提出的某些不适当的要求，只要不属于原则问题，都可先进行，然后利用适当时机，采取适当方式加以说明或解释；对于原则性问题，可采取书面报告等方式说明原委，尽量避免发生误解，以使项目进行顺利。

2. 与设计单位之间的协调

设计过程需要进行大量的反复协调工作。因为，从方案设计到施工图设计要由"粗"到"细"地进行，下一阶段的设计要符合上一阶段设计的基本要求，而且随着设计的进一步深入会发现上一阶段设计存在问题，需要对上一阶段设计进行必要的修改。因此，设计过程离不开纵向反复协调。同时，工程设计包括多种专业，各专业设计之间要保持一致，这就要求各专业相互密切配合，在专业设计之间进行反复协调，以避免和减少设计上的矛盾。外部环境因素对设计工作的顺利开展有着重要影响，例如，业主提供的设计所需要的基础资料是否满足要求；政府有关管理部门能否按时对设计进行审查和批准；业主需求会不会发生变化；参加项目设计的多家单位能否有效协作等。应该紧紧把握住设计工作的特点，认真做好组织协调工作。

设计单位为工程建设项目提供图样、编制工程概（预）算及修改设计等，是工程项目主要相关单位之一。监理单位必须协调设计单位的工作，以加快工程进度，确保质量，降低消耗。协调设计单位的关系可从以下几方面入手：

（1）配合设计进度，组织设计与有关部门的协调工作 设计与有关部门的协调工作很多，如消防、环保、土地、人防、防汛、园林，以及供水、供电、供气、供热、电信等部门的协调工作。

（2）组织各设计单位之间的协调工作 对于高科技含量的工程项目，如智能大厦，可考虑实行设计总承包制，即与综合性设计院签订设计总承包合同，而其他专业设计院（所）都作为设计分包方，在业主和监理的见证下与设计总承包方签订设计分包合同，设计总承包方全面协调管理各设计分包方的工作，并对其负责。在设计过程中，定期召开各专业设计协调会，及时接受设计总承包方的协调管理，及时解决问题，避免各专业设计之间的矛盾。最后由设计总承包方完成统一的施工图设计。这种做法既能使专业设计分包方发挥设计特长，又能使各专业设计与结构、通用设备设计相互衔接，避免设计的冲突。

（3）主动向设计单位介绍工程进展，促使他们按合同规定或提前出图 如在施工中发现设计问题，监理应及时主动向设计单位提出，以免造成大的直接损失；若监理单位掌握比原设计更先进的新技术、新工艺、新材料、新结构、新设备时，可主动向设计单位推荐；支持设计单位技术革新等。为使设计单位有修改设计的余地而不影响施工进度，可与设计单位达成协议，限定一个"关门"期限，争取设计单位、承包商的理解和配合，如果逾期，设计单位要负责由此而造成的经济损失。

（4）真诚尊重设计单位的意见　及时组织设计单位向施工单位介绍工程概况、设计意图、技术要求、施工难点等；在图样会审时，要明确技术要求，把标准过高、设计遗漏、图样差错等解决在施工之前；施工阶段，严格按图施工；结构工程验收、专业工程验收、竣工验收等，约请设计代表参加。若发生质量事故，认真听取设计单位的处理意见。

协调的结果要注意信息传递的及时性和程序性，通过监理工程师联系单、设计单位申请表或设计变更通知单传递，要按设计单位（经业主同意）—监理单位—承包商之间的方式进行。

这里要注意的是，监理单位与设计单位都是由业主委托进行工作的，两者间并没有合同关系，所以监理单位要和设计单位做好交流工作，协调要靠业主的支持。建筑工程监理的核心任务之一是使建筑工程的质量、安全得到保障，而设计单位应就其设计质量对建设单位负责，因此《建筑法》中指出：工程监理人员发现工程设计不符合建筑工程质量标准或者合同约定的质量要求的，应当报告建设单位要求设计单位改正。

3. 与施工单位之间的协调

监理目标的实现与承包商的工作密切相关，监理工程师对质量、进度和投资的控制都是通过承包商的工作来实现的，做好与承包商的协调工作是监理工程师组织协调工作的重要内容。监理工程师要依据工程监理合同对工程项目实施建设监理，对承包商的工程行为进行监督管理。

（1）坚持原则，实事求是，严格按规范、规程办事，讲究科学态度　监理工程师在观念上应该认为自己是提供监理服务，尽量少对承包商行使处罚权，应强调各方面利益的一致性和项目总目标；监理工程师应鼓励承包商将项目实施状况、实施结果和遇到的困难和意见向其汇报，以寻找对目标控制可能的干扰，双方了解得越多越深刻，监理中的对抗和争执就越少。

（2）协调要注意语言、感情交流和用权适度　尽管协调意见是正确的，但由于方式或表达不妥，会激化矛盾。高超的协调能力往往会起到事半功倍的效果，令各方面都满意。

（3）协调的形式可采取口头交流、会议制度和监理书面通知等　监理内容包括旁站监理、事后监理验收工作，监理工程师应树立寓监于帮的观念，努力树立良好的监理形象，加强对施工方案的预先审核，对可能发生的问题和处罚可事前口头提醒，督促改进。工地会议是施工阶段组织协调工作的一种重要形式，监理工程师通过工地会议对工作进行协调检查，并落实下阶段的任务。因此，要充分利用工地会议形式。工地会议分第一次工地会议、常规的工地会议（或例会）、现场协调会三种形式。工地会议应由监理工程师主持，会议后应及时整理成纪要或备忘录。

（4）施工阶段的协调工作内容　施工阶段的协调工作包括解决进度、质量、中间计量与支付的签证、合同纠纷等一系列问题。

1）与承包商项目经理关系的协调。从承包商项目经理及其工地工程师的角度来说，他们最希望监理工程师是公正的、通情达理并容易理解别人的。他们希望从监理工程师处得到明确而不是含糊的指示，并且能够对他们所询问的问题给予及时答复；他们希望监理工程师的指示能够在他们工作之前发出，而不是在他们工作之后。这些心理现象，作为监理工程师来说，应该非常清楚。项目经理和他的工程师可能最反感本本主义者以及工作方法僵硬的监理工程师。一个懂得坚持原则，又善于理解承包商项目经理的意见，工作方法灵活，随时可能提出或愿意接受变通办法的监理工程师肯定是受到欢迎的。

2）进度问题的协调。对于进度问题的协调，应考虑到影响进度因素错综复杂，协调工作也十分复杂。实践证明，有两项协调工作很有效：一是业主和承包商双方共同商定一级网络计划，并由双方主要负责人签字，作为工程承包合同的附件；二是设立提前竣工奖，由监理工程师按一级网络计划节点考核，分期预付工程工期奖，如果整个工程最终不能保证工期，由业主从工程款中将预付工期奖扣回并按合同规定予以罚款。

3）质量问题的协调。质量控制是监理合同中最主要的工作内容，应实行监理工程师质量签字认可制度，对没有出厂证明、不符合使用要求的原材料、设备和构件，不准使用；对工序交接实行报验签证；对不合格的工程部位不予验收签字，也不予计算工程量，不予支付进度款。在工程项目进行过程中，设计变更或工程项目的增减是经常出现的，有些是合同签订时无法预料的和明确规定的。对于这种变更，监理工程师要仔细认真研究，合理计算价格，与有关部门充分协商，达成一致意见，并实行监理工程师签证制度。

4）关于对承包商的处罚。在施工现场，监理工程师对承包商的某些违约行为进行处罚是一件很慎重而又难免的事情，每当发现承包商采用一种不适当的方法进行施工，或是用了不符合合同规定的材料时，监理工程师除了立即给予制止外，可能还要采取相应的处理措施。遇到这种情况，监理工程师应该考虑的是自己的处罚意见是否是本身权限以内的，根据合同要求，自己应该怎么做等。对于施工承包合同中的处罚条款，监理工程师应该十分熟悉，这样，当他签署一份指令时，便不会出现失误，给自己的工作造成被动。在发现缺陷并需要采取措施时，监理工程师必须立即通知承包商，监理工程师要有时间期限的概念，否则承包商有权认为监理工程师是满意或认可的。监理工程师最担心的可能是工程总进度和质量要受到影响，有时，监理工程师会发现，承包商的项目经理或某个工地工程师是不称职的。可能由于他们的失职，监理工程师看着承包商耗费资金和时间，工程却没什么进展，而自己的建议并未得到采纳，此时明智的做法是继续观察一段时间，待掌握足够的证据时，总监理工程师可以正式向承包商发出警告。万不得已时，总监理工程师有权要求撤换项目经理或工地工程师。

5）合同争议的协调。对于工程中的合同纠纷，监理工程师应首先协商解决，协商不成时才向合同管理机关调解，只有当对方严重违约而使自己的利益受到重大损失而不能得到补偿时才采用仲裁或诉讼手段。如果遇到非常棘手的合同纠纷问题，不妨暂时搁置等待时机，另谋良策。

6）处理好人际关系。在监理过程中，监理工程师处于一种十分特殊的位置，一方面，业主希望得到真实、独立、专业的高质量服务；另一方面，承包商则希望监理单位能对合同条件有一个公正的解释。因此，监理工程师及其他工作人员必须善于处理各种人际关系，既要严格遵守职业道德，礼貌而坚决地拒收任何礼物、免费服务、减价物品等，以保证行为的公正性，也要利用各种机会增进与各方面人员的友谊与合作，以利于工程的进展。否则，稍有疏忽，便有可能引起业主或承包商对其可依赖程度的怀疑和动摇。

7）对分包单位的协调。有些承包单位由于力量不平衡、专业不够配套，对一些工程采用分包，并与之签有合同，这些合同按规定要报建设监理单位备案。监理单位也有权对分包单位的资质和施工质量、产品质量行使否决权。但建设单位与他们之间并无直接合同关系，而这些单位工作的好坏又直接影响项目目标的实现，尽管属远外层关系，监理工程师也应做好这方面的协调工作。因为这些间接合同，实际是甲乙方经济合同的组成部分，是乙方承担义务的再分配。

对分包单位明确合同管理范围、分层次管理，将承包总合同作为一个独立的合同单元进行投资、工期、质量控制和合同管理，不直接和分包合同发生关系。对分包合同中的工程质量、工期进行直接跟踪监控，通过合同乙方进行调控、纠偏。分包合同方在施工中发生的问题，由合同乙方负责协调处理。必要时，监理工程师参加帮助协调。分包合同条款与工程承包合同发生抵触，以工程承包合同条款为准，分包合同不能取代乙方对工程承包合同所承担的任何责任和义务。

分包合同发生的索赔问题，一般由乙方负责。当涉及总承包合同中甲方义务和责任时，由乙方通过监理向甲方提出索赔，由监理工程师进行协调。

8）抓计划环节，平衡人、财、物的需求。项目监理开始时，要做好监理规划和监理实施细则的编写工作，提出合理的监理资源配置。抓计划环节，要注意抓住期限上的及时性、规格上的明确性、数量上的准确性、质量上的规定性，这样才能体现计划的严肃性，发挥计划的指导作用。

9）对建设力量的平衡，要抓瓶颈环节。施工现场千变万化，有些项目的进度往往受到人力、材料、设备、技术、自然条件的限制或人为因素的影响而成为瓶颈环节，一旦发现这样的瓶颈环节，就要通过资源、力量的调整，集中力量打攻坚战，攻破瓶颈，为整个工程项目建设的均衡推进创造条件。

10）施工现场总平面布置与场地划分的协调。施工现场总平面布置应在施工组织设计中原则上确定。但因工程项目往往不是由一个单位进行承包，在多单位参战的情况下，就出现了一个广场区划分和施工现场总平面布置的难题，需要监理工程师在现场给予平衡、协调。在准备阶段、开工阶段和工程验交阶段，这项协调任务还是十分复杂和艰巨的。

监理工程师在施工的准备阶段，就要开始对工业广场的布置进行预规划，对进厂队伍的生活做好预安排，并随时准备根据永久工程的陆续建设做好事前的协调工作，防止队伍一拥而上，出现打乱仗的局面，或影响永久工程的建设和造成单位之间为占场地而发生的管理纠纷。

4. 与材料和设备供应单位之间的协调

1）一个工程项目的建设，需要消耗大量的物资、能源、原材料，监理应做好内部供需平衡的协调工作，首先要制订好年、季需要计划。

2）通过设备成套总包单位对制造厂商进行多种形式的协调。监理单位参与的协调形式有：① 作为评标委员参加设备招标、议标和评标工作；② 参加供货合同的商签和中检工作，主要是商议技术条件和有关商务内容；③ 掌握运输仓储环节，先期进行协调，以免贻误工作；④ 乙方对所供设备进行包换、包修、包退的三包制度。

5.4.4 纵向监理部门与横向监理部门之间的协调

我国的建设监理是一种纵横交叉的模式，它包含政府监理（纵向）与社会监理（横向）。

各地区的质量监督站是政府部门对建设质量监督、检查、管理、评级的专设部门，设有监理单位的工程建设项目，为了不使工作重复，对质量控制的日常业务一般交由监理单位负责，但质量等级的认证应请质监部门确认。

为了协调与质监部门的关系，监理工程师应做到：

1. 与当地质监站主动取得联系，尊重支持质监站的质量监督权

质监站依据国家和省市的有关法律、法规、规章和技术标准、设计文件，按以下规定对建设工程进行质量监督。

1）开工前，核查工程设计、施工企业的业务范围，依法审查施工企业质量保证体系（包括质量责任制）的保障措施、审查办理质量监督注册登记。

2）施工中，监督检查执行技术规范、质量标准情况，检查监督施工质量，特别是地基基础、主体结构和主要使用功能的施工质量。

3）监督检查所使用的材料、构配件和相关设备的质量。

4）完工后，核查施工企业申报竣工工程的有关技术质量资料，核定工程质量等级。

2. 支持质监站对重大质量事故的处理意见和处罚意见

施工工程发生重大质量事故，施工企业必须在 24 小时内向质监站报告。由政府部门、质量监督站、设计、施工、监理等单位参加调查处理。监理部门和质监部门应取得一致的处理意见，在讨论评议中，监理部门对质监部门合理的处理意见，应给予支持和协作。

5.4.5 项目监理组织对工程建设各方利益关系的协调

1. 对项目业主与设计单位之间的协调

监理协调的难点之一往往就在于双方背离了初始制定的原则。监理工程师在协调过程中理应支持合理的建议，并通过申报批准促其实现；对一些不合理的要求，则应做说服工作或改变建议取其合理部分。

监理协调的难点之二是订立年度供图协议和按时出图。监理单位必须协调好设计单位的供图期限和供图质量，特别要通过互通情报主动向设计单位介绍工程进展情况，促使设计单位按合同规定供图。在施工中发现问题，或与现场的实际情况有出入，则应主动、及时地通报给设计单位，及时纠正修改，以免造成重大损失，影响建设工期和投资效益。

2. 对项目业主与施工单位之间的协调

监理单位为双方的正当利益服务，而不仅仅是为业主利益服务。事实上，监理单位监督工程质量和进度，正是为了保障施工单位的工程款收入不致减少。同时，监理单位有义务对施工单位的施工组织和施工技术方案提出改进意见，使施工单位的工程成本得到降低，工程利润得到增加，这些都直接体现了为施工单位利益服务。

监理工程师的协调范围和内容主要是促使甲乙双方相互配合，各自按期、按质地履行合同所规定的义务，以保证项目三大控制目标顺利实现。业主与承建单位对工程承包合同负有共同履约的责任。在频繁的工作往来中，双方对一些具体问题产生某些意见和分歧是常有的事。在这个层次的协调中，监理工程师作为独立的第三方，应处于公正的立场，本着充分协商的原则，耐心细致地及时协调双方在履约中出现的各种矛盾，并敦促双方按合同义务履约，尽到各自的责任。

监理工程师在不同阶段，需要协调业主与承建单位关系的内容也不尽相同，协调工作内容和方法也随阶段的变化而变化。

（1）招投标阶段的协调　这一阶段协调的主要任务将集中在条款洽谈、合同洽谈和签订。

（2）施工准备阶段的协调　做好施工准备是顺利组织施工的先决条件。

（3）施工阶段的协调　解决进度、质量、中间计量与支付的签证、合同纠纷等一系列问题的协调管理与平衡调度。

（4）交工验收阶段的协调　业主在交工验收中可以提出这样那样的问题，承包单位应根据技术文件、合同、中间验收签证及验收规范做出详细解释，对不符合要求的工程单元应采取补救措施，使其达到设计、合同、规范要求。

（5）协调总包与分包单位之间的关系　首先选择好分包单位，明确总包与分包的责任关系，乃至调解其间的纠纷。

3. 对项目业主与材料和设备供应单位之间的协调

项目业主与材料和设备供应单位之间是经济合同关系，以经济合同为纽带，以完成工程建设项目目标为目的，最终形成相互制约、相互协作、相互促进的关系。监理组织应对发生的争端给予公正的调解。

4. 对设计单位与施工单位之间的协调

监理单位在协调设计单位与施工单位之间的关系时，起着重要的中介作用，通过双方密切接触，在两者之间应建立相互信任、相互尊重、友好协商的良性关系。

为此，监理单位应协助设计单位配合施工，及时、正确地解决设计中存在的问题，保证施工顺利进行；协同设计单位及时办理重要分部、分项工程的检查签证工作。

5.4.6　工程建设监理组织协调的方法

1. 会议协调法

会议协调法是工程建设监理中最常用的一种协调方法，实践中常用的会议协调法包括第一次工地会议、监理例会、专业性监理会议等。

（1）第一次工地会议　第一次工地会议是工程建设项目尚未全面展开前，履约各方相互认识、确定联络方式的会议，也是检查开工前各项准备工作是否就绪并明确监理程序的会议。第一次工地会议应在项目总监理工程师下达开工令之前举行，会议由监理工程师和建设单位联合主持召开，总承包单位的授权代表参加，也可邀请分包单位参加，必要时邀请有关设计单位人员参加。

（2）监理例会　监理例会是由监理工程师组织与主持，按一定程序召开的，研究施工中出现的计划、进度、质量及工程款支付等问题的工地会议。监理工程师将会议讨论的问题和决定记录下来，形成会议纪要，供与会者确认和落实。监理例会应当定期召开，宜每周召开一次。参加人包括：项目总监理工程师（也可为总监理工程师代表）、其他有关监理人员、承包商项目经理、承包单位其他有关人员。需要时，还可邀请其他有关单位代表参加。会议的主要议题如下：

1）对上次会议存在问题的解决和纪要的执行情况进行检查。

2）工程进展情况。

3）对下月（或下周）的进度预测。

4）施工单位投入的人力、设备情况。

5）施工质量、加工订货、材料的质量与供应情况。

6）有关技术问题。

7）索赔工程款支付。

8）业主对施工单位提出的违约罚款要求。

监理例会会议记录由监理工程师形成纪要，经与会各方认可，然后分发给有关单位。会议纪要内容如下：

1）会议地点及时间。

2）出席者姓名、职务及他们代表的单位。

3）会议中发言者的姓名及所发表的主要内容。

4）决定事项。

5）诸事项分别由何人何时执行。

（3）专业性监理会议　除定期召开工地监理例会以外，还应根据需要组织召开一些专业性协调会议，如加工订货会、业主直接分包的工程内容承包单位与总包单位之间的协调会、专业性较强的分包单位进场协调会等，均由监理工程师主持会议。

2. 交谈协调法

在实践中，并不是所有问题都需要开会来解决，有时可采用"交谈"这一方法。交谈包括面对面的交谈和电话交谈两种形式。

无论是内部协调还是外部协调，这种方法的使用频率都是相当高的。其原因在于：

（1）它是一条保持信息畅通的最好渠道　由于交谈本身没有合同效力，且具有方便性和及时性，所以建设工程参与各方之间及监理机构内部都愿意采用这一方法进行。

（2）它是寻求协作和帮助的最好方法　在寻求别人帮助和协作时，往往要及时了解对方的反应和意见，以便采取相应的对策。另外，相对于书面寻求协作，人们更难于拒绝面对面的请求。因此，采用交谈方式请求协作和帮助比采用书面方法实现的可能性要大。

（3）它是正确及时地发布工程指令的有效方法　在实践中，监理工程师一般都采用交谈方式先发布口头指令。这样，一方面可以使对方及时地执行指令，另一方面可以和对方进行交流，了解对方是否正确理解了指令。随后，再以书面形式加以确认。

3. 书面协调法

当会议或者交谈不方便或不需要时，或者需要精确地表达自己的意见时，就会用到书面协调的方法。书面协调法具有合同效力，一般常用于以下几方面：

1）不需双方直接交流的书面报告、报表、指令和通知等。

2）需要以书面形式向各方提供详细信息和情况通报的报告、信函和备忘录等。

3）事后对会议记录、交谈内容或口头指令的书面确认。

4. 访问协调法

访问法主要用于外部协调中，有走访和邀访两种形式。走访是指监理工程师在工程施工前或施工过程中，对与工程施工有关的各政府部门、公共事业机构、新闻媒介或工程毗邻单位等进行访问，向他们解释工程情况，了解他们的意见。邀访是指监理工程师邀请上述各单位（包括业主）代表到施工现场对工程进行指导性巡视，了解现场工作。因为在多数情况下，这些有关方面并不了解工程，不清楚现场的实际情况，如果进行一些不恰当的干预，会对工程产生不利影响。这个时候，采用访问法可能是一个相当有效的协调方法。

5. 情况介绍法

情况介绍法通常是与其他协调方法紧密结合在一起的，它可能是在一次会议前，或是一次交谈前，或是一次走访或邀访前向对方进行的情况介绍。形式上主要是口头的，有时也伴有书面的。介绍往往作为其他协调的引导，目的是使别人首先了解情况。因此，监理工程师应重视任何场合下的每一次介绍，要使别人能够理解你介绍的内容、问题和困难，你想得到的协助等。

总之，组织协调是一种管理艺术和技巧，监理工程师尤其是总监理工程师需要掌握领导科学、心理学、行为科学方面的知识和技能，如激励、交际、表扬和批评的艺术，开会的艺术，谈话的艺术，谈判的技巧等。只有这样，监理工程师才能进行有效的协调。

思 考 题

5-1 什么是组织和组织结构？

5-2 组织设计应该遵循什么样的原则？

5-3 组织结构的基本形式有哪些？其各自特点是什么？

5-4 组织活动的基本原理是什么？

5-5 工程建设监理管理的基本模式及监理模式有哪些？

5-6 工程建设监理实施的程序是什么？

5-7 工程建设监理实施的基本原则有哪些？

5-8 简述建立工程建设监理组织的步骤。

5-9 工程建设监理组织中的人员如何配备？

5-10 工程建设监理组织中各类人员的基本职责是什么？

5-11 协调的概念是什么？什么是工程建设监理组织协调？

5-12 工程建设监理组织协调的工作内容有哪些？

5-13 工程建设监理组织协调的常用方法有哪些？

工程建设监理规划　第6章

6.1　概述

6.1.1　工程建设监理工作文件的构成

工程建设监理工作文件是指监理单位投标时编制的监理大纲、监理合同签订以后编制的监理规划和专业监理工程师编制的监理实施细则。

1. 监理大纲

监理大纲又称监理方案，它是监理单位在建设单位开始委托监理的过程中，特别是在建设单位进行监理招标的过程中，为承揽到监理业务而编写的监理方案性文件。监理大纲的编制人员应当是监理单位经营部门或技术管理部门人员，也应包括拟定的总监理工程师。总监理工程师参与编制监理大纲有利于监理规划的编制和监理工作的实施。

（1）监理大纲的作用

1）监理大纲是使建设单位认可监理大纲中的监理方案，从而承揽到监理业务。建设单位在进行监理招标时，一般要求投标单位提交监理费用标书和监理技术标书两部分，其中监理技术标书即为监理大纲。工程监理单位要想在投标中显示自己的技术实力和监理业绩，获得建设单位的信任而中标，必须写出自己以往监理的经验和能力，以及对本项目的理解和监理的指导思想、拟派驻现场的主要监理人员的资质情况等。建设单位通过对所有投标单位的监理大纲和监理费用的考评，最终评出中标监理单位。需要特别说明的是，建设单位评定监理投标书的重点在监理大纲，即技术标书上，一般约占百分制评标的 80%，而费用标书仅约占 20%。由此可见，监理大纲对监理单位能否中标是非常重要的。

2）监理大纲是为项目监理机构今后开展监理工作制定的基本方案。工程监理单位一旦中标，在签订工程建设委托监理合同后，监理单位就要求项目总监理工程师着手组织编制项目监理规划，而监理规划的编制必须依据工程监理单位投标时的监理大纲。因为监理大纲是工程建设委托监理合同的重要组成部分，也是工程监理单位对建设单位所提技术要求的认同和答复。所以，工程监理单位必须以此编写监理规划，来进一步指导项目的监理工作。

3）建设单位监督检查监理工程师工作的依据。工程监理单位依据工程建设委托监理合同为建设单位提供监理服务。在监理过程中，建设单位检查监督监理工程师工作质量的优劣，就是依据所签建设工程委托监理合同，而监理合同在谈判、签订时主要依据监理大纲和监理招标文件。因此，工程监理单位在编写监理大纲时，一定要措词严密、表达清楚，明确自己的责任与义务。

（2）监理大纲的内容　监理大纲的内容应当根据建设单位发布的监理招标文件的要求而制定，一般来说，应该包括如下主要内容：

1）拟派往项目监理机构的监理人员情况介绍。在监理大纲中，监理单位需要介绍拟派往所承揽或投标工程的项目监理机构的主要监理人员，并对他们的资格情况进行说明。其中，应该重点介绍拟派往投标工程的项目总监理工程师的情况，这往往决定承揽监理业务的成败。

2）拟采用的监理方案。监理单位应当根据建设单位所提供的工程信息和工程资料，制定出拟采用的监理方案。监理方案的具体内容包括：项目监理机构的方案、工程建设三大目标的具体控制方案、工程建设各种合同的管理方案、项目监理机构在监理过程中进行组织协调的方案等。

3）拟提供给建设单位的阶段性监理文件。在监理大纲中，监理单位还应该明确未来工程监理工作中向建设单位提供的阶段性的监理文件，这将有助于满足建设单位掌握工程建设的过程。

2. 监理规划

监理规划应在签订建设工程监理合同及收到工程设计文件后编制，在召开第一次工地会议前报送建设单位。

监理规划应在项目总监理工程师的主持下，根据委托监理合同，在监理大纲的基础上，结合工程的具体情况，广泛收集工程信息和资料的情况下制定，经监理单位技术负责人批准，用来指导项目监理机构全面开展监理工作的指导性文件。

监理规划制定的时间是在监理大纲之后。显然，如果监理单位不能够在监理竞争中中标，则该监理单位就没有再继续编写该监理规划的机会。从内容范围上讲，监理大纲与监理规划都是围绕着整个项目监理机构所开展的监理工作来编写的，但监理规划的内容要比监理大纲翔实、全面。

3. 监理实施细则

监理实施细则是根据有关规定、监理工作实际需要而编制的操作性文件，又简称监理细则，其与监理规划的关系可以比作施工图设计与初步设计的关系。也就是说，监理实施细则是在监理规划的基础上，由项目监理机构的专业监理工程师针对建设工程中某一专业或某一方面的监理工作编写，并经总监理工程师批准实施的操作性文件。

监理实施细则的作用是指导本专业或本子项目具体监理业务的开展。

4. 三者之间的关系

监理大纲、监理规划、监理实施细则是相互关联的，都是建设工程监理工作文件的组成部分，它们之间存在着明显的依据性关系：在编写监理规划时，一定要严格根据监理大纲的有关内容来编写；在制定监理实施细则时，一定要在监理规划的指导下进行。

一般来说，监理单位开展监理活动应当编制以上工作文件。但这也不是一成不变的，就像工程设计一样。对于简单的监理活动，只编写监理实施细则就可以了，而有些建设工程也可以制定较详细的监理规划，而不再编写监理实施细则。三者间的区别见表6-1。

表 6-1　监理大纲、监理规划、监理实施细则主要区别

文件名称	编制对象	编制人	编制时间和目的	编制主要内容		
				为什么做	做什么	如何做
监理大纲	整个项目	经营部门	在项目监理招标阶段编制；使建设单位信服本监理单位能胜任该项目监理工作，从而赢得监理竞争而中标	●	○	○
监理规划	整个项目	项目总监	在签订项目监理合同及收到工程设计文件后编制；用于指导项目监理的全部工作	○	●	●
监理实施细则	分部（项）工程	各专业监理工程师	在完善项目监理组织，确定专业监理工程师职责后编制；用于具体指导实施各专业监理工作	○	●	○

注：● 代表编制的重点内容。

　　○ 代表编制的非重点内容。

6.1.2　工程建设监理规划的作用

1. 指导项目监理机构全面开展监理工作

监理规划的基本作用就是指导项目监理机构全面开展监理工作。

工程建设监理的中心目的是协助建设单位实现工程建设的总目标。实现工程建设总目标是一个系统过程。它需要制订计划，建立组织，配备合适的监理人员，进行有效的领导，实施工程的目标控制。只有系统地做好上述工作，才能完成工程建设监理的任务。在实施工程建设监理的过程中，监理单位要集中精力做好目标控制工作。因此，监理规划需要对项目监理机构开展的各项监理工作作出全面、系统的组织和安排。它包括确定监理工作目标，制定监理工作程序，确定目标控制、合同管理、信息管理、组织协调等各项措施和确定各项工作的方法和手段。

2. 监理规划是工程建设监理主管机构对监理单位监督管理的依据

政府建设监理主管机构对工程建设监理单位要实施监督、管理和指导，对其人员素质、专业配套和工程建设监理业绩要进行核查和考评以确认其资质和资质等级，以使我国整个工程建设监理行业能够达到应有的水平。要做到这一点，除了进行一般性的资质管理工作之外，更为重要的是通过监理单位的实际监理工作来认定它的水平。而监理单位的实际水平可从监理规划和它的实施中充分地表现出来。因此，政府建设监理主管机构对监理单位进行考核时，应当十分重视对监理规划的检查，也就是说，监理规划是政府建设监理主管机构监督、管理和指导监理单位开展监理活动的重要依据。

3. 监理规划是建设单位确认监理单位履行合同的主要依据

监理单位如何履行监理合同，如何落实建设单位委托监理单位所承担的各项监理服务工作，作为监理的委托方，建设单位不但需要而且应当了解和确认监理单位的工作。同时，建设单位有权监督监理单位全面、认真地执行监理合同，而监理规划正是建设单位了解和确认这些问题的最好资料，是建设单位确认监理单位是否履行监理合同的主要说明性文件。监理规划应当能够全面而详细地为建设单位监督监理合同的履行提供依据。

4. 监理规划是监理单位内部考核的依据和重要的存档资料

从监理单位内部管理制度化、规范化、科学化的要求出发，需要对各项目监理机构（包括总监理工程师和专业监理工程师）的工作进行考核，其主要依据就是经过内部主管负责人审批的监理规划。通过考核，可以对有关监理人员的监理工作水平和能力做出客观、正确的评价，从而有利于今后在其他工程上更加合理地安排监理人员，提高监理工作效率。

从工程建设监理控制的过程可知，监理规划的内容必然随着工程的进展而逐步调整、补充和完善。它在一定程度上真实地反映了一个工程建设监理工作的全貌，是最好的监理工作过程记录。因此，它是每一家工程监理单位的重要存档资料。

6.2 监理规划的编写

监理规划是在项目总监理工程师和项目监理机构充分分析和研究工程建设的目标、技术、管理、环境及参与工程建设的各方等情况后制定的。

监理规划要真正能起指导项目监理机构进行监理工作的作用，监理规划中就应当有明确具体的、符合该工程要求的工作内容、工作方法、监理措施、工作程序和工作制度，并应具有可操作性。

6.2.1 工程建设监理规划编写的依据

1. 项目监理的有关资料

（1）自然条件方面的资料 自然条件方面的资料包括工程建设所在地点的地质、水文、气象、地形以及自然灾害发生情况等方面的资料。

（2）社会和经济条件方面的资料 社会和经济条件方面的资料包括工程建设所在地政治局势、社会治安、建筑市场状况、相关单位（勘察和设计单位、施工单位、材料和设备供应单位、工程咨询和工程建设监理单位）、基础设施（交通设施、通信设施、公用设施、能源设施）、金融市场情况等方面的资料。

2. 工程建设方面的法律、法规

工程建设方面的法律、法规具体包括三个方面：

（1）国家颁布的有关工程建设的法律、法规 这是工程建设相关法律、法规的最高层次。在任何地区或任何部门进行工程建设都必须遵守国家颁布的工程建设方面的法律、法规。

（2）工程所在地或所属部门颁布的工程建设相关的法规、规定和政策 任何工程建设必然是在某一地区实施的，也必然是归属于某一部门的，这就要求工程建设必须遵守工程建设所在地颁布的工程建设相关的法规、规定和政策，同时也必须遵守工程所属部门颁布的工程建设相关规定和政策。

（3）工程建设的各种标准、规范 工程建设的各种标准、规范也具有法律地位，也必须遵守和执行。

3. 政府批准的工程建设文件

政府批准的工程建设文件包括两个方面：

1）政府工程建设主管部门批准的可行性研究报告、立项批文。

2）政府规划部门确定的规划条件、土地使用条件、环境保护要求、市政管理规定等。

4. 工程建设委托监理合同

在编写监理规划时，必须依据工程建设委托监理合同中的以下内容：监理单位和监理工程师的权利和义务，监理工作范围和内容，有关建设工程监理规划方面的要求等。

5. 其他工程建设合同

在编写监理规划时，也要考虑其他工程建设合同关于建设单位和承建单位权利和义务的内容。

6. 监理大纲

监理大纲中的监理组织计划，拟投入的主要监理人员，投资、进度、质量控制方案，合同管理方案，信息管理方案，定期提交给建设单位的监理工作阶段性成果等内容都是监理规划编写的依据。

7. 业主的正当要求

根据监理单位应竭诚为客户服务的宗旨，在不超出合同职责范围的前提下，监理单位应最大限度地满足业主的正当要求。

8. 工程实施过程输出的有关工程信息

这方面的内容包括方案设计、初步设计、施工图设计文件，工程招标投标情况，工程实施状况，重大工程变更，外部环境变化等。

6.2.2 工程建设监理规划编写的要求

1. 基本构成内容应当力求统一

监理规划是指导整个项目开展监理工作的纲领性文件，在编制监理规划时总体内容组成上应力求做到统一。这是监理工作规范化、制度化、科学化的要求。监理规划的基本作用是指导监理机构全面开展监理工作，如果监理规划的编写内容不能做到系统、统一，项目监理工作就会出现漏洞或矛盾，使正常的监理工作受到影响，甚至出现失误。

监理规划基本构成内容的确定，首先应考虑整个建设监理制度对工程建设监理的内容要求。工程建设监理的主要内容是控制工程建设的投资、工期和质量，进行工程建设合同管理，协调有关单位间的工作关系。因此，对整个监理工作的组织、控制、方法、措施等将成为监理规划必不可少的内容。至于某一个具体工程建设的监理规划，则要根据监理单位与建设单位签订的监理合同所确定的监理实际范围和深度来加以取舍。

2. 具体内容应具有针对性

监理规划基本构成的内容应当统一，但各项具体的内容要有针对性。这是因为监理规划是指导某一个特定的工程建设监理工作的技术组织文件，它的具体内容应与该工程建设相适应。由于所有的工程建设都具有单件性和一次性的特点，也就是说每个工程建设都有自身的特点。而且每一个监理单位和每一位总监理工程师对某一个具体的工程建设在监理思想、监理方法和监理手段等方面都会有自己的独到之处。因此，不同的监理单位和不同的监理工程师在编写监理规划的具体内容时，必然会体现出自己鲜明的特色。

每一个监理规划都是针对一个具体的工程建设的监理工作计划，都必然有它自己的投资目标、进度目标、质量目标，有它自己的项目组织形式，有它自己的监理组织机构，有它自己的目标控制措施、方法和手段，有它自己的信息管理制度，有它自己的合同管理措施。只有具有针对性，工程建设监理规划才能真正起到指导具体监理工作的作用。

3. 监理规划应当遵循工程建设的运行规律

监理规划是针对一个具体的工程建设编写的，而不同的工程建设具有不同的工程特点、工程条件和运行方式。工程建设的这种动态性决定了监理规划必然与工程建设运行客观规律具有一致性；监理规划不能凭个人意志或主观臆想编制，必须把握、遵循工程建设运行的规律。只有把握工程建设运行的客观规律，监理规划的运行才是有效的，才能对这项工程实施有效的监理。

监理规划要把握工程建设运行的客观规律，还意味着它要随着工程建设的展开进行不断的补充、修改和完善。在工程建设的进行过程中，内外因素和条件不可避免地要发生变化，造成工程的实施情况偏离计划，往往需要调整计划乃至目标，这就必然造成监理规划在内容上也要作相应的调整。其目的是使工程建设能够在监理规划的有效控制之下，不能让它成为脱缰的野马，变得无法驾驭。

监理规划要把握工程建设运行的客观规律，就需要不断地收集大量的编写信息。如果掌握的工程信息很少，就不可能对监理工作进行详尽的规划。例如，随着设计的不断进展、工程招标方案的出台和实施，工程信息量越来越多，监理规划的内容也就越来越趋于完整。就一项工程建设的全过程监理规划来说，想一气呵成的做法是不实际的，也是不科学的。

4. 项目总监理工程师是监理规划编写的主持人

监理规划应当在项目总监理工程师主持下编写制定，这是工程建设监理实施项目总监理工程师负责制的必然要求。当然，编制好工程建设监理规划，还要充分调动整个项目监理机构中专业监理工程师的积极性，要广泛征求各专业监理工程师的意见和建议，并吸收其中水平比较高的专业监理工程师共同参与编写。

在监理规划编写的过程中，应当充分听取建设单位的意见，最大限度地满足他们的合理要求，为进一步搞好监理服务奠定基础。

在监理规划编写的过程中，如果有条件，还可听取被监理方的意见，最好还向富有经验的其他承建单位广泛地征求意见，这样编写的监理规划更趋于切合实际。

作为监理单位的业务工作，在编写监理规划时还应当按照本单位的要求进行编写。

5. 监理规划一般要分阶段编写

如前所述，监理规划的内容与工程进展密切相关，没有规划信息也就没有规划内容，即监理规划的内容应有时效性。监理规划的内容的时效性是指随着工程建设项目的逐步展开对其不切实际的措施进行不断的补充、完善、调整。实际上它是把开始勾画的轮廓进一步的细化，使得监理规划更加详尽可行。在工程建设项目开始阶段编制的监理规划，总监理工程师不可能对项目的具体信息掌握得十分准确，加之工程建设项目在进行过程中，受到来自内外各种因素和条件变化的影响，这就使得监理规划必须进行相应的调整和进一步的完善，才能保证监理目标的实现。因此，监理规划的编写需要有一个过程，需要将编写的整个过程划分为若干个阶段。

监理规划编写阶段可按工程实施的各阶段来划分，这样，工程实施各阶段所输出的工程信息就成为相应的监理规划信息。例如，监理规划可按设计阶段、施工招标阶段和施工阶段分别来编制。设计的前期阶段，即设计准备阶段，应完成监理规划的总框架，并详细编写设计阶段的监理规划；设计阶段结束，大量的工程信息能够提供出来，所以施工招标阶段监理规划的大部分内容能够落实；随着施工招标的进展，各承包单位逐步确定下来，工程施工合同逐步签订，施工阶段监理规划所需的工程信息基本齐备，足以编写出完整的施工阶段监理规划。在施工阶段，有关监理规划的主要工作是根据工程进展情况进行调整、修改，使监理规划能够动态地控制整个工程建设的正常进行。

在监理规划的编写过程中需要进行审查和修改，因此，监理规划的编写还要留出必要的审查和修改的时间。为此，应当对监理规划的编写时间事先做出明确的规定，以免编写时间过长，从而耽误了监理规划对监理工作的指导，使监理工作陷于被动和无序。

6. 监理规划的表达方式应当格式化、标准化

现代科学管理应当讲究效率、效能和效益，其表现之一就是使控制活动的表达方式格式化、标准化，从而使控制工作更明确、更简洁、更直观。因此，需要选择最有效的方式和方法来表示监理规划的各项内容。比较而言，图、表和简单的文字说明应当是采用的基本方法。我国的建设监理制度应当走规范化、标准化的道路，这是科学管理与粗放型管理在具体工作上的明显区别。可以这样说，规范化、标准化是科学管理的标志之一。所以，编写工程建设监理规划各项内容时应当采用什么表格、图示以及哪些内容需要采用简单的文字说明应当做出统一规定。

7. 监理规划应该经过审核

监理规划在编写完成后需进行审核并经批准。监理单位的技术主管部门是内部审核单位，其负责人应当签认。同时，还应当按合同约定提交给建设单位，由建设单位确认，并监督实施。

从监理规划编写的上述要求来看，它的编写既需要由主要负责者（项目总监理工程师）主持，又需要形成编写班子。同时，项目监理机构的各部门负责人也有相关的任务和责任。监理规划涉及工程建设监理工作的各方面，所以，有关部门和人员都应当关注它，使监理规划编制得科学、完备，真正发挥全面指导监理工作的作用。

6.3 工程建设监理规划的内容及其审核

6.3.1 工程建设监理规划的内容

由于工程建设监理规划是在明确工程建设监理委托关系及确定项目总监理工程师后，在更详细掌握有关资料的基础上编制的，所以，其包括的内容与深度比工程建设监理大纲更为详细和具体。

工程建设监理规划应在项目总监理工程师的主持下，根据工程建设委托监理合同和建设单位的要求，在充分收集和详细分析研究监理工程有关资料的基础上，结合监理单位的具体条件编制。

监理单位在与建设单位进行工程建设委托监理合同谈判期间，就应确定该工程的总监理工程师人选，且该人选应参与监理合同的谈判工作。在工程建设委托监理合同签订以后，项目总监理工程师应组织监理机构人员详细研究委托监理合同的内容和工程建设条件，主持编制工程建设监理规划。工程建设监理规划应将委托监理合同中规定的监理单位承担的责任及监理任务具体化，并在此基础上制定实施监理的具体措施。工程建设监理规划是编制建设监理实施细则的依据，是科学、有序地开展工程建设监理工作的基础。

工程建设监理规划通常包括以下内容。

6.3.1.1 工程项目概况

工程项目的概况部分主要编写以下内容:

1) 工程建设名称。

2) 工程建设地点。

3) 工程建设组成及建筑规模。

4) 主要建筑结构类型(见表6-2)。

表6-2 主要建筑结构类型

序号	工程名称	基础	主体结构	屋面	主要内外装修	……

5) 预计工程投资总额。预计工程投资总额可以按以下两种费用编列:① 工程建设投资总额;② 工程建设投资组成简表。

6) 工程建设计划工期。工程建设计划工期可以以工程建设的计划持续时间或以工程建设开、竣工的具体日历时间表示:① 以工程建设的计划持续时间表示,即工程建设计划工期为"××个月"或"×××天";② 以工程建设的具体日历时间表示,即工程建设计划工期由×××年××月××日至×××年××月××日。

7) 工程质量要求,应具体提出工程建设的质量目标要求。

8) 工程建设设计单位及施工单位名称(见表6-3、表6-4)。

9) 工程建设项目结构图与编码系统。

表6-3 设计单位名称一览

序　号	设 计 单 位	设 计 内 容	项目技术负责人	通 信 地 址

表6-4 施工单位名称一览

序　号	施 工 单 位	承包工程内容或标段	项目负责人	备　注

注:1. 施工总包单位有分包内容的,应在备注栏内注明分包具体内容及分包单位。

2. 项目负责人为施工总包单位的项目经理。

6.3.1.2 监理工作范围

监理工作范围是指监理单位通过建设单位授权所得到的监理任务的工程范围。如果监理单位承担全部工程建设的监理任务,监理范围为全部工程建设,否则应按监理单位所承担的工程建设的建设标段或子项目划分确定工程建设监理范围。

6.3.1.3 监理工作内容

1. 工程建设立项阶段监理工作的主要内容

1）协助建设单位准备工程报建手续。

2）可行性研究咨询或监理。

3）组织技术、经济、环保论证，优选建设方案。

4）编制工程建设投资估算。

5）组织建设项目的设计任务书的编制。

2. 设计阶段监理工作的主要内容

1）结合工程建设特点，收集设计所需的技术、经济、环保等资料。

2）编写设计要求文件。

3）组织工程建设设计方案竞赛或设计招标，协助建设单位选择好勘察设计单位。

4）拟定和商谈设计委托合同内容。

5）向设计单位提供设计所需的基础资料。

6）配合设计单位开展技术经济分析，优化设计方案。

7）配合设计进度，组织设计单位与有关部门，如消防、环保、土地、人防、防汛、园林以及供水、供电、供气、供热、电信等部门的协调工作。

8）组织各设计单位之间的协调工作。

9）审核主导设计与工艺设计的配合。

10）参与主要设备、材料的选型。

11）审核工程概算、施工图预算。

12）审核主要设备、材料清单。

13）审核工程设计图样，检查设计文件是否符合现行设计规范及标准，检查施工图样是否能满足施工需要。

14）检查和控制设计进度。

15）全面审核设计图样。

16）组织设计文件的报批。

3. 施工招标阶段监理工作的主要内容

1）拟定工程建设施工招标方案并征得建设单位同意。

2）准备工程建设施工招标条件。

3）办理施工招标申请。

4）协助建设单位编写施工招标文件。

5）标底经建设单位认可后，报送所在地方建设主管部门审核。

6）协助建设单位组织建设工程施工招标工作。

7）组织现场勘察与答疑会，回答投标人提出的问题。

8）协助建设单位组织开标、评标及定标工作。

9）协助建设单位与中标单位商签施工合同。

4. 材料、设备采购供应监理工作的主要内容

对于由建设单位负责采购供应的材料、设备等物资。监理工程师应负责制订计划，监督合同的执行和供应工作。具体内容包括：

1）协助建设单位制定材料、设备供应计划和相应的资金需求计划。

2）通过质量、价格、供货期、运输及售后服务等条件的分析和比选，协助建设单位确定材料、设备等物资的供应单位。重要设备尚应调查现有使用用户的设备运行情况，并考察生产单位的质量保证体系。

3）协助建设单位拟订并商签材料、设备的订货合同。

4）监督供货合同的实施，确保材料、设备的及时供应。

5. 施工准备阶段监理工作的主要内容

1）审查施工单位选择的分包单位的资质及以往业绩。

2）监督检查施工单位质量保证体系及安全技术措施，完善质量管理程序与制度。

3）检查设计文件是否符合设计规范及标准，检查施工图样是否能满足施工需要。

4）参加设计单位向施工单位的技术交底。

5）审查施工单位编制施工组织设计，重点对施工方案，劳动力、材料、机械设备的组织及保证工程质量、安全、工期和控制造价等方面的措施进行审查，并向业主提出审查意见。

6）监督建设单位"五通一平"的实施，并及时办理向承包商移交施工现场。

7）在单位工程开工前检查施工单位的复测资料，特别是两个相邻施工单位之间的测量资料、控制桩是否交接清楚，手续是否完善，质量有无问题，并对贯通测量、中线及水准桩的设置、固桩情况进行审查。

8）对重点工程部位的中线、水平控制进行复查。

9）监督落实各项施工条件，审批一般单项工程、单位工程的开工报告，并报业主备查。

6. 施工阶段监理工作的主要内容

（1）施工阶段的质量控制　施工阶段质量控制的主要内容包括：

1）对所有的隐蔽工程，在进行隐蔽以前进行检查和办理签证；对重点工程，派监理人员驻点跟踪监理，签署重要的分项工程、分部工程和单位工程质量评定表。

2）对施工测量、放样等进行检查，对发现的质量问题应及时通知施工单位纠正，并做好监理记录。

3）检查确认运到现场的工程材料、构件和设备质量，并应查验试验、化验报告单、出厂合格证是否齐全、合格，监理工程师有权禁止不符合质量要求的材料、设备进入工地和投入使用。

4）监督施工单位严格按照施工规范、设计图样要求进行施工，严格执行施工合同。

5）对工程主要部位、主要环节及技术复杂工程加强检查。

6）检查施工单位的工程自检工作，数据是否齐全，填写是否正确，并对施工单位质量评定自检工作作出综合评价。

7）对施工单位的检验测试仪器、设备、度量衡定期检验，不定期地进行抽验，保证度量资料的准确。

8）监督施工单位对各类土木工程试件按规定进行检查和抽查。

9）监督施工单位认真处理施工中发生的一般质量事故，并认真做好监理记录。

10）对大、重大质量事故以及其他紧急情况，应及时报告业主和有关部门。

11）监督事故处理方案的实施并验收结果。

12）监督施工单位对工程半成品的保护。

13）监督施工单位的文明施工。

（2）施工阶段的进度控制　施工阶段进度控制的主要内容包括：

1）监督施工单位严格按施工合同规定的工期组织施工。

2）对控制工期的重点工程，审查施工单位提出的保证进度的具体措施，如发生延误，应及时分析原因，采取对策。

3）建立工程进度台账，核对工程形象进度，按月、季向业主报告施工计划执行情况、工程进度及存在的问题。

（3）施工阶段的投资控制　施工阶段投资控制的主要内容包括：

1）熟悉施工图样、招标文件、标底、投标文件，分析合同价构成因素，找出工程造价最易突破的部位、最易发生索赔事件的原因及部位，明确投资控制的重点应制定相应对策。

2）审查施工单位申报的月、季度计量报表，认真核对其工程数量，不超计、不漏计，严格按合同规定进行计量支付签证。

3）对保证支付签证的各项工程质量合格、数量准确。

4）建立计量支付签证台账，定期与施工单位核对清算。

5）按业主授权和施工合同的规定审核变更设计。

6）客观、公正地处理施工单位提出的索赔事件。

7. 施工验收阶段监理工作的主要内容

1）督促、检查施工单位及时整理竣工文件和验收资料，受理单位工程竣工验收报告，提出监理意见。

2）根据施工单位的竣工报告，提出工程质量检验报告。

3）组织工程预验收，参加建设单位组织的竣工验收。

8. 合同管理工作的主要内容

1）拟定本工程建设合同体系及合同管理制度，主要包括合同草案的拟定、会签、协商、修改、审批、签署、保管等工作制度及程序。

2）协助建设单位拟定工程的各类合同条款，并参与各类合同的商谈。

3）及时处理与工程有关的索赔事宜及合同纠纷等事宜。

4）对合同的执行情况进行分析和跟踪管理。

9. 建设单位委托的其他服务

依据工程建设委托监理合同，建设单位可以在附加协议条款中委托监理工程师其他服务内容，并支付其相应报酬。服务内容主要有：

1）协助业主准备工程条件，办理供水、供电、供气、电信线路等申请或签订协议。

2）协助业主制定产品营销方案。

3）为业主培训技术人员等。

6.3.1.4　监理工作目标及依据

1. 监理工作目标

工程建设监理目标是指监理单位所承担的工程建设的监理控制预期达到的目标。通常以工程建设的投资、进度、质量三大目标的控制值来表示。

（1）投资控制目标　投资控制目标以_____年预算为基价，静态投资为_____万元（或合同价为_____万元）。

（2）工期控制目标　工期控制目标_____个月或自_____年_____月_____日至_____年_____月_____日。

（3）质量控制目标　工程建设质量合格及业主的其他要求。

2. 监理工作依据

1）工程建设方面的法律、法规。

2）政府批准的工程建设文件。

3）工程建设委托监理合同。

4）其他工程建设合同。

6. 3. 1. 5　项目监理机构

1）监理机构的组织形式。选择适合项目实际的监理组织形式，应根据工程建设监理要求选择，并列出各级监理人员名单，绘出项目监理机构组织结构图。

2）项目监理机构的人员配备计划。项目监理机构的人员配备应根据工程建设监理的进程合理安排，见表6-5。

表6-5　项目监理机构的人员配备计划

时间					
监理工程师					
监理员					
文秘人员					

3）项目监理机构的人员岗位职责，详见第5章。

6. 3. 1. 6　监理工作程序

监理工作程序比较简单明了的表达方式是监理工作流程图。一般可对不同的监理工作内容分别制定监理工作程序，例如：

1）分包单位资质审查基本程序，如图6-1所示。

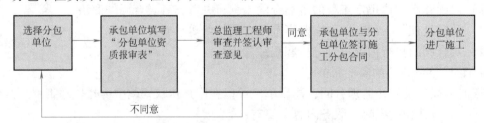

图6-1　分包单位资质审查基本程序

2）工程延期管理基本程序，如图6-2所示。

3）工程暂停及复工管理的基本程序，如图6-3所示。

6. 3. 1. 7　监理工作方法及措施

工程建设监理控制目标的方法与措施应重点围绕投资控制、进度控制、质量控制这三大控制任务展开。

1. 投资目标控制方法与措施

（1）投资目标分解　投资目标可视工程的具体情况按下述方法分解：① 按工程建设的

投资费用组成分解；② 按年度、季（月）度分解；③ 按工程建设实施阶段分解；④ 按工程建设组成分解。

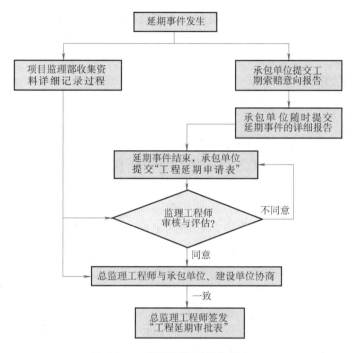

图 6-2　工程延期管理基本程序

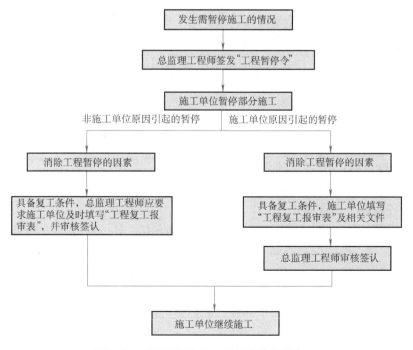

图 6-3　工程暂停及复工管理的基本程序

（2）编制投资使用计划 一般情况下，投资使用计划应分年度按季度（或月）编制。

（3）投资目标实现的风险分析 视工程的具体情况，采用相应的风险分析方法进行投资目标实现的风险分析。

（4）投资控制的工作流程 投资控制的工作流程通常用流程图表示，例如，建设单位每月按施工单位在当月实际完成的工程量向施工单位支付月度进度款，其流程图如图6-4所示。

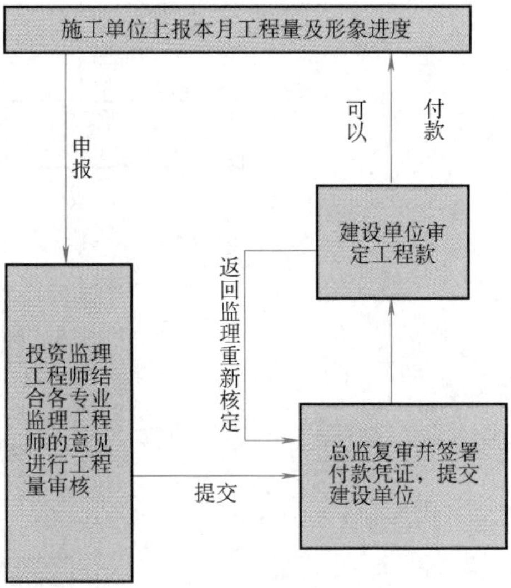

（5）投资控制措施 投资控制的具体措施包括：

1）投资控制的组织措施。建立、健全项目监理机构，完善职责分工及有关制度，落实投资控制的责任。

2）投资控制的技术措施。在设计阶段，推行限额设计和优化设计；在招标投标阶段，合理确定标底及合同价；对材料、设备采购，通过质量价格比选，合理确定生产供应单位；在施工阶段，通过审核施工组织设计和施工方案，使组织施工合理化。

3）投资控制的经济措施。项目实施过程中监理工程师应及时进行计划投资与实际发生投资的比较分析，同时对监理工作中提出合理化建议。如果监理工程师的合理化建议使建设单位获得了经济效益，建设单位应按建设工程委托监理合同专用条款中的约定给予奖励。

图6-4 工程付款监理流程

4）投资控制的合同措施。严格履行工程款支付、计量、签字程序，按合同条款支付工程款，防止过早、过量支付；全面履约，减少施工单位的索赔，正确处理索赔事件等。

（6）投资控制的动态比较 投资控制的动态比较主要包括：① 投资目标分解值与概算值的比较；② 概算值与施工图预算值的比较；③ 合同价与实际投资的比较。

（7）投资控制表格 根据工程建设具体情况，编写投资控制表格。

2. 进度目标控制方法与措施

1）工程总进度计划。

2）总进度目标的分解。总进度目标可按下述方法分解：① 年度、季度进度目标；② 各阶段的进度目标；③ 各子项目进度目标。

3）进度目标实现的风险分析。

4）进度控制的工作流程。

5）进度控制的具体措施。进度控制的具体措施包括：① 进度控制的组织措施，落实进度控制的责任，建立进度控制协调制度；② 进度控制的技术措施，建立多级网络计划体系，监控承建单位的作业实施计划；③ 进度控制的经济措施，对工期提前者实行奖励，对应急工程实行较高的计件单价，确保资金的及时供应等；④ 进度控制的合同措施，按合同要求及时协调有关各方的进度，以确保工程建设的形象进度。

6）进度控制的动态比较。

7）进度控制表格。

3. 质量目标控制方法与措施

1）质量控制目标的描述，包括：① 设计质量控制目标；② 材料质量控制目标；③ 设备质量控制目标；④ 土建施工质量控制目标；⑤ 设备安装质量控制目标；⑥ 其他说明。

2）质量目标实现的风险分析。

3）质量控制的工作流程。

4）质量控制的具体措施，包括：① 质量控制的组织措施，建立、健全监理组织，完善职责分工及有关质量监督制度，落实质量控制责任；② 质量控制的技术措施，在设计阶段，协助设计单位开展优化设计，完善质量保证体系，在材料设备供应阶段，通过质量价格比选，正确选择生产供应厂家，协助完善质量保证体系，在施工阶段，以事前控制为主、严格事中、事后质量控制；③ 质量控制的经济措施及合同措施，严格质检和验收，不符合合同规定质量要求的拒付工程款，达到建设单位特定质量目标要求的，按合同支付质量补偿金或奖金。

5）质量目标状况的动态分析。

6）质量控制表格。

4. 合同管理的方法与措施

1）合同结构。绘出本项目的合同结构图，明确各类合同间的联系。

2）合同目录一览（见表6-6）。

3）合同管理的工作流程。

4）合同管理的具体措施。

5）合同执行状况的动态分析。

6）合同争议调解与索赔处理程序。

7）合同管理表格。

表 6-6　合同目录一览

序　号	合同编号	合同名称	承包商	合　同　价	合同工期	质量要求

5. 信息管理的方法与措施

1）信息分类（见表6-7）。

表 6-7　信息分类

序　号	信息类别	信息名称	信息管理要求	责　任　人

2）机构内部信息流程（见图6-5）。

3）信息管理的工作流程。

4）信息管理的具体措施。

5）信息管理表格。

6. 安全生产管理职责

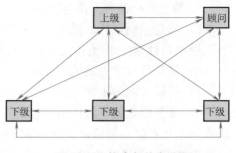

图6-5 机构内部信息流程

1）制定施工现场安全生产专项监理制度和安全监理细则，设立安全监理机构及配备安全监理人员。

2）按规定对安全防护、文明施工措施费用的列支和使用实施监理。

3）按规定对施工安全技术措施或专项施工方案进行审查，按规定组织专项验收。

4）所监理的工程项目未办理施工许可（或开工报告）或施工单位（含分包单位）无安全生产许可证而擅自开工，要及时做出停工处理，及时上报工程所在地建设行政主管部门或安监站。

5）所监理的工程因施工安全原因被建设行政主管部门或安监站责令停工整改，应督促落实整改措施。

6）及时对变更后的施工组织设计安全技术措施或专项施工方案进行审查。

7）对施工企业执行相应工程"施工安全检查标准"情况实施监理，对存在安全隐患履行监理责任，监理检查记录真实、齐全。

8）因施工安全问题发出停工整改通知后，如施工单位强行施工，应及时向总公司及建设行政主管部门或安监站报告。

9）重要施工环节和安全事故易发工序应进行巡查并有详细记录。

10）每月按要求编写项目安全生产监理报告，上报给工程所在地安监站；当发生突发事件时，要编写监理快报及时报送主管部门。

11）跟踪检查监理机构发出安全整改通知的整改结果。

12）施工现场应建立安全监理档案。

13）认真履行职责，施工现场安全施工监理记录齐全、监理月报能如实反映工地安全生产管理状况。

7. 组织协调的方法与措施

1）与工程建设项目有关单位的协调，包括：① 项目内部单位的协调，主要有建设单位、设计单位、施工单位、材料和设备供应单位、资金提供单位等单位间的关系协调；② 项目系统外部单位的协调，主要有政府建设行政主管机构、政府其他有关部门、工程毗邻单位、社会团体等单位间的关系协调。

2）协调分析，包括：① 与内部相关单位协调重点的分析；② 与外部相关单位协调重点的分析。

3）协调工作程序。

4）协调工作表格。

6.3.1.8 监理工作制度

1. 项目立项阶段

1）可行性报告评审制度。

2）工程估算审核制度。

3）技术咨询论证制度。

2. 设计阶段

1）设计大纲、设计要求编写及审核制度。

2）设计合同管理制度。

3）设计咨询制度。

4）设计方案评审制度。

5）工程估算、概算审核制度。

6）施工图样审核制度。

7）设计费支付签署制度。

8）设计协调会及会议纪要制度。

9）设计备忘录签发制度等。

3. 施工招标阶段

1）招标准备工作有关制度。

2）编制招标文件有关制度。

3）标底编制及审核制度。

4）合同条件拟定及审核制度。

5）组织招标实务有关制度等。

4. 施工阶段

1）施工图样会审及设计交底制度。

2）施工组织设计审核制度。

3）工程开工申请审批制度。

4）工程材料、构配件报验制度。

5）隐蔽工程、分项（部）工程质量验收制度。

6）单位工程、单项工程检验验收制度。

7）设计变更处理制度。

8）工程质量事故处理制度。

9）施工进度监督及报告制度。

10）工程款支付签认制度。

11）工程索赔签认制度。

12）监理报告制度。

13）工程竣工验收制度。

14）监理日志和会议制度等。

5. 项目监理机构内部工作制度

1）监理组织工作会议制度。

2）对外行文审批制度。

3）监理工作日志制度。

4）监理周报、月报制度。

5）技术、经济资料及档案管理制度。

6）监理费用预算制度等。

6.3.1.9 监理设施

建设单位应按建设工程监理合同约定，提供监理工作需要的办公、交通、通信、生活等设施。项目监理机构宜妥善使用和保管建设单位提供的设施，并应按建设工程监理合同约定的时间移交建设单位。

工程监理单位根据工程建设类别、规模、技术复杂程度、工程建设所在地的环境条件，按委托监理合同的约定，配备满足监理工作需要的检测设备和工器具。

6.3.2 工程建设监理规划的审核

工程建设监理规划在编写完成后需要进行审核并经批准。监理单位的技术主管部门是内部审核单位，其负责人应当签认。

1. 监理范围、工作内容及监理目标的审核

依据监理招标文件和委托监理合同，看其是否理解了建设单位对该工程的建设意图，监理范围、监理工作内容是否包括了全部委托的工作任务，监理目标是否与合同要求和建设意图相一致。

2. 项目监理机构结构的审核

（1）组织机构 在组织形式、管理模式等方面是否合理，是否结合了工程实施的具体特点，是否能够与建设单位的组织关系和承包方的组织关系相协调等。

（2）人员配备 人员配备方案应从以下4个方面审查：

1）派驻监理人员的专业满足程度。应根据工程特点和委托监理任务的工作范围审查，不仅考虑专业监理工程师如土建监理工程师、机械监理工程师等能否满足开展监理工作的需要，而且还要看其专业监理人员是否覆盖了工程实施过程中的各种专业要求，以及高、中级职称和年龄结构的组成。

2）人员数量的满足程度。主要审核从事监理工作人员在数量和结构上的合理性。

3）专业人员不足时采取的措施是否恰当。大、中型建设工程由于技术复杂、涉及的专业面宽，当监理单位的技术人员不足以满足全部监理工作要求时，对拟临时聘用的监理人员的综合素质应认真审核。

4）派驻现场人员计划表。对于大、中型工程建设，不同阶段对监理人员人数和专业等方面的要求不同，应对各阶段所派驻现场监理人员的专业、数量计划是否与工程建设的进度计划相适应进行审核；还应平衡正在其他工程上执行监理业务的人员，是否能按照预定计划进入本工程参加监理工作。

3. 工作计划审核

在工程进展中各个阶段的工作实施计划是否合理、可行，审查其在每个阶段中如何控制工程建设目标以及组织协调的方法。

4. 投资、进度、质量控制方法和措施的审核

对三大目标的控制方法和措施应重点审查，看其如何应用组织、技术、经济、合同措施保证目标的实现，方法是否科学、合理、有效。

5. 监理工作制度审核

主要审查监理的内、外工作制度是否健全、可行。

6.3.3 建设工程监理规划的修改

在监理工作实施过程中，如实际情况或条件发生变化而需要调整监理规划时，应由总监理工程师组织专业监理工程师修改，经工程监理单位技术负责人批准后报建设单位。

6.4 建设工程监理实施细则的编制

采用新材料、新工艺、新技术、新设备的工程，以及专业性较强、危险性较大的分部分项工程，应编制监理实施细则。

监理实施细则应在相应工程施工开始前由专业监理工程师编制，并报总监理工程师审批。

1. 监理实施细则编制依据

1）监理规划。

2）相关标准、工程设计文件。

3）施工组织设计、专项施工方案。

2. 监理实施细则主要内容

1）专业工程特点。

2）监理工作流程。

3）监理工作要点。

4）监理工作方法及措施。

在监理工作实施过程中，监理实施细则可根据实际情况进行补充、修改，经总监理工程师批准后实施。

——— 思 考 题 ———

6-1 简述工程建设监理大纲、监理规划、监理实施细则三者之间的关系。

6-2 工程建设监理规划有何作用？

6-3 编写工程建设监理规划应注意哪些问题？

6-4 工程建设监理规划编写的依据是什么？

6-5 工程建设监理规划一般包括哪些主要内容？

6-6 建设工程监理实施细则一般包括哪些内容？

6-7 监理大纲有何作用？其主要内容有哪些？

工程建设监理案例分析 | 第7章

7.1 概述

监理行业不同于其他的行业，除了要求监理工程师具有广博的知识外，其实践经验和解决在监理过程中遇到的实际问题的能力更为重要。工程建设监理案例分析是综合运用监理的基本原理、基本程序和基本方法，以及国家的有关法律、行政法规、地方规章等去解决建设工程监理实际问题。通过实际案例分析，可以显著提高监理工程师分析、判断、推理的能力，培养解决实际问题的方法与策略。

工程建设监理的基本理论是解决监理实际问题的理论基础，质量控制、投资控制、进度控制、合同管理、信息管理、组织协调的方法与措施是解决监理实际问题的手段，而建设监理的有关法律、法规是案例分析的关键和核心。目前，我国相继施行的与工程建设监理有关的法律有《中华人民共和国建筑法》《中华人民共和国民法典》《中华人民共和国招标投标法》《中华人民共和国土地管理法》《中华人民共和国城市规划法》《中华人民共和国城市房地产管理法》和《中华人民共和国环境保护法》等；与监理有关的工程建设行政法规有《建设工程质量管理条例》《建设工程勘察设计管理条例》和《中华人民共和国土地管理法实施条例》等；与监理有关的建设工程部门规章有《建设工程监理规范》《工程监理企业资质管理规定》《监理工程师资格考试和注册试行办法》《建设工程监理范围和规模标准规定》《建筑工程设计招标投标管理办法》《建筑工程施工许可管理办法》《实施工程建设强制性标准监督规定》《房屋建筑工程质量保修办法》《建设工程施工现场管理规定》《建筑安全生产监督管理规定》和《工程建设重大事故报告和调查程序规定》等。对于上述法律、法规，应特别注重对条文的理解和实际应用上。

如《中华人民共和国建筑法》第三条规定："建筑活动应当确保建筑工程质量和安全，符合国家的建筑工程安全标准。"该条款规定了确保建筑工程质量与安全的基本原则，应做如下理解，即建筑活动确保建筑工程质量和安全是《中华人民共和国建筑法》关于建筑活动的一项基本原则，这一原则对整个建筑活动具有指导作用。建筑工程质量是指国家规定和合同约定的对建筑工程的适用、安全、经济、美观等各项特性要求的总和。建筑活动确保建筑工程质量，就是确保建筑工程的适用、安全、经济、美观等各项特性的要求。建筑工程的安全是指建筑工程对人身的安全和财产安全。建筑活动应当确保建筑工程的安全，就是确保建筑工程不能引起人员伤亡和财产损失。

又如《中华人民共和国建筑法》第三十三条规定："实行建筑工程监理前，建设单位应当将委托的工程监理单位、监理的内容及监理权限，书面通知被监理的建筑施工企业。"这一规定要求建设单位在实行建筑工程监理前，应当将委托的工程监理的有关事项书面通知被监理的建筑施工企业。对这一条的理解可包括：

1）工程建筑监理单位和建设单位之间是一种合同关系。根据《中华人民共和国建筑法》第三十二条第一款的规定，建筑工程监理依照法律、行政法规及有关的技术标准、设计文件和建筑工程承包合同，对承包单位在施工质量、建设工期和建设资金使用等方面，代表建设单位实施监督，即工程监理单位和建筑工程施工企业之间在一定条件下是监理与被监理的关系。至于在哪些方面工程监理企业代表建设单位对建筑施工企业进行监理，工程监理企业应当清楚，建筑施工企业也应该明白，只有这样，工程监理企业和建筑施工企业才能更好地配合，而这些又都基于建设单位与工程监理企业之间签订的委托监理合同约定的内容。

2）建设单位委托工程监理，可以根据需要，委托一个监理单位承担建设工程项目全部或者部分阶段的监理，也可以委托几个监理单位承担不同阶段的监理。因此，建设单位在实行建筑工程监理前，书面通知被监理的建筑施工企业所委托工程监理的有关事项的内容主要包括以下几个方面：一是委托的工程监理单位的名称及有关的一些情况；二是工程监理的内容；三是监理权限，即工程监理的权利范围，工程监理单位要在监理权利范围内行使职责。因此，建设单位通知建筑施工企业有关的工程监理事项要采用书面形式。

再如《建设工程质量管理条例》第二十八条规定："施工单位必须按照工程设计图样和施工技术标准施工，不得擅自修改工程设计，不得偷工减料。"按工程设计图样施工，是保证工程实现设计意图的前提，也是明确划分设计、施工单位质量责任的前提，是施工单位保证工程质量的最基本要求。施工技术标准，也是施工单位在施工中所必须遵循的。施工单位只有按施工技术标准、特别是强制性标准的要求组织施工，才能保证工程的施工质量。偷工减料，是一种非法牟利行为。在工程的一般部位，如施工工序不严格按标准要求、减少工料的投入、简化操作工序，将产生一般性的质量通病，会影响工程外观质量或一般使用功能；而在关键部位，如结构中使用劣质钢材、水泥，无相应技能、无岗位资格的人员上特殊岗位等，将会造成严重的结构隐患。

总之，监理工程师应注意培养自己理论联系实际和应用法律、法规、规范等解决实际问题的能力。在监理实践中，一些具体的操作程序、方法也可能各有差异，但应以我国的法律、法规、规范中的规定为依据。

本章主要通过实际工程案例的分析来培养监理工程师解决分析、判断、推理和解决实际问题的能力。

7.2 工程建设监理实际案例分析

7.2.1 案例一

7.2.1.1 背景材料

业主将钢结构公路桥建设项目的桥梁下部结构工程发包给甲施工单位，将钢梁的制作、安装工程发包给乙施工单位。业主还通过招标选择了某监理单位承担该建设项目施工阶段监理任务。

监理合同签订后，总监理工程师组建了直线制监理组织机构，并重点提出了质量目标控制措施，其内容如下：

1）熟悉质量控制依据。

2）确定质量控制要点，落实质量控制手段。

3）完善职责分工及有关质量监督制度，落实质量控制责任。

4）对不符合合同规定质量要求的，拒签付款凭证。

5）审查承包单位的施工组织设计，同时提出了项目监理规划编写的几点要求：① 为使该项目监理规划有针对性，要分别编写两份监理规划；② 项目监理规划要把握项目运行的内在规律；③ 项目监理规划的表达方式应规范化、标准化、格式化；④ 根据桥梁架设进度，监理规划可分阶段编写，但编写完成后，应由监理单位审核批准并报业主认可，一经实施，就不得再行修改。

7.2.1.2 问题

1）绘出总监理工程师组建的该项目监理组织机构图。

2）监理工程师在进行目标控制时应采取哪些方面的措施？上述总监理工程师提出的质量目标控制措施各属于哪一种措施？

3）上述总监理工程师提出的质量目标控制措施哪些属于主动控制措施？哪些属于被动控制措施？

4）逐条回答总监理工程师提出的上述监理规划编写要求是否妥当？为什么？

7.2.1.3 分析

1）在背景材料中已明确指出"总监理工程师组建了直线制监理组织机构"，根据工程的实际情况，其监理组织机构可按图7-1组建。

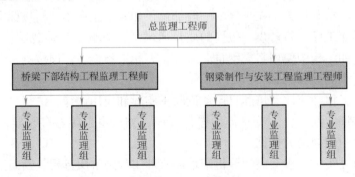

图7-1 监理组织结构

2）监理工程师在进行质量、进度和投资三大目标控制时，应综合采取四大方面的措施，即组织措施、技术措施、经济措施和合同措施。总监理工程师提出的质量目标控制措施中，第1条、第2条、第5条属于技术措施；第3条属于组织措施；第4条属于经济措施（或合同措施）。

3）主动控制就是预先分析目标偏离的可能性，并拟定和采取各项预防性措施，以使计划目标得以实现。被动控制是指当系统按计划进行时，监理人员对计划的实施进行全方位跟踪，并对输出的工程信息进行加工、分析、整理，从中发现问题，找出偏差，寻求并确定解决问题和纠正偏差的方案，使得计划目标一旦出现偏离就能得以纠正。因此，在总监理工程师提出的质量目标控制措施中第2、3、5条属于主动控制；第4条属于被动控制。

4）在总监理工程师提出的监理规划编写要求中，第①条要求不妥，因为一份委托监理合同只能编写一份监理规划；第②条要求妥当，因为监理规划的主要作用是指导项目监理组织全面开展监理工作，监理工程师只有把握建设项目运行的内在规律，才能实施对该项工程的有效的监理；第③条要求妥当，因为监理规划的编写只有规范化、标准化、格式化，才能使监理规划表达得更明确、简洁、直观，才能便于审查和实施；第④条要求不妥，因为监理规划可以修改，但应按原审批程序报监理单位审批，并经业主认可。

7.2.2　案例二

7.2.2.1　背景材料

某监理公司受项目业主的委托承担了一项工程建设项目的实施阶段的建设监理工作。在讨论制订监理规划的会议上，监理单位的人员对编制该项目的监理规划提出了构思。下列为其中一部分内容：

1. 编制监理规划的原则和依据

1）建设监理规划必须符合监理大纲的内容。

2）建设监理规划必须符合监理合同的要求。

3）建设监理规划要结合该项目的具体实际情况。

4）建设监理规划的作用应为监理单位的经营目标服务。

5）建设监理规划编制的依据包括政府有关部门的批文，国家和地方的法律、法规、规范、标准等。

6）建设监理规划编制应针对影响目标实现的多种风险进行，并考虑采取相应的措施。

2. 项目的组织结构及合同关系

1）在整个项目实施过程中，项目的组织结构如图7-2所示（"→"表示指令关系）。

图7-2　项目组织结构

2）项目实施过程中，项目的合同结构关系如图7-3所示（"←→"表示合同关系）。

7.2.2.2　问题

1）判断下列提法是否恰当？为什么？

① 建设监理规划应在监理合同签订以后编制。

② 在项目的设计、施工等实施过程中，监理规划作为指导整个监理工作的纲领性文件，不能修改和调整。

③ 建设监理规划应由项目总监理工程师主持编制，它是项目监理组织有序地开展监理

工作的依据和基础。

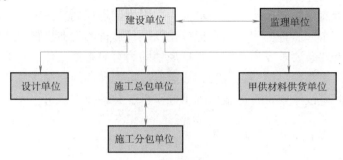

图 7-3　项目合同结构关系

④ 建设监理规划中必须对三大控制目标进行分析论证，并提出保证措施。

2）所提的监理规划的主要原则和依据中，你认为哪些不恰当？

3）给出的项目组织结构及合同关系是否正确？如不正确，试绘出正确的结构。

7.2.2.3　分析

1）上述四条提法有的恰当，有的不恰当，现分析如下：

第①条是恰当的。《建设工程监理规范》明确规定："实施建设工程监理前，监理单位必须与建设单位签订书面建设工程委托监理合同，合同中应包括监理单位对建设工程质量、造价、进度进行全面控制和管理的条款。"目前，在我国建设单位一般采用招标方式择优选择监理单位。投标的监理企业中标后，首先应与建设单位签订书面的工程建设委托监理合同，然后明确总监，成立监理机构，并在总监的主持下编写监理规划。工程建设监理规划编写的依据之一就是工程建设监理合同。

第②条不恰当。因为工程项目在运行过程中，内部和外部环境条件不可避免地要发生变化，所以在实施过程中需要对监理规划不断地进行补充、修改和完善。

第③条是恰当的。因为监理规划是指导项目监理组织全面开展监理工作的纲领性文件，其基本内容是计划、组织、控制和协调工作。所以是项目监理组织有序地开展监理工作的依据和基础。

第④条是恰当的。因为监理的中心工作是进行工程项目的目标控制，即质量控制、进度控制与投资控制，而三大目标控制的效果在很大程度上取决于目标规划和计划的质量与水平，所以要对三大目标进行充分论证和分析，制定出可行的目标系统。另外，为了实现目标控制的预期效果，应从多方面采取综合性措施，即组织措施、经济措施、技术措施、合同措施，以保证目标系统优化地实现。

2）在背景材料中所提监理规划主要原则和依据的第4）条不恰当。因为监理规划的主要作用有：

① 指导项目监理机构全面开展监理工作。

② 是政府建设主管部门对监理单位监督管理的依据。

③ 是业主确认监理单位履行合同的依据。

④ 是监理单位内部考核的依据和重要的存档资料。

监理规划不是为监理单位经营服务的。

3）项目的合同结构正确，而项目组织结构不正确，正确的如图 7-4 所示。

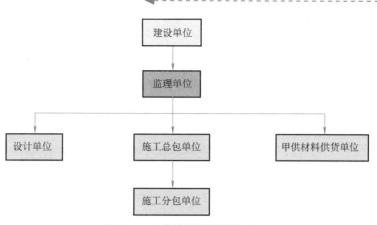

图7-4 正确的项目组织结构

7.2.3 案例三

7.2.3.1 背景材料

某工程项目业主与监理单位及承建商分别签订了施工阶段的监理合同和工程施工承包合同。由于工期紧，在设计单位仅交付地下室施工图的情况下，项目业主就要求承建商进场施工，同时向监理单位提出对工程质量把关的要求。

由于承建商不具备防水施工技术，故合同约定其地下防水工程可以分包。在承建商尚未确定防水分包单位的情况下，为保证质量和工期，业主代表自行选择了一家专业承接防水施工业务的施工企业，承担防水工程施工任务（尚未签订正式合同），并书面通知总监理工程师和承建商，已确定分包单位进场时间，要求配合施工。

7.2.3.2 问题

1）你认为上述哪些做法不妥？

2）总监理工程师接到业主通知后应如何处理？

7.2.3.3 分析

1）在背景材料中有两处不妥。① 业主违背了有关法规和合同的规定，在未事先征得监理工程师同意的情况下，自行确定了分包单位；事先也未与承建单位进行充分协商，而是确定了分包单位以后才通知承建单位。② 在没有正式签订分包合同的情况下，即确定了分包单位的进场作业时间。

2）总监理工程师首先应及时与项目业主沟通，签发分包意向无效的书面监理通知，尽可能采取措施阻止分包单位进场，以避免问题进一步复杂化。同时，总监理工程师应对项目业主意向的分包单位进行资质审查，若资质审查合格，可与承建商协商，建议承建商与该合格的防水分包企业签订防水工程施工分包合同；若资质审查不合格，总监理工程师应与业主协商，建议由承建商另选合格的防水工程施工分包单位。总监理工程师应及时将处理结果报项目业主备案。

7.2.4 案例四

7.2.4.1 背景材料

某项目法人采用公开招标方式将其工程建设项目的设计和施工任务先后发包给某设计单

位和某施工单位，并按规定签订了工程设计合同和工程施工合同。在施工合同中，列入了实施建设监理的合同条款。因施工单位缺少"扩孔桩"施工队伍，经项目法人同意后，施工单位将桩基施工任务分包给某一基础工程施工企业。开始施工前一个月，项目法人委托某监理单位对项目施工实施全过程监理，并按"工程建设监理合同"示范文本，与监理单位签订了监理合同。合同规定，监理工程范围与工程施工合同所涵盖的工程范围相一致。

监理单位绘制的各有关单位关系如图7-5所示。

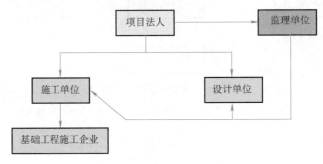

图7-5　各有关单位关系

在该工程项目的监理规划中，有关"监理组织"部分列入了监理组织结构、监理人员名单和职责分工等内容。监理组织结构如图7-6所示。在人员职责分工中，列入了总监理工程师、总监代表、各专业监理组组长和监理员的职责与权限。

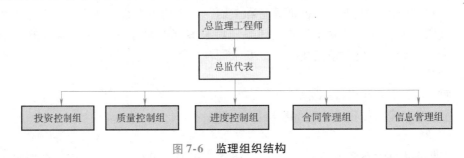

图7-6　监理组织结构

7.2.4.2　问题

1）你认为图7-5在表达项目法人、监理单位、承建商三方关系上存在什么问题？为什么？

2）我国《建筑法》对施工总包单位将承包工程中的部分工程发包给分包单位有哪些规定？

3）监理规划中的监理组织结构有何优点？有几个管理层次？哪几个管理层次？总监代表属于什么层次？

4）参照"土木工程施工合同条件"，总监代表的任命应履行哪些手续？在总监理工程师的权力范围内，哪几方面的权力不能授予总监代表？

5）总监理工程师与总监代表之间、总监理工程师及总监代表同项目法人之间的责任关系如何？

7.2.4.3　分析

1）图7-5的主要问题有：

① 未明确划清各方的合同关系和监理关系，现以"←→"表示合同关系，"→"表示监理关系，则正确的关系图如图7-7所示。

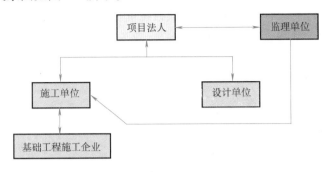

图7-7　各有关单位关系

② 因为监理单位只对项目施工阶段实施监理，所以监理单位与设计单位之间无监理与被监理的关系，更无合同关系。

2）我国《建筑法》中对分包工程的规定要点主要有：

① 应分包给具有相应资质条件的分包单位。

② 除总承包合同中约定的分包外，分包必须经建设单位认可。

③ 施工总承包的，建筑工程主体结构的施工必须由总承包单位自行完成。

④ 分包单位按照分包合同的约定对总承包单位负责。总承包单位和分包单位就分包工程对建设单位承担连带责任。

⑤ 禁止分包单位将其分包的工程再分包。

3）该监理组织结构的优点是：权力集中、命令统一、职责分明、决策迅速、隶属关系明确。管理层次有两个，即决策层和操作层。总监代表属于决策层。

4）总监代表的任命和授权必须采用书面形式，且必须书面通知项目法人和承建商。总监理工程师不得把下面的权力授予总监代表。

① 主持编写项目监理规划、审批项目监理实施细则。

② 签发工程开工/复工报审表、工程暂停令、工程款支付证书、工程竣工报验单。

③ 审核签认竣工结算。

④ 调解建设单位与承包单位的合同争议、处理索赔。

⑤ 根据工程项目的进展情况进行监理人员的调配，调换不称职的监理人员。

5）总监代表对总监负责，而不直接对项目法人负责。总监理工程师对总监代表的行为负责，总监理工程师对项目法人负责。

7.2.5　案例五

7.2.5.1　背景材料

某工程建设项目的业主将拟建的工程项目的实施阶段的监理任务委托给一家监理公司。监理合同签订以后，总监理工程师组织监理人员对制定监理规划进行了讨论，有人提出了以下一些看法。

1. 监理规划的作用与编制原则

监理规划的作用与编制原则为：

1）监理规划是开展监理工作的技术组织文件。

2）监理规划的基本作用是指导施工阶段的监理工作。

3）监理规划的编制应符合监理合同、项目特征及业主的要求。

4）监理规划应一气呵成，不应分阶段编写。

5）监理规划应符合监理大纲的有关内容。

6）监理规划应为监理细则的编制提出明确的目标要求。

2. 监理规划的基本内容

监理规划的基本内容应包括：

1）工程概况。

2）监理单位的权利和义务。

3）监理单位的经营目标。

4）监理范围内的工程项目总目标。

5）项目监理组织机构。

6）质量、投资、进度控制。

7）合同管理。

8）信息管理。

9）组织协调。

3. 监理规划的编制

监理规划文件分为三个阶段制定，各阶段的监理规划交给业主的时间安排如下：

1）设计阶段监理规划应在设计单位开始设计前的规定时间内提交给业主。

2）施工招标阶段监理规划应在招标书发出后提交给业主。

3）施工阶段监理规划应在正式施工后提交给业主。

4. 施工监理规划的内容

施工监理规划的部分内容如下：

（1）施工阶段的质量控制　施工阶段质量控制的主要内容包括：

① 掌握和熟悉质量控制的技术依据。

② ……

③ 审查施工单位的资质，包括：审查总包单位的资质；审查分包单位的资质。

④ ……

⑤ ……

⑥ 行使质量监督权，下达停工指令。为了保证工程质量，出现下列情况之一者，监理工程师报请总监理工程师批准，有权责令施工单位立即停工整改：工序完成后未经检验即进行下道工序者；工程质量下降，经指出后未采取有效措施整改，或采取措施不力、效果不好、继续作业者；擅自使用未经监理工程师认可或批准的工程材料；擅自变更设计图样；擅自将工程分包；擅自让未经同意的分包单位进场作业；没有可靠的质量保证措施而贸然施工，已出现质量下降征兆；其他对质量有重大影响的情况。

（2）施工阶段的投资控制　施工阶段投资控制的主要内容包括：

1）建立、健全监理组织，完善职责分工及有关制度，落实投资控制的责任。

2）审核施工组织设计和施工方案，合理审核并签证施工措施费，按合理工期组织施工。

3）及时进行计划费用与实际支出费用的分析比较。

4）准确测量实际完工的工程量，并按实际完工的工程量签证工程款付款凭证。

……

7.2.5.2　问题

1）监理单位讨论中提出的监理规划的作用、编制原则和基本内容，哪些项目不应编入监理规划中？

2）向业主提交监理规划文件的时间安排中，哪些是合适的？哪些不合适或不明确？如何提出才合适？

3）监理工程师在施工阶段应掌握和熟悉哪些质量控制的技术依据？

4）监理规划中规定了对施工队伍的资质进行审查，那么总包单位和分包单位的资质应安排在什么时候审查？

5）如果在施工过程中发现总包单位未经监理单位同意，擅自将工程分包，监理工程师应如何处置？

6）你认为施工阶段的投资控制措施中第几项不完善？为什么？

7.2.5.3　分析

1）对第一个问题的分析如下：

① 监理规划的作用与编制原则中的第2）条提到"监理规划的基本作用是指导施工阶段的监理工作"不恰当。因为背景材料中提出的条件是业主委托监理单位进行"实施阶段的监理"，所以监理规划不应仅限于"指导施工阶段的监理工作"这一作用，还应包括设计阶段、施工招标投标阶段等。

② 监理规划的作用与编制原则中的第3）条不完全。监理规划的编制不但应符合监理合同、项目特征和业主的正当要求，还应当符合：工程建设方面的法律、法规，政府批准的工程建设文件，其他建设工程合同及监理大纲等方面的要求。

③ 监理规划的作用与编制原则中的第4）条不妥。因为工程项目建设中，往往工期较长，所以在设计阶段不可能将施工招标和施工阶段的监理规划"一气呵成"地编制完成，应分阶段进行"滚动式"编制。一般分为设计阶段、施工招标阶段和施工阶段，并根据各阶段输出的工程信息分别编制。

④ 监理规划的基本内容中的第2）条不宜编入监理规划中，因为监理单位的权利和义务是监理合同中的重要内容，是监理规划编写的依据之一。

⑤ 监理规划的基本内容中的第3）条不宜编入监理规划中，因为"监理单位的经营目标"与监理目标是不同的。

2）在向业主提及监理规划的时间安排中存在以下问题：

① 设计阶段监理规划提交的时间是合适的，但施工招标阶段和施工阶段的监理规划提交的时间不妥。

② 施工招标阶段，应在招标开始前一定的时间内向业主提交施工招标阶段的监理规划。

③ 施工阶段的监理规划，应在施工开始前一定时间内提交给业主。

3）监理工程师在施工阶段应掌握和熟悉下列质量控制技术依据：

① 设计图样及设计说明书。

② 工程质量评定标准及施工验收规范。

③ 监理合同及其他工程建设合同。

④ 工程施工规范及有关技术规程。

⑤ 业主对工程有特殊要求时，应熟悉有关控制标准及技术指标。

4）对总包单位的资质审查应安排在施工招标阶段对投标单位的资格预审时，并在评标时也要对其综合能力进行一定的评审。对分包单位的资质审查应安排在分包合同签订前，由总包单位将分包工程和拟选择的分包单位资质材料提交总监理工程师，经总监理工程师审核确认后，总承包单位与之签订工程分包合同。

5）如果监理工程师发现施工单位未经总监理工程师批准而擅自将工程分包，根据监理规划中质量控制的措施，监理工程师应报告总监理工程师，经总监理工程师批准或经总监理工程师授权可责令施工单位停工，而不能由监理工程师随意责令施工单位停工。

6）在监理规划的施工阶段投资控制的四项措施中，第4）条不够严谨。其原因如下：

① 施工单位"实际完工的工程量"不一定是施工图样或合同内规定的内容或监理工程师指定的工程量，即监理工程师只对图样或合同或监理工程师指定的工程量才给予计量。

② "按实际完工的工程量签证工程款付款凭证"应改为"按实际完工的、经监理工程师检查合格认可的工程量签证工程款付款凭证"，即只有合格的工程才能办理签证。

7.2.6 案例六

7.2.6.1 背景材料

某工程项目在设计文件完成后，项目业主委托了一家监理公司协助业主进行施工招标和承担施工阶段监理。

监理合同签订后，总监理工程师分析了项目规模和特点，拟按照组织结构设计、确定管理层次、确定监理工作内容、确定监理目标和制定监理工作流程等步骤来建立本项目的监理组织机构。

施工招标前，监理单位编制了招标文件，其主要内容包括：

1）工程综合说明。

2）设计图样和技术资料。

3）工程量清单。

4）施工方案。

5）主要材料与设备供应方式。

6）保证工程质量、进度、施工安全的主要技术组织措施。

7）特殊工程的施工要求。

8）施工项目管理机构。

9）合同条件。

……

为了使监理工作规范化进行，总监理工程师拟以工程项目建设条件、监理合同、施工合同、施工组织设计和各专业监理工程师编制的监理实施细则为依据，编制施工阶段监理规划。

监理规划中规定各监理人员的主要职责如下：

1. 总监理工程师职责

1）审核并确认分包单位资质。

2）审核签署对外报告。

3）负责工程计量、签署原始凭证和支付证书。

4）及时检查、了解和发现总承包单位的组织、技术、经济和合同方面的问题。

5）签发开工令。

2. 监理工程师职责

1）主持建立监理信息系统，全面负责信息沟通工作。

2）对所负责控制的目标进行规划，建立实施控制的分系统。

3）检查确认工序质量，进行检验。

4）签发停工令、复工令。

5）实施跟踪检查，及时发现问题及时报告。

3. 监理员职责

1）负责检查及检测材料、设备、成品和半成品的质量。

2）检查施工单位人力、材料、设备、施工机械投入和运行情况，并做好记录。

3）记好监理日志。

7.2.6.2　问题

1）监理组织机构设置步骤有何不妥？应如何改正？

2）常见的监理组织结构形式有哪几种？若想建立具有机构简单、权力集中、命令统一、职责分明、隶属关系明确的监理组织机构，应选择哪一种组织结构形式？

3）施工招标文件内容中哪几条不正确？为什么？

4）监理规划编制依据有何不恰当？为什么？

5）各监理人员的主要职责划分有哪几条不妥？如何调整？

7.2.6.3　分析

1）监理组织机构设置步骤中不应包括"确定管理层次"，其他步骤顺序不对。正确的步骤应是："确定监理目标、确定监理工作内容、组织结构设计和确定监理工作流程。"

2）常见的组织结构形式有直线制、职能制、直线—职能制和矩阵制。应选择直线制组织结构形式。

3）招标文件内容中的第4）条、第6）条、第8）条不正确，因为这几条应是投标文件中的内容。

4）不恰当之处是监理规划编制依据中不应包括施工组织设计和监理实施细则。因为施工组织设计是由施工单位（或承包单位）编制的指导施工的文件，是监理工程师重点审查的文件之一；监理实施细则是根据监理规划编制的，即在总监理工程师的主持下编制完成监理规划后分专业编制监理实施细则。

5）各监理人员职责划分中的问题分析如下：

① 总监理工程师职责中的第3）条、第4）条不妥。第3）条中的"工程计量、签署原始凭证"应是监理员职责；第4）条应为监理工程师职责。

② 监理工程师职责中的第1）条、第3）条、第4）条、第5）条不妥。第3）条、第5）条应是监理员的职责；第1）条、第4）条应是总监理工程师的职责。

7.2.7 案例七

7.2.7.1 背景材料

某化工厂建设项目分两期工程建设，项目业主与某一监理公司签订了监理委托合同，委托工作范围包括一期工程施工阶段监理和二期工程设计与施工阶段监理。

总监理工程师在该项目上配备了设计阶段监理工程师8人，施工阶段监理工程师20人，并分设计阶段和施工阶段制定了监理规划。

在某次监理工作例会上，总监理工程师强调了设计阶段监理工程师下周的工作重点是审查二期工程的施工图预算，要求重点审查工程量是否准确、预算单价套用是否正确、各项取费标准是否符合现行规定等内容。

子项目监理工程师张工在一期工程的施工监理中发现承包方未经申报，擅自将催化设备安装工程分包给某工程公司并进场施工，立即向承包方下达了停工指令，要求承包方上报分包单位资质材料。承包方随后送来了该分包单位资质证明，张工审查后向承包方签署了同意该分包单位分包的文件。张工还审核了承包方送来的催化设备安装工程施工进度的保证措施，并提出了改进建议。承包方抱怨说，由于业主供应的部分材料尚未到场，有些保证措施无法落实，会影响工程进度。张工说："我负责给你们协调，我先去施工现场巡视一下，然后就去找业主。"

7.2.7.2 问题

1）该项目的监理公司应派出几名总监理工程师？为什么？总监理工程师建立项目监理机构应选择什么结构形式？总监理工程师分阶段制订监理规划是否妥当？为什么？

2）监理工程师在审查"预算单价套用是否正确"时，应注意审查哪几个方面内容？

3）根据监理人员的职责分工，指出张工的工作哪些是履行了自己的职责，哪些不属于张工应履行的职责？不属于张工履行的职责应属于谁履行？

7.2.7.3 分析

1）对第一个问题的分析如下：

① 该项目监理公司应派一名总监理工程师，因为该项目只有一份监理委托合同，只能建立一个项目监理组织。

② 总监理工程师应选择按建设阶段分解的直线制监理组织形式。

③ 总监理工程师分阶段制订监理规划妥当，因为该工程项目监理包含一期工程施工阶段监理和二期工程监理，其中二期工程监理又包括设计阶段监理与施工阶段监理。

2）监理工程师在审查"预算单价套用是否正确"时，应注意审查如下几个方面的内容：

① 各分项工程预算单价是否与预算定额的预算单价相符，其名称、规格、计量单位和内容是否与单位估价表（预算定额基价）一致。

② 对换算的单价，审查换算的分项工程是否是定额中允许换算的，换算是否正确。

③ 审查补充定额的编制是否符合编制原则，审查单位估价表（预算定额基价）计算是否正确。

3）对第一个问题的分析如下：

① 属于张工的职责有：要求承包方上报分包单位资质材料；审查进度保证措施，提出改进建议；巡视现场。

② 不属于张工的职责有：下达停工令；审查确认分包单位资质；协调业主与承包方关系。这些职责应由总监理工程师承担。

7.2.8　案例八

7.2.8.1　背景材料

某工业厂房工程建设项目于 1998 年 3 月 12 日开工，1998 年 10 月 27 日竣工并验收合格。但在 2001 年 2 月，该厂房供热系统出现部分管道漏水。经业主检查发现，原施工单位所用管材与其向监理工程师所报验的不相符。若全部更换供热管道将损失 30 万元，并将造成该厂部分车间停产，其损失合计 20 万元。

业主就此事件提出以下要求：

1）要求施工单位对厂房供热管道进行全部返工更换，并赔偿该厂停产损失的 60%（计 12 万元）。

2）要求监理公司对全部返工工程免费进行监理，并对停产损失承担连带赔偿责任，赔偿该厂停产损失的 40%（计 8 万元）。

施工单位的答复是：该厂房供热系统已超过国家规定的保修期，因此不予保修，也不同意返工，更不同意赔偿停产损失。

监理单位的答复是：监理工程师已对施工单位报验的管材进行过检查，符合质量标准，已履行了监理职责。施工单位擅自更换管材，应由施工单位负责，监理单位不承担任何责任。

7.2.8.2　问题

1）依据现行法律和行政法规，指出业主的要求以及施工单位、监理单位的答复中各有哪些错误，为什么？

2）简述施工单位和监理单位分别应负何种责任，为什么？

7.2.8.3　分析

1）业主要求中有如下三点错误：

① 业主要求施工单位"赔偿该厂停产损失的 60%（计 12 万元）"错误，应由施工单位赔偿全部损失（计 20 万元）。

② 监理单位"承担连带赔偿责任"错误，对施工单位弄虚作假、偷梁换柱引起的损失，监理单位不负连带赔偿责任。

③ 按监理合同规定，"如果因监理人过失而造成了委托人的经济损失，应当向委托人赔偿。累计赔偿总额不应超过监理报酬总额（除去税金）。"［或赔偿金＝直接经济损失×监理报酬比率（扣除税金）］。故按"赔偿该厂停产损失的 40%（计 8 万元）"的计算方法也是错误的。

我国《建设工程质量管理条例》第六十四条规定："施工单位在施工中偷工减料的，使用不合格的建筑材料、建筑构配件和设备的，或者有不按照工程设计图样或者施工技术标准施工的其他行为的，责令改正，处工程合同价款 2% 以上，4% 以下的罚款；造成建设工程质量不符合规定的质量标准的，负责返工、修理，并赔偿因此造成的损失；情节严重的，责令停业整顿，降低资质等级或吊销资质证书。"因此，施工单位的答复有如下三点错误：

① "不予保修"错误。因施工单位使用不合格材料造成的工程质量不符合标准，应负责返工、修理，该工程不受保修期限限制。

② "不予返工"错误。按上述规定，对不符合规定的质量标准的应负责返工、修理。

③ "更不同意支付停产损失"错误。按上述规定，施工单位应负责赔偿业主的全部经济损失。

监理单位答复中有以下两点错误：

① "已履行了监理职责"错误。监理单位在监理过程中失职。

② "不承担任何责任"错误。应承担相应的监理失职责任。

2）依据现行法律、法规，施工单位应承担全部责任。因施工单位故意违约，造成工程质量不符合标准；监理单位应承担失职责任。因监理单位未能及时发现管道施工过程中的质量问题，说明旁站监理和现场巡视不到位，但监理单位未与施工单位故意串通，也未将不合格材料按照合格材料签字。因此，监理单位只承担失职责任。

7.2.9 案例九

7.2.9.1 背景材料

某高速公路大桥工程项目采用的是预制钢筋混凝土管桩基础。业主委托某监理单位承担该工程项目施工招标及施工阶段的监理任务。因该工程涉及土建施工、沉桩施工和管桩预制工作，业主对工程发包提出了两种方案：一种是采用平行发包模式，即土建、沉桩、管桩制作分别进行发包；另一种是采用总承包模式，即由土建施工单位总承包，沉桩施工及管桩制作列入总承包范围再进行分包。

7.2.9.2 问题

1）施工招标阶段，监理单位的主要工作内容有哪些？

2）如果采取施工总承包模式，监理工程师应从哪些方面对分包单位进行管理？其主要手段是什么？

3）在上述两种发包模式下，对管桩生产企业的资质考核各应在何时进行？考核的主要内容是什么？

4）在平行发包模式下，沉桩施工单位对管桩运抵施工现场是否视为"甲供构件"？为什么？如何组织检查验收？

5）如果现场检查出管桩不合格或管桩生产企业延期供货，对正常施工进度造成影响，试分析上述两种发包模式下，可能会出现哪些主体之间的索赔？

7.2.9.3 分析

1）施工招标阶段，监理单位的主要工作内容有：

① 拟定工程建设施工招标方案，并征得业主的同意。

② 准备工程建设施工招标条件。

③ 协助业主办理施工招标申请。

④ 协助业主编制施工招标文件。

⑤ 协助业主编制标底，并报送所在地方建设主管部门审核。

⑥ 发布招标广告或发出招标邀请函。

⑦ 对投标人的资格进行预审。

⑧ 组织现场踏勘与答疑会，回答投标人提出的问题。

⑨ 现场考察。

⑩ 组织开标、评标、定标等工作，向业主提出中标单位的建议。

⑪ 协助业主与中标单位商签施工合同。

2）若采取施工总承包模式，监理工程师对分包单位管理的主要内容如下：

① 审查分包人资格。

② 要求分包人参加相关施工会议。

③ 检查分包人的施工设备、人员。

④ 检查分包人的工程施工材料、作业质量等。

监理工程师对分包单位管理的主要手段如下：

① 对分包人违反合同、规范要求的行为，可指令总承包人停止分包人施工。

② 对质量不合格的工程拒签与之有关的支付凭证。

③ 建议总承包人撤换分包单位。

3）如采用平行发包时，对管桩生产企业的资质考核应在招标阶段组织考核；如采用总承包模式时，应在分包合同签订前考核。考核的主要内容有人员素质、资质等级、技术装备、业绩、社会信誉、有无生产许可证、质量保证体系及生产能力等。

4）对管桩运抵施工现场，沉桩施工单位可视为"甲供构件"，因为沉桩单位与管桩生产企业无合同关系。监理工程师应组织有关人员和沉桩单位共同参加检验，主要检查管桩质量、数量是否符合合同要求和有关质量标准的规定。

5）平行发包模式下可能出现的索赔如下：

① 沉桩单位向业主索赔。

② 土建施工单位向业主索赔。

③ 业主向管桩生产企业索赔。

总承包模式下可能出现的索赔如下：

① 业主向土建施工（或总包）单位索赔。

② 土建施工（或总包）单位向管桩生产企业索赔。

③ 沉桩单位向土建单位（或总包）索赔。

7.2.10 案例十

7.2.10.1 背景材料

某高速公路建设项目，业主与施工单位按《建设工程施工合同文本》签订了工程施工合同，工程未进行投保。在工程施工过程中，遭受暴风雨不可抗力袭击，造成了相应的损失，施工单位及时向监理工程师提出索赔要求，并附索赔有关的资料和证据。在索赔报告中，施工单位提出的要求如下：

1）遭暴风雨袭击是非施工单位原因造成的损失，故应由业主承担赔偿责任。

2）给已建分部工程造成破坏，损失计18万元，应由业主承担修复的经济责任，施工单位不承担修复的经济责任。

3）施工单位人员因此灾害造成数人受伤，处理伤病医疗费用和补偿金总计3万元，业主应给予赔偿。

4）施工单位进场的正在使用的机械、设备受到损坏，造成损失8万元；由于现场停工造成台班费损失4.2万元，业主应负担赔偿和修复的经济责任。工人窝工费3.8万元，业主应予支付。

5）因暴风雨造成现场停工8天，要求合同工期顺延8天。

6）由于工程破坏，清理现场需费用2.4万元，业主应予支付。

7.2.10.2　问题

1）监理工程师接到施工单位提交的索赔申请后，应进行哪些工作？

2）不可抗力发生风险承担的原则是什么？

3）对施工单位提出的要求如何处理？

7.2.10.3　分析

1）监理工程师接到施工单位索赔申请后应进行下述主要工作：

① 进行调查、取证。

② 审查索赔成立条件，确定索赔是否成立。

③ 分清责任，认可合理索赔。

④ 与施工单位协商，统一意见。

⑤ 签发索赔报告，处理意见报业主核准。

2）不可抗力发生时风险承担的原则是：

① 工程本身的损害由业主承担。

② 人员伤亡由其所属单位负责，并承担相应费用。

③ 造成施工单位机械、设备的损坏及停工等损失，由施工单位承担。

④ 所需清理、修复工作的费用，由业主承担。

⑤ 合理工期给予顺延。

3）索赔报告中的六项要求的处理

① 经济损失由双方分别承担，工程延期应予签证顺延。

② 工程修复、重建18万元工程款应由业主支付。

③ 施工单位受伤人员的医疗费和补偿金总计3万元，由施工单位承担。

④ 施工单位的机械设备受到损坏而造成的损失8万元、现场停工造成台班费损失4.2万元和工人窝工费3.8万元，应由施工单位承担。

⑤ 因暴风雨造成现场停工8天，顺延合同工期8天。

⑥ 施工单位清理现场所需费用2.4万元，由业主承担。

7.2.11　案例十一

7.2.11.1　背景材料

某实施监理的工程，建设单位与甲施工单位签订施工合同，约定的承包范围包括A、B、C、D、E五个子项目，其中，子项目A包括拆除废弃建筑物和新建工程两部分，拆除废弃建筑物分包给具有相应资质的乙施工单位。

工程实施过程中发生下列事件：

事件1：由于拆除废弃建筑物的危险性较大，乙施工单位编制了专项施工方案，并组织召开了有甲施工单位与项目监理机构相关人员参加的专家论证会。会后，乙施工单位将该施工方案送交项目监理机构，要求总监理工程师审批。总监理工程师认为该方案已通过专家论证，便签字同意实施。

事件2：建设单位要求乙施工单位在废弃建筑物拆除前7日内，将资质等级证明与专项施工方案报送工程所在地建设行政主管部门。

事件3：受金融危机影响，建设单位于2015年1月20日正式通知甲施工单位与监理单位，缓建尚未施工的子项目D、E。而此前，甲施工单位已按照批准的计划订购了用于子项目D、E的设备，并支付定金300万元。鉴于无法确定复工时间，建设单位于2015年2月10日书面通知甲施工单位解除施工合同。

7.2.11.2 问题

1）指出事件1中的不妥之处，写出正确做法？

2）指出事件2中建设单位的不妥之处，写出正确做法？

3）事件3中，建设单位是否可以解除施工合同？说明理由。如果甲施工单位不同意解除合同而继续子项目D、E的施工，项目监理机构应做哪些工作？

4）事件3中，若解除施工合同，根据《建设工程监理规范》，甲施工单位应得到哪些费用补偿？

7.2.11.3 分析

1）事件1有以下几处不妥：

① 由乙施工单位编制专项施工方案不妥，专家论证会也不应由乙施工单位组织召开。正确做法：因为甲施工单位是施工总承包单位，专项方案应当由施工总承包单位组织编制，专家论证会也应由施工总承包单位组织召开。

② 专家论证会的成员组成不够完整，除监理单位总监理工程师及相关人员、施工单位的相关人员外，还应包括专家组成员、建设单位、勘察及设计单位的技术负责人等相关人员。

③ 由乙分包单位报送项目监理机构不妥，应先报甲承包单位审核，经甲承包单位技术负责人审核批准后，由甲承包单位报送至项目监理机构。

④ 专项施工方案总监理工程师审批时不能因为已经过专家论证便签字同意实施。正确做法：总监理工程师应报建设单位，共同研究参与讨论，签字以后方可同意实施。

2）建设单位要求施工单位在废弃建筑物拆除前7日内不正确，《建筑工程安全生产管理条例》规定，建设单位应当在拆除工程施工15日前，将施工单位资质等级证明及专项方案等报送工程所在地的县级以上地方人民政府建设行政主管部门或者其他有关部门备案。

3）不可以解除合同。理由：建设单位不能单方面解除合同，应与施工单位共同协商。

若甲承包单位不同意解除合同，项目监理机构应做的工作如下：

① 及时与合同争议的双方进行磋商，做好协调工作，协调施工单位理解建设单位在金融危机背景下的难处，尽量争取双方协商一致解除合同。

② 提出调解方案，由总监理工程师进行争议调解。

③ 当调解未能达成一致时，总监理工程师应在施工合同规定期限内提出处理该合同争议的意见。

④ 在合同争议的仲裁或诉讼过程中，当需要时，项目监理机构应公正地向仲裁机关或法院提供与争议有关的证据。

4）甲应得到的费用补偿包括：用于订购子项目 D、E 所需设备而支付的 300 万元；对承包单位撤离施工设备的费用和人员遣返费用按子项目 D、E 所应摊销的部分给予适当补偿；合理的利润补偿。

说明：在双方协商一致，且对甲施工单位的损失已经作了补偿的情况下，不宜再要求建设单位支付违约金，违约金和赔偿损失一般不同时适用。

7.2.12　案例十二

7.2.12.1　背景材料

某实施监理的工程，建设单位分别与甲、乙施工单位签订了土建工程施工合同和设备安装工程施工合同，与丙单位签订了设备采购合同。

工程实施过程中发生下列事件：

事件1：甲施工单位按照施工合同约定的时间向项目监理机构提交了工程开工报审表，总监理工程师在审批施工组织设计文件后，组织专业监理工程师到现场检查时发现：施工机具已进场准备就位；施工测量人员正在进行测量控制桩和控制线的测设；拆迁工作正在进行，不会影响工程进度。为此，总监理工程师签署了同意开工的意见，并报告了建设单位。

事件2：专业监理工程师巡视时发现，甲施工单位现场施工人员准备将一种新型建筑材料用于工程。经询问，甲施工单位认为该新型建筑材料性能好、价格便宜，对工程质量有保证。项目监理机构要求其提供该新型建筑材料的有关资料，甲施工单位仅提供了使用说明书。

事件3：项目监理机构检查甲施工单位的某分项工程质量时，发现试验检测数据异常，便再次对甲施工单位试验室的资质等级及其试验范围、本工程试验项目及要求等内容进行了全面考核。

事件4：为了解设备性能，有效控制设备制造质量，项目监理机构指令乙施工单位指派专人进驻丙单位，与专业监理工程师共同对丙单位的设备制造过程进行质量控制。

事件5：工程竣工验收时，建设单位要求甲施工单位统一汇总甲、乙施工单位的工程档案后提交项目监理机构，由项目监理机构组织工程档案验收。

7.2.12.2　问题

1）事件1中，总监理工程师签署同意开工的意见是否妥当？说明理由。

2）写出项目监理机构处理事件2的程序。

3）事件3中，项目监理机构还应从哪些方面考核甲施工单位的试验室？

4）事件4中，项目监理机构指令乙施工单位派专人进驻丙单位的做法是否正确？说明理由。

5）指出事件5中建设单位要求的不妥之处，说明理由。

7.2.12.3　分析

1）不妥。理由：在开工之前测量控制桩、线必须查验合格。

在满足以下开工条件下，总监理工程师才能在开工报审表上签署同意开工的意见：

①"施工许可证"已获政府主管部门批准。

② 承包单位现场管理人员已到位，机具、施工人员已进场，主要工程材料已落实。

③ 进场道路及水、电、通信等已满足开工要求。

④ 征地拆迁工作已满足工程进度要求。

⑤ 施工组织设计已获总监理工程师批准。

⑥ 测量控制桩、线已查验合格。

2）事件2的处理程序如下：

① 专业监理工程师应签发"监理工程师通知单"，通知承包单位，新材料未经报验和论证，不得使用，并提出下列要求：

a. 要求施工单位提供产品合格证、技术说明书、质量检验证明、质量保证书，有关图样和技术资料、生产厂家生产许可证，并报送施工工艺措施和相应的证明材料。

b. 要求施工单位按技术规范，对材料进行有监理人员见证的取样送检。

c. 要求承包单位组织专题论证。

② 审查上述质量证明材料、检验结果和论证结果，若符合技术要求即予以签认，准许使用，若不符合要求则应限期清退出场。

③ 将处理结果书面通知业主。

3）还应从以下几个方面对承包单位的试验室进行考核：

① 法定计量部门对试验设备出具的计量检定证明，应检查实验设备、检测仪器能否满足工程质量检查要求，是否处于良好的可用状态。

② 试验室的管理制度。

③ 试验人员的资格证书。

4）不正确。理由：监造人员原则上应由设备采购单位或其委托的监理单位派出。乙单位与丙单位之间无合同关系，无监造设备制造过程的义务，因此不能指令乙单位派出人员。

5）有两处不妥：

① 不妥之一：由甲施工单位统一汇总甲、乙施工单位工程档案不妥。理由：因为甲、乙施工单位之间无总分包合同关系。

② 不妥之二：由项目监理机构组织工程档案验收不妥。理由：监理单位组织的对工程档案的验收仅为项目内部的预验收，此后，凡列入城建部门档案接收范围的工程，还应由建设单位提请城建档案部门进行预验收，并出具认可文件，最后，建设单位还应组织各单位进行工程的正式验收，包括对工程实体质量的验收和工程资料的验收。

7.2.13 案例十三

7.2.13.1 背景材料

某实施监理的工程，甲施工单位选择乙施工单位分包基坑支护土方开挖工程。

工程实施过程中发生下列事件：

事件1：乙施工单位开挖土方时，因雨期下雨导致现场停工3天，在后续施工中，乙施工单位挖断了一处在建设单位提供的地下管线图中未标明的煤气管道，因抢修导致现场停工7天。为此，甲施工单位通过项目监理机构向建设单位提出工期延期10天和费用补偿2万元（合同约定，窝工综合补偿2000元/天）的请求。

事件2：为了赶工期，甲施工单位调整了土方开挖方案，并按约定程序进行了调整，总监理工程师在现场发现乙施工单位未按调整后的土方开挖方案施工并造成围护结构变形超限，立即向甲施工单位签发工程暂停令，同时报告了建设单位。乙施工单位未执行指令仍继续施工，总监理工程师及时报告了有关主管部门，后因围护结构变形过大引发了基坑局部坍塌事故。

事件3：甲施工单位凭施工经验，未经安全验算就编制了高大模板工程专项施工方案，经项目经理签字后报总监理工程师审批的同时，就开始搭设高大模板，施工现场安全生产管理人员则由项目总工程师兼任。

事件4：甲施工单位为了便于管理，将施工人员的集体宿舍安排在本工程尚未竣工验收的地下车库内。

7.2.13.2 问题

1）指出事件1中挖断煤气管道事故的责任方，说明理由。项目监理机构批准的工程延期和费用补偿各多少？说明理由。

2）根据《建设工程安全生产管理条例》，分析事件2中甲、乙施工单位和监理单位对基坑局部坍塌事故应承担的责任，说明理由。

3）指出事件3中甲施工单位的做法有哪些不妥，写出正确的做法。

4）指出事件4中甲施工单位的做法是否妥当，说明理由。

7.2.13.3 分析

1）事件1中挖断煤气管道事故的责任方、项目监理机构批准的工程延期和费用补偿如下：

① 事件1中挖断煤气管道事故的责任方为建设单位。理由：开工前，建设单位应向施工单位提供完整的施工区域内的地下管线图，其中应包含煤气管道走向埋深位置图。

② 项目监理机构批准的工程延期为7天。理由：雨期下雨停工3天不予批准延期，只批准因抢修导致现场停工7天的工期延期。

③ 项目监理机构批准的费用补偿为14000元。理由：费用补偿 = 7 × 2000 元 = 14000 元。

2）根据《建设工程安全生产管理条例》，事件2中甲、乙施工单位和监理单位对基坑局部坍塌事故承担责任。理由如下：

①甲施工单位和乙施工单位对事故承担连带责任，由乙施工单位承担主要责任。理由：甲施工单位属于总承包单位，乙施工单位属于分包单位，他们对分包工程的安全生产承担连带责任；分包单位不服从管理导致的生产安全事故的，由分包单位承担主要责任。

②监理单位承担监理责任。理由：监理单位应当按照法律法规和工程建设强制性标准实施监理，并对建设工程安全生产承担监理责任。

3）事件3中甲施工单位做法的不妥之处以及正确的做法：

①不妥之一：甲施工单位凭施工经验，未经安全验算编制高大模板工程专项施工方案。正确做法：应认真编制方案，且有详细的安全验算书。

②不妥之二：专项施工方案经项目经理签字后报总监理工程师审批的同时就开始搭设高大模板。正确做法：专项施工方案经甲施工单位技术负责人、总监理工程师签字后实施。

③不妥之三：施工现场安全生产管理人员由项目总工程师兼任。正确做法：应该由专职安全生产管理人员进行现场监督。

4）事件4中甲施工单位的做法不妥。

理由：依据《建设工程安全生产管理条例》，施工单位不得在工程尚未竣工验收的建筑物内设置员工集体宿舍。

7.2.14 案例十四

7.2.14.1 背景材料

某实施监理的工程，施工单位按合同约定将打桩工程分包。

工程实施过程中发生下列事件：

事件1：打桩工程开工前，分包单位向专业监理工程师报送了分包单位资格报审表及相关资料。专业监理工程师仅审查了营业执照、企业资质等级证书，认为符合条件后即通知施工单位同意分包单位进场施工。

事件2：专业监理工程师在现场巡视时发现，施工单位正在加工的一批钢筋未报验，立即进行了处理。

事件3：主体工程施工过程中，专业监理工程师发现已浇筑的钢筋混凝土工程出现质量问题，经分析，有以下原因：

① 观场施工人员未经培训。

② 浇筑顺序不当。

③ 振捣器性能不稳定。

④ 雨天进行钢筋焊接。

⑤ 施工现场狭窄。

⑥ 钢筋锈蚀严重。

事件4：施工单位因违规作业发生一起质量事故，造成直接经济损失8万元。该事故发生后，总监理工程师签发工程暂停令。事故调查组进行调查后，出具事故调查报告，项目监理机构接到事故调查报告后，按程序对该质量事故进行了处理。

7.2.14.2 问题

1）提出事件1中专业监理工程师的做法有哪些不妥，说明理由。

2）专业监理工程师应如何处理事件2？

3）将项目监理机构针对事件3分析的①～⑥项原因分别归入影响工程质量的五大要因（人员、机械、材料、方法、环境）之中，并绘制因果分析图。

4）按损失严重程度划分，事件4中的质量事故属于哪一类？写出项目监理机构接到事故调查报告后对该事故的处理程序。

7.2.14.3 分析

1）事件1中专业监理工程师的做法的不妥之处以及理由：

① 不妥之一：打桩工程开工前，分包单位向专业监理工程师报送了分包单位资格报审表及相关资料。理由：在总承包单位选定分包单位后，应向监理工程师报送分包单位资格报审表及相关资料。

② 不妥之二：专业监理工程师仅审查了营业执照、企业资质等级证书后，认为符合条件。理由：专业监理工程师审查的内容不全面。

③ 不妥之三：专业监理工程师认为符合条件后即通知施工单位同意分包单位进场施工。

理由：应由总监理工程师书面确认。

2）专业监理工程师处理事件2的程序：报总监理工程师并下达监理工作通知单，要求施工单位提交产品出厂合格证、技术说明书及检验或实验报告，待重新检验合格后使用，如检验不合格，书面通知施工单位将该批钢材撤出现场。

3）第①项原因归入影响工程质量的五大要因的人员之中，第②项原因归入影响工程质量的五大要因的方法之中，第③项原因归入影响工程质量的五大要因的机械之中，第④项及第⑤项原因归入影响工程质量的五大要因的环境之中，第⑥项原因归入影响工程质量的五大要因的材料之中。因果分析如图7-8所示。

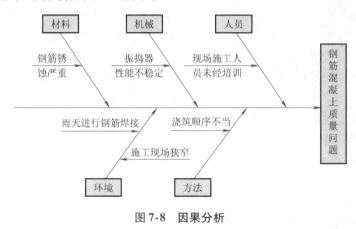

图7-8 因果分析

4）按损失严重程度划分，事件4中的质量事故属于严重质量事故。

项目监理机构接到事故调查报告后对该事故的处理程序：

① 组织相关单位研究，并责成相关单位完成技术处理方案。

② 对工程质量事故技术处理施工质量进行监理。

③ 组织相关各方对施工单位完工自检后报验的结果进行检查验收，必要时进行处理结果鉴定。

④ 审核签认事故单位报送的质量事故处理报告，组织将有关技术资料归档。

⑤ 签发工程复工令。

7.2.15　案例十五

7.2.15.1　背景材料

某工程建设项目，业主委托某监理单位进行施工阶段（包括施工招标）监理。该项工程邀请甲、乙、丙三家施工企业进行总价投标。评标采用四项指标综合评分法。四项指标及权数分别为：投标单位的业绩与信誉0.10；施工管理能力0.15；施工组织设计合理性0.25；投标报价0.50。各项指标均以100分为满分。其中，投标报价的评定方法如下：

1）计算投标企业报价的平均值，即

$$\overline{C} = \frac{\sum 投标企业的报价}{投标企业的个数}$$

2）计算评标基准价格，即

$$C = 0.6C_0 + 0.4\overline{C}（式中 C_0 为标底价格）$$

3）计算投标企业报价离差，即

$$X = \frac{投标企业报价 - C}{C} \times 100\%$$

4）按下式确定投标企业的投标报价得分 P，即

$$P = \begin{cases} 100 - 400\,|X| & 当 X > 3\% 时 \\ 100 - 300\,|X| & 当 0 < X \leqslant 3\% 时 \\ 100 & 当 X = 0 时 \\ 100 - 100\,|X| & 当 -5\% \leqslant X < 0 时 \\ 100 - 200\,|X| & 当 X < -5\% 时 \end{cases}$$

根据开标结果，已知该工程标底为 5760 万元。甲企业投标报价 5689 万元，乙企业投标报价 5828 万元，丙企业投标报价 5709 万元。已知投标企业的其他指标得分见表 7-1。

表 7-1　各投标企业得分

评标指标项目	甲投标企业	乙投标企业	丙投标企业
业绩和社会信誉	92	90	85
施工管理能力	96	90	80
施工组织设计	90	92	78
报价得分			

7.2.15.2　问题

1）计算甲、乙、丙三家投标企业的投标报价得分。
2）计算各投标企业的综合评分，并确定第一中标企业。

7.2.15.3　分析

1）甲、乙两家投标企业的投标报价得分计算如下：
① 投标企业报价的平均值

$$\overline{C} = \frac{5689 + 5828 + 5709}{3}万元 = 5742 万元$$

② 评标基准价格

$$C = 0.6 \times 5760 万元 + 0.4 \times 5742 万元 = 5752.8 万元$$

③ 甲、乙、丙三家投标企业报价离差

$$X_甲 = \frac{5689 - 5752.8}{5752.8} \times 100\% = -1.11\%$$

$$X_乙 = \frac{5828 - 5752.8}{5752.8} \times 100\% = 1.31\%$$

$$X_丙 = \frac{5709 - 5752.8}{5752.8} \times 100\% = -0.76\%$$

④ 报价得分

$$P_{甲} = 100 - 100 \times 1.11\% = 98.89$$
$$P_{乙} = 100 - 300 \times 1.31\% = 96.07$$
$$P_{丙} = 100 - 100 \times 0.76\% = 99.24$$

2）各投标企业的综合评分如下：

甲企业为　$0.10 \times 92 + 0.15 \times 96 + 0.25 \times 90 + 0.5 \times 98.89 = 95.55$

乙企业为　$0.10 \times 90 + 0.15 \times 90 + 0.25 \times 92 + 0.5 \times 96.07 = 93.54$

丙企业为　$0.10 \times 85 + 0.15 \times 80 + 0.25 \times 78 + 0.5 \times 99.24 = 89.62$

第一中标企业为甲投标企业。

7.2.16　案例十六

7.2.16.1　背景材料

某综合娱乐城工程项目，项目业主与某施工单位签订了施工合同，工程合同额为9000万元，总工期为30个月，工程分两期进行竣工验收；第一期为18个月，第二期为12个月。在工程实施过程中，出现了下列情况：

1）工程开工后，从第3个月开始连续4个月业主未支付给承包商应付的工程进度款。为此，承包商向业主发出要求付款通知，并提出对拖延支付的工程进度款应计入利息的要求，其数额从监理工程师计量签字后第11天起计息。业主方以该4个月未支付工程款作为偿还预付款而予以抵消为由，拒绝支付。为此，承包商以业主违反合同中关于预付款扣还的规定，以及拖欠工程款导致无法继续施工而停止施工，并要求业主承担违约责任。

2）工程进行到第10个月时，国务院有关部门发出通知，指令压缩国家基建投资，要求某些建设项目暂停施工，该综合娱乐城项目属于指令停工下马项目。因此，业主向承包商提出暂时中止执行合同实施的通知。为此，承包商要求业主承担单方面中止合同给承包方造成的经济损失赔偿责任。

3）当工程复工后，承包商向国外订购一批特种钢材，但这批钢材在海运途中由于遭遇超常的特大风暴，船舶失事沉没而未能运到，延误了工期，使第一期工程竣工推迟了3个月。为此，在出现失事事件后，承包商及时向供应商提出了索赔要求，要求供应商尽快补运一批钢材来，并要求承担因延误工期而造成承包方经济损失的责任。

4）在工程后期，工地遭遇当地百年以来最大的台风，工程被迫暂停施工，部分已完工程受损，现场场地遭到破坏，最终使工期拖延了2个月。为此，业主要求承包商承担工期拖延所造成的经济损失责任和赶工的责任。

7.2.16.2　问题

由于出现以上的各种情况所提出的相应要求是否合宜？应当如何正确处理？为什么？

7.2.16.3　分析

1）业主连续4个月未按合同规定支付工程进度款，应承担违约责任，承包商提出要求付款并计入利息是合理的。但除专门规定外，通常计息期及利息数额应当从监理工程师计量签字后第 15 天（即 14 天后）起计算，而不应是承包商所提出的第 11 天起算。另外，业主方以所欠的工程进度款作为偿还预付款为借口拒绝支付，不符合工程计量、支付和预付款扣还的一般规定，是不能接受的。

2）由于国家指令性计划有重大修改或政策上原因强制工程停工，造成合同的执行暂时中止属于法律上、事实上不能履约的除外责任，这不属于业主违约，也不属于业主单方面中止合同，故业主不承担违约责任和经济损失赔偿责任。

3）承包商向国外订购钢材，因海运事故未能运到的处理应区分两种情况：

① 若承包商与供货商所签供货合同交货条款中规定以 FOB（装运港交货）或 FAS（船边交货）价格成交的，属于出口地交货，则承包商不能要求供货方承担责任。

② 若双方所签供货合同规定以 CIF（货物成本加运保费）或 C&F（货物成本加运费）价格成交，属于目的港交货。在货物运达目的港交货前供货商应对承包商承担有关责任，故应负责补送钢材。但是由于遭受特大风暴属于不可抗力影响的延误，可以免除供货商承担延误交货所造成损失的责任。但是，如果是由于供货商迟延发货而遭遇此事故，则不能免除责任。

4）承包商因遭遇不可抗力被迫停工，根据《中华人民共和国民法典》可以不向业主承担工期拖延的经济责任，业主应当给予工期顺延。

7.2.17 案例十七

7.2.17.1 背景材料

某项工程为钢筋混凝土结构，地下 2 层，地上 18 层，基础为整体底板，混凝土工程量为 840m³，整体底板的底标高为 -6.000m，钢门窗框，木门，采用集中空调设备。施工组织设计确定：土方采用大开挖放坡施工方案，开挖土方工期 20 天，浇筑底板混凝土 24 小时连续施工，需 4 天。

1）施工单位在合同协议条款约定的开工日期前 6 天提交了一份请求报告，报告请求延期 10 天开工，其理由为：

① 电力部门通知，施工用电变压器在开工 4 天后才能安装完毕。

② 由铁路部门运输的 5 台属于施工单位自有的施工主要机械在开工后 8 天才能运到施工现场。

③ 为工程开工所必需的辅助施工设施在开工后 10 天才能投入使用。

2）基坑开挖进行 18 天时，发现 -6.000m 深地基仍为软土地基，与地质报告不符。监理工程师及时进行了以下工作：

① 通知施工单位配合勘察单位利用 2 天时间查明地基情况。

② 通知业主与设计单位洽商修改基础设计，设计时间为 5 天。确定局部基础深度加深到 -7.500m，混凝土工程量增加 70m³。

③ 通知施工单位修改土方施工方案，加深开挖，增大放坡，开挖土方需要 4 天。

3）工程所需的 200 个钢门窗框是由业主负责供货，钢门窗框运达施工单位工地仓库，并经入库验收。施工过程中监理工程师进行质量检验时，发现有 10 个钢窗框有较大变形，即下令施工单位拆除，经检查原因属于钢窗框使用材料不符合要求。

4）业主供货，由施工单位选择的分包商将集中空调安装完毕，进行联动无负荷试车时需电力部门和施工单位及有关外部单位进行某些配合工作。试车检验结果表明，该集中空调设备的某些主要部件存在严重质量问题，需要更换。

7.2.17.2 问题

1）监理工程师接到施工单位的请求报告后应如何处理？为什么？

2）对于 -6.000m 地基仍为软土地基与地质报告不符问题所做的工作：

① 监理工程师应该核准哪些项目的工期顺延？应同意延期几天？

② 对哪些项目（列出项目名称内容）应核准经济补偿？

3）对 10 个钢窗框有较大变形这一质量事故，监理工程师应如何处理？

4）对集中空调安装：

① 按照合同规定的责任，试车应由谁组织？

② 集中空调设备的某些部件存在质量问题，监理工程师应如何处理？

7.2.17.3 分析

1）监理工程师应同意延期 4 天开工。因为：

① 第 1 条理由应予认可，因外网电力供应由业主负责。

② 第 2 条理由不予认可，因属施工单位自有机械延误，应由施工单位负责。

③ 第 3 条理由不予认可，因准备辅助施工设施属施工单位施工准备工作的一部分，应由施工单位负责。

2）监理工程师核准应延长工期的项目如下：

① 地质勘探时间 2 天。

② 修改设计时间 5 天。

③ 增加浇筑混凝土工作量时间 1 天（8 小时）。

④ 加深土方开挖的时间 4 天。

监理工程师应核准经济补偿项目如下：

① 增加土方工程量费用。

② 增加混凝土工程量费用。

③ 监理工程师核实的人工窝工和机械停工费用。

3）及时报告业主，同时督促施工单位重新安装合格的钢窗框，并检查验收。造成的工期延长给予顺延，造成的经济损失给予补偿。

4）试车应由业主组织；对于集中空调设备的某些主要部件的质量问题，监理工程师应督促业主尽快供应合格部件，并监督施工单位及时更换。经检验认可后报告业主重新组织试车。造成的工期延长给予顺延，造成的经济损失给予补偿。

7.2.18 案例十八

7.2.18.1 背景材料

某工程项目的业主与监理签订了施工阶段监理合同，与承包方签订了工程施工合同。施工合同规定：设备由业主供应，其他建筑材料由承包方采购。

施工过程中，承包方未经监理工程师事先同意，订购了一批钢材，钢材运抵施工现场后，监理工程师进行了检验，检验中监理工程师发现承包方未能提交该批材料的产品合格证、质量保证书和材质化验单，且这批材料外观质量不好。

业主经与设计单位商定，对主要装饰石料指定了材质、颜色和样品，并向承包方推荐厂家，承包方与生产厂家签订了购货合同。厂家将石料按合同采购量送达现场，进场时经检查，该批材料颜色有部分不符合要求，监理工程师通知承包方该批材料不得使用。承包方要求厂家将不符合要求的石料退换，厂家要求承包方支付退货运费，承包方不同意支付，厂家要求业主在应付给承包方工程款中扣除上述费用。

7.2.18.2　问题

1）对上述钢材质量问题监理工程师应如何处理？为什么？

2）对于装饰石料：

① 业主指定石料材质、颜色和样品是否合理？

② 监理工程师进行现场检查，对不符合要求的石料通知承包方不许使用是否合理？为什么？

③ 承包方要求退换不符合要求的石料是否合理？为什么？

④ 厂家要求承包方支付退货运费，业主代扣退货运费款是否合理？为什么？

⑤ 石料退货的经济损失应由谁负担？为什么？

7.2.18.3　分析

1）对第一个问题分析如下：

① 监理工程师应通知承包方该批钢材暂停使用，因该批钢材无三证（产品合格证、质量保证书和材质化验单）。

② 通知承包方提交合法的钢材三证，若限期不能提交，通知承包方将钢材退场。

③ 若能提出合法的钢材三证，并经检验合格，方可用于工程。

④ 若检验不合格，应当书面通知承包方该材料不得使用。

2）对第二个问题分析如下：

① 业主指定材质、颜色和样品是合理的。

② 监理工程师进行现场检查，对不符合要求的石料通知承包方不许使用也是合理的，这是监理工程师的职责与职权。

③ 要求厂家退货是合理的，因厂家供货不符合购货合同质量要求。

④ 厂家要求承包方支付退货运费不合理，退货是因厂家违约，故厂家应承担责任；业主代扣退货运费款不合理，因购货合同关系与业主无关。

⑤ 石料退货的经济损失应由厂家承担，因责任在厂家。

7.2.19　案例十九

7.2.19.1　背景材料

某商业中心工程建设项目，业主（A）与某一级施工企业（B）和某甲级监理单位（C）分别签订了工程施工合同和施工阶段监理合同。工程开工后发生了下列事件：

1）在修建商品中心工程的基础施工中，由于施工班组的违章作业，使经过监理人员检验合格的基础钢筋出现位移质量事故，在混凝土浇筑不久后，被监理方发现及时口头指示后并书面通知承包立即停工处理和整改。承包方按监理方指令执行，提出质量事故报告及处理方案，经监理工程师审查批准后实施。整改完成后，经监理方重新检验确认合格后，指令复工。由此造成的经济损失由承包方承担，工期拖延不予延长，监理方还将此事故及处理情况向业主做了报告。而业主代表书面提出：出现质量事故，监理公司也应负一定责任，要求扣除1%的监理费作为罚金。

2）在地下管道施工中，管道铺设完毕后，承包方曾书面通知监理方要求检查管道铺设质量。但监理方收到质量验收通知单后，在合同约定的时间内并未前去检验，也未提出延期检查的书面要求。因此，承包方即将管沟予以回填。为此，监理方书面指令承包方将管沟重新挖开，以便检验管道质量。承包方按监理方要求对管沟进行剥露，经监理方检查后，确认管道铺设质量未达到设计图样要求和合同要求，也不符合标准和规范要求，管道接合部严重漏水。因此，监理方要求承包方返工。承包方按要求进行了管道的返工处理，经监理方检验质量合格予以确认后，将管沟重新回填。为此，承包方提出：除管道返工费用由于承包方原因造成的质量不合格应自己承担外，要求业主补偿再度剥露费用（包括重新开挖、回填以及更新由于重挖造成的部分管道损坏的费用）76000元和工期延长8天。

3）在修建该商业中心的××广场和商业大厦工程中，开挖基础时，在地下发现大量化石和古人类文明遗迹。经有关部门及专家鉴定为远古类人猿活动遗址，有重大考古价值。经国家有关部门与业主协商决定在该处进行发掘工作，并与承包方协商后决定由承包方抽调部分力量参与文物发掘工作。经40天发掘工作基本完成。为此，承包方向业主提出要求补偿参与考古发掘工作的直接费用48万元，由于工程暂停和延期所造成的劳动力和机械设备闲置等损失32万元，以及20%管理费和10%利润，并且工期延长40天。

7.2.19.2 问题

1）作为监理方是否接受业主代表要求扣除1%的监理费作为罚金？为什么？

2）承包方在管道未经监理检查并认可其质量的情况下，能否回填和覆盖？管沟合法回填的前提条件是什么？

3）承包方提出的业主补偿管沟再度剥露的费用和工期延长的要求是否合理？为什么？监理方应如何处理？

4）在施工中发现地下化石及文物后，监理单位应按照什么程序处理？

5）对参与考古发掘工作，承包方提出的费用补偿及延长工期的要求是否合理？为什么？

7.2.19.3 分析

1）监理方不能接受业主代表要求扣除1%的监理费作为罚金。因为是承包方违章作业造成的质量事故，不是由于监理的错误指令造成的，故不属于监理方责任。

2）在未经监理方的检查和认可管道铺设质量合格的情况下，承包方可以回填和覆盖，但必须具备如下的前提条件：

① 承包方自检合格后，在验收前48小时已书面通知监理方检查验收。

② 监理人员没有在合同约定的时间内到场检验，而且在不能按时到场检验的情况下，又未能提前24小时向承包方提出书面的延期检查的要求。

一般情况下，承包方合法回填管沟的前提条件是：

① 自检质量合格。

② 经过监理方检查并书面确认工程质量合格，符合国家或行业规范、标准以及设计文件和施工合同的要求。

③ 或在按合同约定的要求时间内，承包方已书面通知监理方检查，监理方未能按约定

时间到场检查，也未能提前提出延期检查的要求。

3）承包方向业主提出补偿管沟剥露的费用和延长工期的要求不合理。因为，隐蔽工程通常不论是否经过验收，当监理工程师提出剥露或开孔重新检验隐蔽工程的情况下，承包方都应当按监理工程师的要求进行剥露。至于因剥露而发生的费用及时间的补偿，则要看检查的结果如何来决定。若检验合格，则业主应承担由此发生的全部费用，赔偿承包方损失，并相应顺延工期；若检验不合格，则承包方应承担发生的全部费用，但工期不予顺延。故监理工程师对本问题的处理应当是：费用不给予补偿，工期不予顺延。

4）施工中发现文物、化石及其他有考古研究等有价值的物品时，承包方应立即保护好现场，并于 4 小时内书面通知监理工程师。监理工程师应于收到书面通知后 24 小时内报告当地文物管理部门，并按有关管理部门的要求采取妥善的保护措施。必要时，可下达书面的暂停施工的指令。此外，监理方还应与承包方互相配合，一方面要做好保护工作；另一方面要采取措施设法尽量减少由于暂停施工给工程和承包方带来的损失。

5）承包方向业主提出补偿因发现文物、化石等而发生的费用损失，以及延长工期的要求是合理的。因为，一般在发生上述的情况下，业主应承担由此发生的费用，并相应顺延延误的工期。

7.2.20　案例二十

7.2.20.1　背景材料

某监理单位与业主签订了某钢筋混凝土结构工程施工阶段的监理合同，监理部设总监理工程师 1 人和专业监理工程师若干人，专业监理工程师例行在现场检查、旁站监理等工作。在监理过程中，发现以下一些问题：

1）某层钢筋混凝土墙体，由于绑扎钢筋困难，无法施工，施工单位未通报监理工程师就把墙体钢筋门洞移动了位置。

2）某层某钢筋混凝土柱，钢筋绑扎已检查、签证，模板经过预检验收，浇筑混凝土过程中及时发现模板胀模。

3）某层钢筋混凝土墙体，钢筋绑扎后未经检查验收，即擅自合模封闭，正准备浇筑混凝土。

4）某层楼板钢筋经监理工程师检查签证后，即浇筑楼板混凝土，混凝土浇筑完成后，发现楼板中设计的预埋电线暗管未通知电气专业监理工程师检查签证。

5）施工单位把地下室内防水工程委托给某一专业分包单位承包施工，该分包单位未经资质验证认可，即进场施工，并已完成了 $200m^2$ 的防水工程。

6）某层钢筋骨架焊接正在进行中，监理工程师检查发现有 2 人未经技术资质审查认可。

7）某楼层某一房间钢门框经检查符合设计要求，日后检查发现门销已经焊接，门扇已经安装，门扇反向，经检查施工符合设计图样要求。

7.2.20.2　问题

以上各项问题监理工程师如何分别处理？

7.2.20.3　分析

对于上述情况，监理工程师应做如下处理：

1）指令停工，组织设计和施工单位共同研究处理方案。如需变更设计，指令施工单位按变更后的设计图施工，否则审核施工单位新的施工方案，指令施工单位按原图施工。

2）指令停工，检查胀模原因，指示施工单位加固处理，经检查认可，通知继续施工。

3）指令停工，下令拆除封闭模板，使满足检查要求，经检查认可，通知复工。

4）指令停工，进行隐蔽工程检查，若隐检合格，签证复工；若隐检不合格，下令返工。

5）指令停工，检查分包单位资质，若审查合格，允许分包单位继续施工；若审查不合格，指令施工单位让分包单位立即退场。无论分包单位资质是否合格，均应对其已施工完的 $200m^2$ 防水工程进行质量检查。

6）通知该电焊工立即停止操作，检查其技术资质证明。若审查认可，可继续进行操作；若无技术资质证明，不得再进行电焊操作。对其完成的焊接部分进行质量检查。

7）报告业主，与设计单位联系；要求更正设计，指示施工单位按更正后的图样返工，所造成的损失，应给予施工单位补偿，并向设计单位索赔。

7.2.21 案例二十一

7.2.21.1 背景材料

某单位工程为单层钢筋混凝土排架结构，共有 60 根柱子，32m 空腹屋架。监理工程师批准的网络计划如图 7-9 所示（图中工作持续时间以月为单位）。

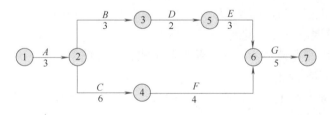

图 7-9 网络计划

该工程施工合同工期为 18 个月，质量标准要求为优良。施工合同中规定，土方工程单价为 16 元/m^3，土方估算工程量为 22000m^3；混凝土工程单价为 320 元/m^3，混凝土估算工程量为 1800m^3。当土方工程和混凝土工程的工程量任何一项增加超出该项原估算工程量的15%时，该项超出部分结算单价可进行调整，调整系数为 0.9。

在施工过程中监理工程师发现刚拆模的钢筋混凝土柱子中有 10 根存在工程质量问题。其中，6 根柱子蜂窝、露筋较严重；4 根柱子蜂窝、麻面轻微，且截面尺寸小于设计要求。截面尺寸小于设计要求的 4 根柱子经设计单位验算，可以满足结构安全和使用功能要求，可不加固补强。在监理工程师组织的质量事故分析处理会议上，承包方提出了如下几个处理方案：

方案一：6 根柱子加固补强，补强后不改变外形尺寸，不造成永久性缺陷；另 4 根柱子不加固补强。

方案二：10 根柱子全部砸掉重做。

方案三：6 根柱子砸掉重做，另 4 根柱子不加固补强。

在工程按计划进度进行到第 4 个月时，业主、监理工程师与承包方协商同意增加一项工作 K，其持续时间为 2 个月，该工作安排在 C 工作结束以后开始（K 是 C 的紧后工作），E 工作开始前结束（K 是 E 的紧前工作）。由于 K 工作的增加，增加了土方工程量 3500m³，增加了混凝土工程量 200m³。

工程竣工后，承包方组织了该单位工程的预验收，在组织正式竣工验收前，业主已提前使用该工程。业主使用中发现房屋屋面漏水，要求承包方修理。

7.2.21.2　问题

1）承包方要保证主体结构分部工程质量达到优良标准，以上对柱子工程质量问题的三种处理方案中，哪种处理方案能满足要求？为什么？

2）由于增加了 K 工作，承包方提出了顺延工期 2 个月的要求，该要求是否合理？监理工程师应该签证批准的顺延工期是多少？

3）由于增加了 K 工作，相应的工程量有所增加，承包方提出对增加工程量的结算费用为：土方工程 3500m³×16 元/m³＝56000 元；混凝土工程 200m³×320 元/m³＝64000 元；合计 120000 元。你认为该费用是否合理？监理工程师对这笔费用应签证多少？

4）在工程未正式验收前，业主提前使用是否可认为该单位工程已验收？对出现的质量问题，承包方是否承担保修责任？

7.2.21.3　分析

1）方案二可满足要求，应选择方案二。因为合同要求质量目标为优良，主体分部工程必须优良。采取方案二，所在分部工程可评为优良，此方案可行。

方案一所在主体工程不能评为优良，不能实现合同目标。

方案三所在主体分部工程不能评为优良，不能实现合同目标。

2）承包方提出顺延工期 2 个月不合理。因为虽然增加了 K 工作（持续时间为 2 个月），但整个工期只增加 1 个月，所以监理工程师应签证顺延工期 1 个月。

3）增加结算费用 120000 元不合理。因为增加了 K 工作，使土方工程增加了 3500m³，已超过了原估计工程量 22000m³ 的 15%，故应进行价格调整，新增土方工程款为 3300m³×16 元/m³＋200m³×16 元/m³×0.9＝55680 元。

混凝土工程量增加了 200m³，没有超过原估计工程量 1800m³ 的 15%，故仍按原单价计算，新增混凝土工程款为 200m³×320 元/m³＝64000 元。

监理工程师应签证的费用为 55680 元＋64000 元＝119680 元。

4）工程未经验收，业主提前使用，可认为该单位工程已验收，由此发生的质量问题及其他问题，由业主承担责任。

7.2.22　案例二十二

7.2.22.1　背景材料

某办公楼工程建设项目的合同价为 1750 万元，该工程所签订的合同为可调值合同，合同报价日期为 2003 年 3 月，合同工期为 12 个月，每个季度结算一次。工程开工日期为 2003 年 4 月 1 日。2003 年第四季度施工单位完成产值是 710 万元。工程人工费、材料费构成比例以及相关季度造价指数见表 7-2。

表 7-2　工程有关费用及造价指数

项　目	人工费	材　料　费						不可调值费用
		钢材	水泥	集料	砖	砂	木材	
比例（%）	28	18	13	7	9	4	6	15
2003 年第一季度造价指数	100	100.8	102	93.6	100.2	95.4	93.4	
2003 年第四季度造价指数	116.8	106.6	110.5	95.6	98.9	93.7	95.5	

在施工过程中，发生如下四项事件：

1）2003 年 4 月，在基础开挖过程中，个别部位实际土质与给定地质资料不符造成施工费用增加 2.5 万元，相应工序的持续时间增加了 4 天。

2）2003 年 5 月，施工单位为了保证质量，扩大基础底面，开挖量增加导致费用增加 3.0 万元，相应工序的持续时间增加了 3 天。

3）2003 年 7 月，在主体砌筑过程中，因施工图设计有误，实际工程量费用增加 3.8 万元，相应工序的持续时间增加了 2 天。

4）2003 年 8 月进入雨期施工，恰逢 20 年一遇的大雨，造成停工损失 2.5 万元，工期增加了 4 天。

在以上事件中，除第 4 项外，其余工序均未发生在关键线路上，并对总工期无影响。针对上述事件，施工单位提出如下索赔要求：

1）增加合同工期 13 天。

2）增加费用 11.8 万元。

7.2.22.2　问题

1）施工单位对施工过程中发生的上述事件可否索赔，为什么？

2）监理工程师计算 2003 年第四季度应确定的工程结算款额是多少？

3）如果在工程保修期间发生了由施工单位原因引起的屋顶漏水、墙面剥落等问题，业主多次催促施工单位修理而施工单位一再拖延的情况下，另请其他施工单位维修，则所发生的维修费用该如何处理？

7.2.22.3　分析

1）对施工单位提出的索赔要求分析如下：

① 事件 1）费用索赔成立，因为业主提供的地质资料与实际情况不符，这是承包商不可预见的。工期不予延长，因为该工序未发生在关键线路上，并对总工期无影响。

② 事件 2）费用索赔不成立，工期索赔也不成立。因为该工作属于承包商采取的质量保证措施。

③ 事件 3）费用索赔成立，因为这是设计方案有误。工期不予延长，因为该工序未发生在关键线路上，并对总工期无影响。

④ 事件 4）费用索赔不成立，工期可以延长。因为属异常的气候条件变化，承包商不应得到费用补偿，但应得到工期补偿。

2）2003 年第四季度监理工程师应批准的结算款额为

$$P = 710 \text{ 万元} \times \left(0.15 + 0.28 \times \frac{116.8}{100.0} + 0.18 \times \frac{106.6}{100.8} + 0.13 \times \frac{110.5}{102.0} + 0.07 \times \frac{95.6}{93.6} + \right.$$

$$0.09 \times \frac{98.9}{100.2} + 0.04 \times \frac{93.7}{95.4} + 0.06 \times \frac{95.5}{93.4}\bigg) = 665.58 \ 万元$$

3）所发生的维修费用应从施工单位保修金（或质量保证金、保留金）中扣除。

7.2.23　案例二十三

7.2.23.1　背景材料

某干道工程建设项目，其工程开竣工时间分别为当年的 4 月 1 日和 9 月 30 日。业主根据该工程的特点及项目构成情况，将工程分为三个标段。其中，第三标段造价为 4150 万元，第三标段中的预制构件由甲方提供（直接委托构件厂生产）。

1）A 监理公司承担了第三标段的监理任务，委托合同中约定监理期限为 190 天，监理酬金为 60 万元。但实际上，由于非监理方原因导致监理时间延长了 25 天。经协商，业主同意支付由于时间延长而发生的附加工作报酬。

2）为了做好该项目的投资控制工作，监理工程师明确了以下投资控制措施：

① 编制资金使用计划，确定投资控制目标。

② 进行工程计量。

③ 审核工程付款申请，签发付款证书。

④ 审核施工单位编制的施工组织设计，对主要施工方案进行技术经济分析。

⑤ 对施工单位报送的工程质量评定资料进行审核和现场检查，并予以签证。

⑥ 审核施工单位现场项目管理机构的技术管理体系和质量保证体系。

3）第三标段施工单位为 C 公司，业主与 C 公司在施工合同中约定：

① 开工前，业主应向 C 公司支付合同价 25% 的预付款，预付款从第 3 个月开始等额扣还，4 个月扣完。

② 业主根据 C 公司完成的工程量（经监理工程师签证后）按月支付工程款。保留金额为合同总额的 5%，保留金按每月产值的 10% 扣除，直至扣完为止。

③ 监理工程师签发的月付款凭证最低金额为 300 万元。第三标段各月完成产值见表 7-3。

表 7-3　各单位各月完成产值情况　　　　　　　　　　（单位：万元）

单　　位	4 月	5 月	6 月	7 月	8 月	9 月
C 公司	480	685	560	430	620	580
构件厂			275	340	180	

7.2.23.2　问题

1）由于非监理方原因导致监理时间延长 25 天而发生的附加工作报酬是多少？

2）监理工程师明确的投资控制措施中，哪些不属于投资控制措施？

3）业主支付给 C 公司的工程预付款是多少？监理工程师在 4 ~ 8 月的月底分别给 C 公司实际签发的付款凭证金额是多少？

7.2.23.3　分析

1）因委托合同中约定监理期限为 190 天，监理酬金为 60 万元，则监理时间延长（非监理方原因）25 天而发生的附加工作报酬为（60 万元/190 天）×25 天 = 7.89 万元。

2）在所明确的投资控制措施中，第⑤项和第⑥项不属于投资控制的措施，属于质量控制措施。

3）对第三个问题分析如下：

① C 公司所承担工程的合同价为 4150 万元 – （275 + 340 + 180）万元 = 3355.00 万元。

② 业主支付给 C 公司的工程预付款为 C 公司所承担工程合同价的 25%，即为 3355.00 万元×25% = 838.75 万元。

③ 工程保留金额为 3355.00 万元×5% = 167.75 万元。

④ 监理工程师在 4～8 月的月底分别给 C 公司实际签发的付款凭证金额为每月支付的工程款扣除每月的保留金（每月产值的 10%），从第 3 个月开始还要扣除每月应扣的预付款（等额扣还，4 个月扣完）。具体计算如下：4 月底监理工程师给 C 公司实际签发的付款凭证金额为（480.00 – 480.00×10%）万元 = 432.00 万元，大于每月付款最低金额 300.00 万元，故 4 月底实际签发付款凭证金额为 432.00 万元；5 月底监理工程师给 C 公司实际签发的付款凭证金额为（685.00 – 685.00×10%）万元 = 616.50 万元，大于每月付款最低金额 300.00 万元，故 4 月底实际签发付款凭证金额为 616.50 万元；6 月底监理工程师给 C 公司实际签发的付款凭证金额为 560.00 万元 – （167.75 – 480.00×10% – 685.00×10%）万元 – 838.75/4 万元 = 299.06 万元，小于每月付款最低金额 300.00 万元，故 6 月底不支付；在 6 月底保留金已全部扣完，且 6 月底未支付工程款，则 7 月底监理工程师给 C 公司实际签发的付款凭证金额为：（430.00 – 838.75/4 + 299.06）万元 = 519.37 万元；在 8 月底监理工程师给 C 公司实际签发的付款凭证金额为（620.00 – 838.75/4）万元 = 410.31 万元，大于每月付款最低金额 300.00 万元，故 8 月底实际签发付款凭证金额为 410.31 万元。

7.2.24 案例二十四

7.2.24.1 背景材料

某工程建设项目，业主与施工单位签订了施工合同。其中规定，在施工过程中，如因业主原因造成窝工，则人工窝工费和机械的停工费可按日工费和台班费的 60% 结算支付。业主还与监理单位签订了施工阶段的监理合同。合同中规定监理工程师可直接签证、批准 5 天以内的工程延期和 1 万元以内的单项费用索赔。工程按图 7-10 网络计划进行。其关键线路为 A—E—H—I—J。在计划执行过程中，出现了下列一些情况，影响一些工作暂时停工（同一工作由不同原因引起的停工时间，都不在同一时间）。

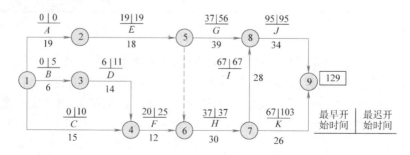

图 7-10　网络计划

1) 因业主不能及时供应材料。使 E 延误 3 天，G 延误 2 天，H 延误 3 天。

2) 因机械发生故障检修，使 E 延误 2 天，G 延误 2 天。

3) 因业主要求设计变更，使 F 延误 3 天。

4) 因公网停电，使 F 延误 1 天，I 延误 1 天。

施工单位及时向监理工程师提交了一份索赔申请报告，并附有有关资料、证据和下列要求：

1) 工期顺延：E 停工 5 天；F 停工 4 天；G 停工 4 天；H 停工 3 天；I 停工 1 天。总计要求工期顺延 17 天。

2) 经济损失索赔：

① 机械设备窝工费：E 工序起重机，（3 + 2）台班 × 240 元/台班 = 1200 元；F 工序搅拌机，（3 + 1）台班 × 70 元/台班 = 280 元；G 工序小机械，（2 + 2）台班 × 55 元/台班 = 220 元；H 工序搅拌机，3 台班 × 70 元/台班 = 210 元。合计 1910 元。

② 人工窝工费：E 工序，5 天 × 30 人 × 28 元/工日 = 4200 元；F 工序，4 天 × 35 人 × 28 元/工日 = 3920 元；G 工序，4 天 × 15 人 × 28 元/工日 = 1680 元；H 工序，3 天 × 35 人 × 28 元/工日 = 2940 元；I 工序，1 天 × 20 人 × 28 元/工日 = 560 元。合计 13300 元。

③ 间接费增加，（1910 + 13300）元 × 16% = 2433.6 元。

④ 利润损失，（1910 + 13300 + 2433.6）元 × 5% = 882.18 元。

总计经济索赔额为（1910 + 13300 + 2433.6 + 882.18）元 = 18525.78 元。

7.2.24.2 问题

1) 审查施工单位所提索赔要求中哪些内容可以成立？索赔申请书提出的工序顺延时间、停工人数、机械台班和单价的数据等，经审查后均真实。监理工程师对所附各项工期顺延、经济索赔要求，如何确定认可？为什么？

2) 监理工程师对认可的工期顺延和经济索赔金如何处理？为什么？

7.2.24.3 分析

1) 对第一个问题的分析如下：

① 工期顺延：由于非施工单位原因造成的工程延期，应给予补偿。因业主原因，E 工作补偿 3 天，H 工作补偿 3 天，G 工作补偿 2 天；因业主要求变更设计，F 工作补偿 3 天；因公网停电，F 工作补偿 1 天，I 工作补偿 1 天。工期补偿后的网络计划如图 7-11 所示，并计算工作最早开始时间、最迟开始时间和网络计算工期。

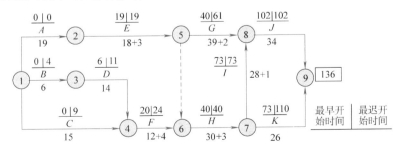

图 7-11 工期补偿后的网络计划

工期补偿后网络的计算工期为 136 天，则监理工程师认可顺延工期为（136 - 129）天 =

7 天。

② 经济索赔。机械窝工费（闲置费）：E 工作，3×240 元×60% = 432 元；F 工作，（3+1）×70 元×60% = 168 元；G 工作，2×55 元×60% = 66 元；H 工作，3×70 元×60% = 126 元；合计 792 元。人工窝工费：E 工作，3×30×28 元×60% = 1512 元；F 工作，4×35×28 元×60% = 2352 元；G 工作，2×15×28 元×60% = 504 元；H 工作，3×35×28 元×60% = 1764 元；I 工作，1×20×28 元×60% = 336 元；合计 6468 元。因属暂时停工，间接费损失不予补偿。因属暂时停工，利润损失不予补偿。经济补偿合计为（792 + 6468）元 = 7260 元。

2) 监理工程师可直接签证该项经济索赔，因经济补偿金额未超过 10000 元的批准权限；监理工程师审核签证工期顺延证书应报业主审查批准，因工期顺延天数超过了监理工程师 5 天的批准权限。

7.2.25 案例二十五

7.2.25.1 背景材料

某监理公司承担了一座特大桥梁（含收费站）施工阶段（包括施工招标）的监理任务。经过施工招标，业主选定 A 工程公司为中标单位。在施工合同中双方约定，A 工程公司将设备安装、配套工程和桩基工程的施工分别分包给 B、C 和 D 三家专业工程公司，业主负责采购设备。

该工程在施工招标和合同履行过程中发生了下述事件：

1) 施工招标过程中共有 6 家公司竞标。其中，F 工程公司的投标文件在招标文件要求提交投标文件的截止时间后半小时送达，G 工程公司的投标文件未密封。

2) 桩基工程施工完毕，已按国家有关规定和合同约定进行了检测验收。监理工程师对其中 5 号桩混凝土质量有怀疑，建议业主采用钻孔取样方法进一步检验。D 公司不配合，总监理工程师要求 A 公司给予配合，A 公司以桩基由 D 公司施工为由拒绝。

3) 若桩钻孔取样检查合格，A 公司要求该监理公司承担由此发生的全部费用，赔偿其窝工损失，并顺延所影响的工期。

4) 业主采购的配套工程设备提前进场，A 公司派人参加开箱清点，并向监理工程师提交因此增加的保管费支付申请。

5) C 公司在配套工程设备安装过程中发现附属工程设备材料库中部分配件丢失，要求业主重新采购供货。

7.2.25.2 问题

1) 评标委员会是否应该对 F 和 G 工程公司的投标文件进行评审？为什么？
2) 背景材料 2) 中 A 公司的做法妥当否？为什么？
3) 背景材料 3) 中 A 公司的要求合理吗？为什么？
4) 监理工程师对 A 公司提交的保管费支付申请是否应予以签认？为什么？
5) C 公司的要求是否合理？为什么？

7.2.25.3 分析

1) 不应对 F 公司的投标文件进行评审，按《招标投标法》，对逾期送达的投标文件视为废标，应予拒收；不应对 G 公司的投标文件进行评审，按《招标投标法》，对未密封的投标文件视为废标。

2）不妥，因 A 公司与 D 公司是总分包关系，A 公司对 D 公司的施工质量问题承担连带责任，故 A 公司有责任配合监理工程师的检验要求。

3）不合理，由业主而非监理公司承担由此发生的全部费用，并顺延所影响的工期。

4）应予签认，业主供应的材料设备提前进场，导致保管费用增加，属发包人责任，由业主承担因此发生的保管费用。

5）C 公司提出的要求不合理，C 公司不应向业主提出采购要求，业主供应的材料设备经清点移交后，配件丢失的责任在承包方。

7.2.26　案例二十六

7.2.26.1　背景材料

某大桥工程建设项目，由某桥梁公司施工，业主委托某监理公司进行施工监理，监理公司任命具有多年桥梁设计工作经验的高级工程师任项目总监理工程师。该桥基础为钻孔灌注桩，按照招标文件的要求，所有桩都要进行无破损法（超声波）检测，以确保桩基础的工程质量。当桩基完成后，进行检测时发现有一根断桩，断位处在地下水位以下，且地质资料显示该处有溶洞。因此，施工单位向监理单位报送了处理方案，其要点如下：

1）补桩。

2）调整承台的结构钢筋，外形尺寸做部分改动。

总监理工程师根据自己多年的桥梁设计工作经验，经审核认为施工单位提交的处理方案可行，因此予以批准。施工单位随即提出索赔意向通知，并在补桩施工完成后第 5 天向监理单位提交了索赔报告，其主要内容如下：

1）要求索赔此桩处理期间机械、人员的窝工损失。

2）增加的补桩应予计量、支付。

理由是此桩断桩的原因是地质不良，有溶洞所致。

7.2.26.2　问题

1）总监理工程师批准上述处理方案，在工作程序方面是否妥当？试说明理由，并简述监理工程师在处理施工过程中的工程质量问题时的工作程序要点。

2）施工单位提出的索赔要求，总监理工程师应如何处理？并说明理由。

7.2.26.3　分析

1）工作程序不妥。其理由：该项目总监理工程师在批准处理方案时，既没有取得业主的同意，也没有取得设计单位的认可。处理质量问题的工作程序要点是：

① 发出质量问题通知单，责任承包单位报送质量问题的调查报告，处理方案等。

② 审查质量问题处理方案，并报业主。

③ 跟踪检查承报单位对已批准的处理方案的实施情况。

④ 验收处理结果。

⑤ 向业主提交有关质量问题的处理报告。

⑥ 将完整的处理记录整理归档。

2）总监理工程师对施工单位提出的索赔要求应不予受理。其理由是：断桩是由于施工单位本身施工不当造成的。至于地质不良和溶洞的原因，地质资料已充分显示，施工单位应充分估计到这一点，在施工中应采取有效措施，保证桩的质量。

7.2.27 案例二十七

7.2.27.1 背景材料

某桥梁工程项目，承包人在施工30m T形梁时出现了质量事故，其表现为T形梁顶面有多处横向裂纹；拆模后有的侧面混凝土不密实，有的地方出现空洞、露筋、胀模现象。质量事故发生后，有关方面组成了联合调查组。在调查中发现了以下一些问题：

1）用于30m T形梁的主要材料进场后直接使用。

2）受潮水泥、锈蚀钢筋用在了重要部位。

3）承包人无混凝土施工记录。

4）承包人施工人员的施工技术差。

5）模板未经监理检查签证就进行了T形梁混凝土浇筑。

6）监理工程师有过失。

7.2.27.2 问题

1）请写出工程材料检验步骤。

2）分析产生质量事故的原因。

3）该质量事故中监理有哪些过失？

7.2.27.3 分析

1）工程材料检验步骤：

① 在材料和成品构件订货前，应要求承包人提供生产厂家的产品合格证书及试验报告；必要时监理人员还应对生产厂家的生产设备、工艺及产品的合格率进行现场调查了解，或由承包人提供样品进行试验，以决定采购与否。

② 材料或成品构件运进现场后，承包人应按规定的批量和频率抽检；然后经监理抽检合格后才能用于工程；不合格的由承包人运出场外。

③ 施工中，应随机对用于工程的材料或成品构件进行符合性的抽样试验。

④ 随时监督检查各种材料的储存、堆放、保管及防护措施。

2）产生质量事故的原因较多，有承包人施工人员技术差的因素，也有材料不合格的因素，还有配合比及不按规范施工的因素。具体如下：

① 由于施工人员的技术差，必然出现漏捣的地方或振捣不密实，混凝土就会出现空洞及不密实。

② 如果混凝土施工不按规范进行也会产生严重的质量事故，如不严格按混凝土配合比施工，各种材料未严格过秤、用水量时多时少，致使混凝土的黏聚性和保水性变差，严重时出现离析；也有可能是施工机具在施工时出现故障，备用数量不足或修复时间过长，先浇筑的混凝土已初凝也会产生上述的质量事故。

③ 材料不合规范的要求，级配差，或所使用的材料变化太大使配合比失效，不满足配合比的设计要求。

④ 配合比的设计本身不尽合理，水胶比过大及砂率过小都会使拌合物黏聚性和保水性变差，甚至有离析现象。

⑤ 模板漏浆，水泥浆从模板缝隙外流，导致混凝土质量变差。

3）监理的过失：

① 监理未严格把好材料关，主要材料未经承包人自检合格、监理抽查合格就直接用于施工。

② 水泥受潮、钢筋锈蚀说明承包人的材料库房不符合规范的规定，而监理并没有发现此点。

③ 受潮水泥、锈蚀钢筋用在了重要部位，说明监理不是专业技术差就是对工程极不负责，受潮水泥只能用于附属工程并要降低强度使用，绝不能用于主要工程部位。

④ 按施工规范的规定，混凝土施工必须要有混凝土施工记录，而监理在现场监督时未要求或检查承包人的施工记录。

⑤ 监理未能坚持只有上道工序检查合格并签认后，下道工序才能施工的监理原则。

⑥ 监理在施工准备和施工过程中有明显的过失。在施工准备中未考核承包人的自检体系，对监理程序也不清楚；在批准承包人的施工组织设计时也未核实承包人的施工技术水平，机具设备情况。

⑦ 在施工过程中也未把好材料关；当发现材料（混合料）不合格或操作人员不称职时应及时更换。

思考题

7-1 某工程项目为钢筋混凝土高层框剪结构工程，采用钢龙骨外挂石材，暗排水，水、电、气管线预埋，设计图样齐全，施工单位已按计划进行主体结构施工。总监理工程师为了搞好该工程的监理工作，要求各专业监理工程师掌握有关资料和验收标准。

问题：

1）监理工程师在质量控制方面应做哪些具体的监理工作？哪些工序需要旁站监理？

2）监理工程师对进场的钢筋、水泥、砂、石等建筑材料应要求施工单位提供哪些相关资料？

3）钢筋验收时，监理工程师发现有的部位不符合设计或规范要求的应如何处理？

7-2 某小区综合楼工程，地下3层为人防工程。在混凝土施工过程中留置的混凝土试块强度报告不合格，监理工程师马上向总监理工程师做了汇报，总监理工程师责成监理工程师对影响工程质量的因素进行分析。

问题：

1）监理工程师应如何用因果分析图法对影响质量的因素进行分析？请绘制因果分析图。

2）工程质量事故处理程序和基本要求有哪些？

3）隐蔽工程验收的主要项目及内容有哪些？

4）混凝土质量不合格应如何处理？

7-3 某居民楼工程，建设单位以公开招标的方式选择某建筑公司承担工程的施工任务。在开工前，施工单位按照居民楼的工艺逻辑关系绘制的双代号时标网络计划如图7-12所示。已提交给监理工程师审核批准。

工程施工到第12天进行检查时，监理工程师发现工作A、B、C、D均已完成，工作E已完成3天的工作量，工作F已完成了5天的工作量，要求工期40天，工程包括16个工作。

监理工程师通过对以上网络图的分析认为工程进展情况是正常的。可在实际施工中，工作J因暴风雨停工3天，工作M因塔式起重机电动机烧毁停工2天，工作L由于设计图样变更停工2天。

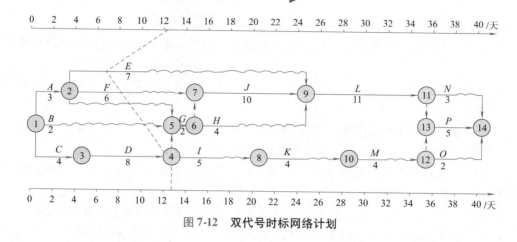

图7-12　双代号时标网络计划

问题：

1）第12天监理工程师对施工进度进行检查有哪些工作已拖延？是否对工期造成威胁？

2）后期施工中工作 J、M、L 出现的问题是否对工期造成影响？延误工期的责任应属哪方？

7-4　某住宅楼工程，建设单位以邀请招标的方式委托某监理公司承担施工阶段的监理任务，在监理机构协助下，建设单位以公开招标的方式选择某建筑公司承担住宅楼的施工任务，并签订了施工合同。

开工前，施工单位向驻地监理机构提供的首层施工进度网络计划，如图7-13所示（时间单位为周）。在住宅楼首层施工过程中未发生由于建设单位责任和不可抗力原因引起的工作持续时间的延长。监理工程师到第6周末检查施工进度时发现工作A、B、C全部完成，工作D已经完成1周的工作量，其他工作还未开始。这时，施工单位向监理机构提交了已完工程计量申请单，要求监理工程师计量。

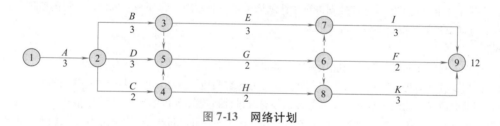

图7-13　网络计划

问题：

1）监理工程师应何时对施工单位已完工程量计量？应如何计量？依据是什么？

2）对推迟完工的工程量应如何计算？

3）监理工程师发现某工作拖期应如何处理？

4）请绘制时标网络图，并按监理工程师第6周检查结果标出施工实际进度前锋线。

7-5　某饭店工程，建设单位以公开招标的方式选择某建筑公司承担饭店的施工任务，并签订了施工合同。

由于工程地处海滩，潮水不时而至，地下水也极其丰富。所以，基础工程有一定的施工难度。对于该工程，只有将基础工程尽快抢完，上部的主体工程在计划的工期内完成才会有一定的保证，才可在旅游旺季到来之前投入使用。

施工单位的基础工程施工进度网络计划（单代号）如图7-14所示。

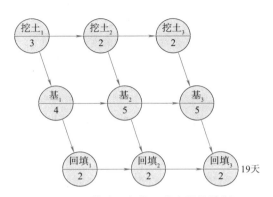

图 7-14 基础工程施工进度网络计划

问题：

1）单代号施工进度计划网络图的绘制原则是什么？

2）单代号施工进度计划网络图的关键线路包括哪些工作？

3）在施工过程中由于建设单位提供的基础用石料未及时进场，使施工单位停工 2 天，施工单位在规定的时限内提出 2 天的工期索赔请求，监理工程师应如何处理？

4）在基础施工过程中，施工单位采购的水泥经抽样送检不合格，使工程停工待料 1 天，施工单位及时提出工期索赔 1 天，监理工程师应如何处理？

7-6 某居民区家属楼工程为 17 层框架结构，建设单位以公开招标的方式选择了某建筑公司承担工程的施工任务，并以施工合同示范文本的形式签订了施工合同。

施工单位在第 5 层楼施工前向驻地监理工程师提供了施工进度网络计划并绘出了关键线路，如图 7-15 所示。施工单位技术负责人经计算预测支模板工程需要 4 天，绑钢筋需要 6 天，支模板过程中预留孔洞模板调整需要 2 天，绑钢筋过程中需要水、电预埋管 4 天，全部完成后进行隐蔽工程验收需要 2 天，隐蔽工程验收合格后方可进行混凝土浇筑施工，最终达到楼板封顶的总体目标。

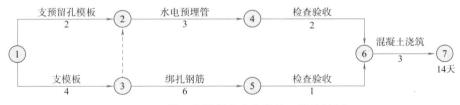

图 7-15 第 5 层楼混凝土浇筑施工网络计划

经监理工程师审核，第 5 层施工网络图计划安排与总进度计划相符。其关键线路为①、③、⑤、⑥、⑦，工期共计 14 天。

施工单位在钢筋绑扎过程中发生了电网停电事件，施工单位要求索赔 2 天（施工单位在有效期限内提出索赔要求）。

在钢筋验收过程中监理现场抽查 2 组直螺纹钢筋接头，结果不合格。经分析，是由于施工人员未使用力矩扳手所致。并且监理工程师还发现楼板的中间部位的底层钢筋保护层为 35mm，比设计要求的 15mm 多了 20mm。局部水平分布筋的搭接长度不满足设计图样注明的 34d（d 为钢筋直径）要求。

问题：

1）由于停电引起的施工单位提起的工期索赔，监理工程师应如何处理？

2）对钢筋验收过程中发现的问题监理工程师应如何处理？

3）监理工程师对发生问题签发的监理通知应如何编制？

4）整改过程施工单位用了2天，监理工程师对此应如何处理？

7-7 某小区6号楼工程，建设单位以公开招标的方式委托某监理公司承担工程施工阶段的监理任务，并签订了监理合同。建设单位又以公开招标的方式选择某建筑公司承担工程施工任务，并以施工合同示范文本的形式签订了施工合同。

施工前，施工单位根据工期要求向监理工程师提供的首层施工进度网络计划如图7-16所示，通过监理工程师审批后实施。

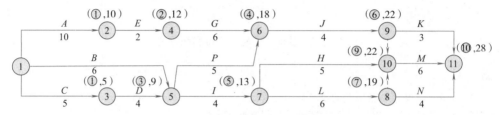

图7-16 首层施工进度网络计划

网络图中的工作A、D、J为土方工作，由于施工单位仅有一台挖掘机，所以必须使用一台挖掘机顺序施工。

如果不考虑工程受一台挖掘机进行顺序施工这一因素，在施工过程中，由于建设单位提出设计变更使工作B拖后6天，工作H由于遭遇罕见的暴雨影响拖后5天，工作G由于施工单位定购的材料未到场而拖后15天，因为以上原因施工单位向监理工程师提出工期索赔申请。

问题：

1）工作A、D、J同使用一台挖掘机施工，监理工程师应如何主张对网络图进行调整？

2）工作B、H、G受到各种因素的影响，施工单位在有效期限内提出索赔时，监理工程师应如何处理？

7-8 某工业厂房工程按FIDIC土木工程施工合同条件进行管理，在工程竣工后移交时结算情况如下：原合同价为1675万元；施工单位实际完成的工程量价款为1350万元；暂定金（预备用资金）为90万元；零用工补贴费为80万元；因物价上涨的价格调整费用为79万元。

问题：

1）本工程的有效合同价为多少万元？

2）导致合同价款发生变化的原因有哪些？

3）在什么情况下合同无效？

7-9 某综合楼工程，建设单位以公开招标的方式选择某建筑公司承担施工任务，双方签订了可调价合同。规定工期为365天，1996年4月1日开工，合同价为1800万元，按季结算。

施工单位第四季度完成生产值为180万元，其中人工费、材料费构成的比例及相关季度造价指数见表7-4。

表7-4 工程有关费用及造价指数

项　　　目	人工费	材　料　费					固定值
		钢筋	水泥	木材	号石	中砂	
完成产值中所占比例（%）	30	18	12	8	11	8	13
1996年二季度造价指数	101	102	101	92	94	95	
1997年一季度造价指数	115	103	110	94	96	98	

在施工过程中发生了以下几项事件：

1）因建设单位方面停工 2 个月。

2）在基础开挖过程中，局部土质与勘察报告不符，致使施工费用增加 3.5 万元，持续时间增加 5 天。

3）在基础砌筑过程中，施工单位为确保施工质量，将基础底面扩大，导致费用增加 5 万元，持续时间增加了 6 天。

4）由于设计图样有误，导致费用增加 3 万元，持续时间增加了 7 天。

5）工程进入雨期施工，遭遇 20 年来罕见的暴风雨，造成费用损失 3 万元，停工 4 天。

6）在保修期内，屋面出现漏雨，建设单位在几次催告施工单位修理无果的情况下，另找防水队伍进行了维修，共耗资 1.2 万元。

问题：

1）监理工程师对发生的几项事件应如何处理？

2）1997 年第一季度施工单位应获结算款多少万元？

7-10 某小区 4 号家属楼工程，建设单位发送的招标文件规定按综合单价结算，总工期 14 个月，施工单位投标书的工期为 12 个月，工程总合同价为 8500 万元。合同规定，实际完成的工程量超过原计划工程量的 25% 以上部分的工程量允许调整单价，工期每拖延 1 天赔罚款为总合同价的 1%，最高罚款额不超过总合同价的 10%；若提前完成 1 天建设单位按总合同价的 0.1% 的比例给施工单位以奖励。

开工前，施工单位向监理机构提交了工程施工进度网络计划，如图 7-17 所示。

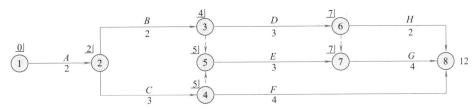

图 7-17 工程施工进度网络计划

在施工过程中发生了以下几个问题，致使工期拖延：

1）工作 A、B 为土方工程，土方工程量均为 15 万 m^3，土方工程单价为 18 元/m^3，实际完成的工程量与原计划工程量相同。施工单位按照原计划进行施工 4 个月后，建设单位根据需要进行设计变更，增加了一土方工作 P，该工作 P 必须在 B、C 工作完成以后开始，在工作 G 开始之前完成。工作 P 总工程量为 30 万 m^3，其施工难度与工作 A、B 基本相似，总监理工程师与建设单位、施工单位共同协商，确定了单价调整为 14 元/m^3。施工单位根据本单位的实力准备 4 个月完成，施工单位投入一台挖掘机顺序施工，机械租赁费每月 1.2 万元。

2）工作 F 施工时，由于建设单位提出设计变更等待设计单位出图而拖延了 2 个月。

3）工作 G 施工结束后检查验收时，由于达不到设计及施工质量验收规范的要求，返工重做，致使工程拖延了 1 个月才完工。

4）工作 G 由于发现文物，相关部门要求停工 1 个月。对以上事件的发生，施工单位均在有效期内提出索赔：①新增工作 P 需要工期 4 个月；②由于设计变更使施工推迟了 1 个月，监理工程师未能很好地控制分包单位的施工质量应补偿 1 个月工期；③由于工作 P 需要时间 4 个月，要求给施工单位机械补偿 4 个月的闲置费。

问题：

1）监理工程师对施工中发生的上述事件 1）~4）应如何处理？

2）监理工程师应给施工单位延期几个月？

3）应如何对施工单位的费用进行补偿？

4）施工单位应被罚还是获奖？金额多少？

5）监理未很好地控制分包质量，这种提法是否正确？

7-11 某白灰窑主体工程项目采用预应力高强混凝土管桩（PHC 型）基础，管桩规格为外径 550mm，壁厚 125mm，单节长等于或小于 15m，混凝土强度等级为 C80，设计管桩深度 23.5m。建设单位以公开招标的方式委托某监理公司承担施工阶段的监理任务。工程涉及土建施工、打桩和混凝土管桩的制作。建设单位初步提出以下两个发包方案：

1）以平行发包模式，对土建、管桩制作、打桩分别进行发包。

2）以总分包模式，由土建单位总承包，管桩制作及管桩打桩为分包。

问题：

1）施工招标阶段的监理工作有哪些？

2）如果采用施工总分包模式，监理工程师应如何对分包单位进行监督和管理？采取的主要手段有哪些？

3）在以上两种发包模式下，对管桩制作单位资质考核的内容有何不同？包括哪些内容？

4）在平行发包模式时，打桩施工单位可否视运抵工地的管桩为甲方供货？为什么？又如何进行管桩的检查验收？

5）如果发现管桩制作单位违反合同规定的交货日期延期交货或经现场检查管桩质量不合格，对施工进度造成影响时，两种发包模式下会出现哪些主体间的索赔？

6）项目总承包管理模式的优点是什么？

7-12 建设单位准备建造一幢 24 层综合办公楼，以公开招标的方式委托某监理公司承担施工阶段的监理工作，又以公开招标的方式选择某建筑公司为总承包单位承担施工任务。该建筑公司完成了主体结构工程以后，征得建设单位的同意，将工程的水、暖、电、空调工程分包给某安装公司，将装饰装修工程分包给某装修公司。

1）总监理工程师明确：监理机构应做好与建设单位、施工单位的协调工作。

2）总监理工程师组建了总监理工程师办公室，任命了总监理工程师代表，绘制了直线制监理组织机构图。

3）总监理工程师要求专业监理工程师在监理实施细则中制定旁站监理方案，明确旁站监理的人员职责和旁站监理的范围，并报工程所在地的建设行政主管部门或受建设行政主管部门委托的质量监督站、建设单位备案。

4）结合工程实际情况，监理机构明确了风险管理目标，确定了风险识别的方法，进行风险评价后制定了风险对策，关键是风险损失的控制措施。

5）旁站监理方案中旁站监理人员的职责有：审查进场材料、设备、构配件的检测报告、合格证，并现场见证取样送有见证取样检测资质的检测单位检验；做好监理日记和旁站监理记录，保存好旁站监理原始凭证。

问题：

1）施工阶段，监理机构与施工单位的协调内容包括哪些？

2）总监理工程师应如何选择适合本工程实际情况的直线制监理组织形式？并绘制详图。

3）监理机构旁站监理方案的制定、报送及内容是否正确？如不正确予以更正。

4）旁站监理方案中的旁站监理人员职责写得是否全面？若不全予以补充。

5）风险识别的方案有哪些？其中哪一方法必须采用？风险识别工作成果和核心工作是什么？

6）损失控制系统由哪些部分组成？一般采取哪些措施？

7-13 某小区二期工程准备开工，建设单位以公开招标的方式委托某监理公司承担施工阶段的监理任务，并签订了委托监理合同。监理单位任命了总监理工程师，总监理工程师组建了监理机构。建设单位要求监理单位 30 天内提交监理规划，总监理工程师说："本项目设计单位只提供了地下室的施工图，地上部分的施工图正在设计，监理单位还不具备编制监理规划的条件，希望谅解。"

问题：

1）与工程有关的社会和经济条件方面的资料包括哪些?

2）监理规划和监理大纲，在编制的时间、编制的主持人、编制的依据和所起的作用等方面有哪些不同?

3）总监理工程师认为设计图样不全，因此不具备编制监理规划的条件，这种说法对吗?

参考文献

[1] 周国恩. 工程监理概论 [M]. 北京: 化学工业出版社, 2010.

[2] 黄林青. 建设工程监理概论 [M]. 重庆: 重庆大学出版社, 2009.

[3] 郭阳明. 工程建设监理概论 [M]. 北京: 北京理工大学出版社, 2009.

[4] 朱厉欣. 工程建设监理概论 [M]. 北京: 人民交通出版社, 2007.

[5] 黄如宝, 刘贞平, 李清立, 等. 建设工程监理概论 [M]. 北京: 知识产权出版社, 2003.

[6] 刘贞平, 李清立, 刘廷彦. 工程建设监理概论 [M]. 北京: 中国建筑工业出版社, 1997.

[7] 刘健新, 贺铭. 监理概论 [M]. 北京: 人民交通出版社, 1999.

[8] 赵铁生. 全国监理工程师执业资格考试题库与案例 [M]. 天津: 天津大学出版社, 2002.

[9] 李清立, 郝生跃. 工程建设监理 [M]. 北京: 北方交通大学出版社, 2003.

[10] 王长永, 李树枫, 等. 工程建设监理概论 [M]. 北京: 科学出版社, 2001.

[11] 张道军. 工程建设监理的实践和前瞻 [M]. 郑州: 黄河水利出版社, 1997.

[12] 毛鹤琴, 孙锡衡, 等. 工程建设质量控制 [M]. 北京: 中国建筑工业出版社, 1997.

[13] 张起森, 武和平. 工程质量监理 [M]. 北京: 人民交通出版社, 1999.

[14] 杨劲, 刘金昌, 等. 工程建设进度控制 [M]. 北京: 中国建筑工业出版社, 1997.

[15] 刘秋常. 建设项目投资控制 [M]. 北京: 中国水利水电出版社, 1998.

[16] 胡兆同. 工程进度监理 [M]. 北京: 人民交通出版社, 1999.

[17] 徐大图, 王雪青, 等. 工程建设投资控制 [M]. 北京: 中国建筑工业出版社, 1997.

[18] 高荣堂, 张树升. 工程费用监理 [M]. 北京: 人民交通出版社, 1999.

[19] 杜晓玲, 廖小建, 陈红艳. 工程量清单及报价快速编制技巧与实例 [M]. 北京: 中国建筑工业出版社, 2003.

[20] 齐宝库. 工程项目管理 [M]. 大连: 大连理工大学出版社, 2003.

[21] 中国建设监理协会. GB/T 50319—2013 建设工程监理规范 [S]. 北京: 中国建筑工业出版社, 2001.

[22] 全国一级建造师执业资格考试用书编写委员会. 建设工程经济 [M]. 北京: 中国建筑工业出版社, 2004.

[23] 全国一级建造师执业资格考试用书编写委员会. 建设工程项目管理 [M]. 北京: 中国建筑工业出版社, 2004.

[24] 崔朝栋, 崔岩, 等. 建筑工程监理实例应用手册 [M]. 北京: 中国建筑工业出版社, 2002.

[25] 曹红. 监理如何走出困境——关于监理现状的若干思考 [J]. 城市道桥与防洪, 2010 (7): 197-199.

[26] 刘光忱, 程凯, 赵亮. 关于建设工程监理发展趋势的探讨 [J]. 工业技术经济, 2009, 28 (10): 48-50.

[27] 谭克文. 在中国建设监理协会第三次会员代表大会暨三届一次理事会上的讲话 [J]. 建设监理, 2000 (2): 8-10.

[28] 江毅. 工程监理系列谈之一——我国工程监理工作的现状及评价 [J]. 建筑, 2002 (7): 20-22.

[29] 江毅. 工程监理系列谈之二——我国工程监理事业面临的形势 [J]. 建筑, 2002 (8): 21-22.

[30] 江毅. 工程监理系列谈之三——大力推进监理行业结构调整 [J]. 建筑经济, 2002 (9): 35-36.

[31] 江毅. 工程监理系列谈之四——监理体制转轨与机制转换 [J]. 建筑经济, 2002 (10): 24-25.

[32] 陈守煜, 张道军, 邱淑荣. 我国工程建设监理前瞻性问题的研究 [J]. 华北水利水电学院学报, 2000, 16 (4): 19-21.

［33］李之红. 境外项目管理与我国工程监理之比较［J］. 建设管理，2001（1）：50-52.

［34］王笑梅，王卫星，张玉鸿. 对我国监理企业发展战略问题的探讨［J］. 建筑，2002（9）：23-24.

［35］唐永忠. 我国监理企业现状与发展策略［J］. 北方交通大学学报，2001，25（5）：94-97.

［36］王刚. 加入WTO我国建设监理业的优势分析与发展对策［J］. 北方交通大学学报，2001，25（5）：94-97.

［37］陈立东. 中国建设监理地位的现状和探讨［J］. 建设管理，2003（3）：66-67.

［38］宁勇. 正确处理工程建设中监理单位与业主、设计单位、承包单位之间的关系［J］. 甘肃农业，2004（2）：61.

［39］张薇，张吟鹤. 现行工程监理存在的问题及对策［J］. 石油工业技术监督，2002，18（5）：3-4.

［40］朱燕，孟宪海. 我国建设监理制度的回顾与建议［J］. 建筑经济，2000（11）：26-28.

［41］刘耘. 我国建设监理制的现状与改进［J］. 陕西经贸学院学报，2000，13（5）：86-88.

［42］姜兰英，降世明. 我国建设监理的现状及改进措施［J］. 内蒙古科技与经济，2002（2）：28-29.

［43］许松阳. 我国工程监理业的现状与发展［J］. 铁道运营技术，2002，8（2）：25-27.

［44］宋沛军. 完善和发展我国建设监理制度的若干建议［J］. 河北建筑科技学院学报，2003，20（3）：94-97.

［45］周辉，张玉清. 谈工程建设监理的组织协调作用［J］. 基建优化，2001，22（5）：12-13.

［46］刘文俊. 试论我国工程监理的现状及对策［J］. 宁夏大学学报，2002，24（5）：92-93.

［47］汤友林. 实行建设工程监理制度要解决六个问题［J］. 建筑，2001（11）：21-22.

［48］宁慧民. 如何完善工程监理制度［J］. 山西建筑，2003，29（15）：88-89.

［49］罗铌. 面临WTO我国监理企业如何发展［J］. 建筑，2001（7）：28-29.

［50］王先锋. 建筑市场三元结构与建设监理制［J］. 郑州煤炭管理干部学院学报，2001，16（1）：30-31.

［51］孙娟芬，谈飞. 建设监理发展趋势预测［J］. 建筑管理现代化，2002（3）：41-43.

［52］赛云秀，邵永军. 建设监理的法律责任分析［J］. 建井技术，2002，23（6）：29-31.

［53］郭献芳. 监理人的法律地位及其基本权利和义务［J］. 基建优化，2003，24（5）：26-27.

［54］谢达. 建设工程监理现状及改善途径［J］. 基建优化，2002，23（3）：25-26.

［55］全洪，汤燕群. 监理企业在新形势下的改革与发展［J］. 森林工程，2003，19（5）：25-26.

［56］张建华. 监理企业改制过程中有关管理创新问题的探讨［J］. 建设监理，2000（6）：27-28.

［57］丰玉祥. 关于工程监理发展方向的思考［J］. 建设监理，2001（2）：16-17.

［58］李世蓉. 对我国建设监理发展的几点思考［J］. 建设监理，2001（1）：4-7.

［59］祁世芳. 对建设监理制实施中存在问题的思考［J］. 太原理工大学学报，2001，32（6）：651-653.

［60］吴丽君，盖玉杰. 对建设工程监理发展趋势的认识及看法［J］. 森林工程，2003，19（4）：32-33.

［61］汤友林. 当前工程建设监理"四难"［J］. 建筑，2001（3）：9-10.

［62］齐锡晶，刘曈. 建设工程质量保修期的研究［J］. 建筑管理现代化，2001（12）：26-28.

［63］齐锡晶，李立新，徐长保，等. 关于工程建设监理存在的问题与对策［J］. 沈阳建筑工程学院学报，2003，5（2）：110-113.